植物专类园

臧德奎　金荷仙　徐莎　编著

中国建筑工业出版社

图书在版编目（CIP）数据

植物专类园 / 臧德奎，金荷仙，徐莎编著．— 北京：中国建筑工业出版社，2009
 ISBN 978-7-112-11204-3

Ⅰ．植⋯ Ⅱ．①臧⋯②金⋯③徐⋯ Ⅲ．植物园－简介－中国 Ⅳ．Q94-339

中国版本图书馆CIP数据核字（2009）第151588号

本书共4章。第1章介绍了植物专类园的概念和特点。第2章简要回顾了我国植物专类园的发展历史。第3章论述了植物专类园建设的一般问题，包括植物专类园的选址和造景形式、造景艺术原理、植物材料的选择和植物配植等内容。第4章结合目前我国植物专类园建设的实际，对17类著名花木的专类园建设分别进行了论述，包括山茶专类园、杜鹃花专类园、桂花专类园、梅花专类园、牡丹专类园、碧桃专类园、月季和蔷薇专类园、海棠专类园、樱花专类园、丁香专类园、木兰专类园、竹子专类园、棕榈专类园、苏铁专类园、鸢尾专类园、仙人掌科和多肉植物专类园以及水生植物专类园，每一部分都包括属种和品种的介绍、生态习性和繁殖方法、栽培历史和花文化、植物配植以及常见的专类园简介。

本书在突出科学性的前提下，将中国花文化与植物造景应用结合起来，附有大量精美图片，适合广大的园林工作者、风景园林设计师、旅游管理部门工作者使用，也可供高等学校园林专业师生参考，作为辅助教材。

* * *

责任编辑：陈　桦
责任设计：郑秋菊
责任校对：赵　颖　陈晶晶

植物专类园

臧德奎　金荷仙　徐莎　编著

*

中国建筑工业出版社出版、发行（北京西郊百万庄）
各地新华书店、建筑书店经销
北京图文天地制版印刷有限公司制版
北京画中画印刷有限公司印刷

*

开本：787×1092毫米　1/16　印张：13¼　字数：343千字
2010年3月第一版　2010年3月第一次印刷
印数：1—3000册　定价：85.00元
ISBN 978-7-112-11204-3
(18479)

版权所有　翻印必究
如有印装质量问题，可寄本社退换
（邮政编码 100037）

前　言

植物专类园的造景形式历史悠久，我国秦汉时期就出现了专类园的雏形，经过魏晋南北朝时期的发展，到唐宋时期则趋于成熟，并且一直延续和发展下来。植物专类园不但具有较高的艺术性和观赏价值，而且具有重要的科普和科学价值。一个植物专类园的建成，是植物资源收集、园艺栽培技术和园林景观艺术的有机结合和集中展现。近代的植物专类园主要见于植物园和树木园中，常常以"园中园"的形式出现，现代仍然是重要造景形式之一。然而，近年来随着我国园林事业的蓬勃发展，植物园以外独立性质的专类园造景形式在城市园林中也已非常普遍，但至今尚缺乏关于植物专类园造景方面的专著。有感于此，在多年收集资料的基础上，编写了《植物专类园》一书，主要从植物专类园的历史、景观营造和常见专类园的分析等方面加以论述，权作抛砖引玉，敬请园林界同行批评指正。

本书共分四部分，第一部分介绍了植物专类园的概念和特点，第二部分对我国植物专类园的发展历史进行了总结，第三部分从植物专类园的造景形式、艺术原理、植物材料选择和植物配植等方面探讨了专类园的景观营造，第四部分结合我国植物专类园建设的实际，对17类著名花木的专类园建设分别进行了论述，每一类都包括植物种类的介绍、生态习性和繁殖方法、栽培历史和花文化、植物配植以及常见专类园的简介。本书在突出科学性的前提下，将中国花文化与植物造景应用结合起来，适合广大的园林工作者、设计师和高等学校园林、风景园林和景观艺术专业的师生参考，也可作为相关专业植物造景课程的辅助教材。

臧德奎

2009年10月

目 录

第1章 概说 ·· 6

1.1 植物专类园的概念 ··· 7
1.2 植物专类园的特点 ··· 10

第2章 我国植物专类园的发展历史 ·· 12

2.1 起源阶段 ·· 13
2.2 成熟阶段 ·· 13
2.3 继承和发展阶段 ··· 14

第3章 植物专类园建设 ·· 18

3.1 植物专类园的选址与规模 ··· 19
3.2 植物专类园的景观营造 ·· 21
3.3 植物材料的选择 ··· 27
3.4 植物专类园设计的景观艺术原理 ·· 31
3.5 植物专类园的植物配植 ·· 39

第4章 常见植物专类园的建设 48

4.1 山茶专类园 49
4.2 杜鹃花专类园 60
4.3 桂花专类园 69
4.4 梅花专类园 78
4.5 牡丹专类园 85
4.6 碧桃专类园 95
4.7 月季和蔷薇专类园 104
4.8 海棠专类园 112
4.9 樱花专类园 120
4.10 丁香专类园 127
4.11 木兰专类园 133
4.12 竹子专类园 145
4.13 棕榈专类园 163
4.14 苏铁专类园 176
4.15 鸢尾专类园 184
4.16 仙人掌科与多肉植物专类园 190
4.17 水生植物专类园 201

参考文献 214

图片索引 216

第1章 概说

1.1 植物专类园的概念

植物专类园是指根据地域特点，专门收集同一个"种"内的不同品种或同一个"属"内的若干种和品种的著名观赏树木或花卉，运用园林配植艺术手法，按照科学性、生态性和艺术性相结合的原则，构成的观赏游览、科学普及和科学研究场所（臧德奎，2007）。

植物专类园与植物园既有相似之处，也有不同之处。近代的植物专类园主要见于植物园和树木园中，在形式上常常为附属于植物园和树木园的"园中园"或作为一个"区"。在植物园中，专类园、区往往是最吸引游人的地方，因此在现代植物园中仍然是最重要的造景形式之一（图1-1-1），我国各地植物园中均设有大量的植物专类园（表1-1-1）。但本质上，植物园是植物科学研究机构，也是植物采集、鉴定、引种驯化、栽培实验的中心，其主要任务是发掘野生植物资源，引进国内外重要的经济植物，调查收集稀有珍贵和濒危植物，以丰富栽培植物的种类或品种，为生产实践服务。因此，虽然植物园同时具有游览的功能，但更加注重其科学性，以植物研究为主要功能，尤其是科学院系统的植物园更是如此。而植物专类园，尤其是一般城市公园和风景区内的专类园，除了专类植物的收集外，则更加注重园林景观的营造。

近年来，随着我国园林事业的蓬勃发展，植物造景已经成为园林建设的主流，植物园以外独立性质的专类园造景形式在城市园林中也已经非常普遍（图1-1-2）。目前我国常见的植物专类园主要有牡丹（芍药）专类园、梅花专类园、碧桃专类园、月季（蔷薇）专类园、丁香专类园、山茶专类园、杜鹃花专类园、桂花专类园、木兰（玉兰）专类园、荷花专类园、鸢尾专类园、菊花专类园等，在各地城市园林和植物园中均甚为常见。

植物专类园也可以是把同一"科"甚至不同科，但生物学特性和生态习性（旱生、水生、阴生、高山、岩生、沙生）相近的种类布置在一起形成，如仙人掌科和多肉植物专类园、蕨类

图1-1-1 北京植物园的月季园

图1-1-2 H-2 无锡杜鹃园一角（王文姬提供）

图1-1-3 禾草园（南京）

植物专类园、竹子专类园、棕榈专类园、禾草园（图1-1-3）、姜园、兰苑（兰圃）、水生植物专类园、松柏园、凤梨科专类园、高山植物园、岩石园、盐生植物专类园、阴生植物专类园等。如仙人掌科和多肉植物专类园除了收集仙人

图1-1-4 东营盐生植物园

图1-1-6 华南植物园的木兰园

图1-1-5 郁金香展

掌科植物以外，还包括龙舌兰科、番杏科、景天科、萝藦科、大戟科等多个科的多肉植物；而蕨类植物专类园则可包括所有的蕨类植物，如华南植物园的蕨类园始建于20世纪60年代，陆续从国内外引种成功的蕨类植物有200多种，其中包括了我国重点保护植物桫椤（Alsophila spinulosa）、鹿角蕨（Platycerium wallichii）、原始观音座莲蕨（Archangiopteris henryi）、扇蕨（Neocheiropteris palmatopedata）、苏铁蕨（Brainea insignis）、七指蕨（Helminthostachys zeylanica）、荷叶铁线蕨（Adiantum reniforme var. sinense）等。杭州植物园、武汉植物园、西双版纳植物园等都建有水生植物专类园；庐山植物园、深圳仙湖植物园则布置有岩石园；而旱生、盐生、沙漠植物专类园相对较少，仅有甘肃民勤沙生植物园、江苏省如东耐盐植物园、山东东营盐生植物园（图1-1-4）等几处。推而广之，有的专类园则以具有相同或相近观赏特性或利用价值的植物为主要构景元素而建成，如药用植物园、蔬菜瓜果园、彩叶园、燃料植物园、芳香植物园等。此外，目前各地常见的大规模的郁金香、百合和水仙等球根花卉展本质上也属于专类园造景形式（图1-1-5）。

因此，从广义上讲，植物专类园是指具有特定主题内容，以具有相同特质类型（种类、科属、生态习性、观赏特性、利用价值等）的植物为主要构景元素的植物主题园（汤珏，2005）。

附属于植物园的专类园常常以科学研究为主要目的，注重专科专属植物的全面收集和野生植物的引种驯化，如美国加利福尼亚州的埃迪树木园（Eddy Arboretum）搜集松属（*Pinus*）植物72种、35变种、90个杂种以及其他属的松柏类植物52种，是世界上最大的松柏园之一（余树勋，

我国主要植物园、树木园中的主要植物专类园、区　　　　　表1-1-1

专类园区 植物园、 树木园	山茶	牡丹芍药	蔷薇月季	碧桃	海棠	木兰	梅花	杜鹃	桂花	丁香	樱花	竹类植物	棕榈	蕨类植物	水生植物	苏铁	兰花	其他专类园
成都植物园		✓	✓		✓	✓	✓		✓		✓	✓						
北京植物园		✓	✓	✓	✓	✓				✓	✓							
桂林植物园	✓					✓	✓						✓				✓	
贵州植物园				✓	✓			✓										
杭州植物园	✓			✓		✓		✓	✓			✓			✓			槭树
合肥植物园			✓															
黑龙江森林植物园		✓	✓							✓					✓			
湖南省森林植物园	✓				✓	✓												
华南植物园	✓					✓		✓				✓	✓		✓		✓	姜、凤梨
济南植物园		✓	✓	✓					✓						✓			
昆明植物园	✓					✓								✓			✓	秋海棠
昆明园林植物园	✓		✓		✓	✓		✓				✓						
庐山植物园								✓										松柏
南京中山植物园			✓									✓			✓			禾草
南宁树木园	✓											✓	✓					
上海植物园		✓	✓					✓									✓	槭树
石家庄植物园		✓	✓	✓	✓					✓	✓				✓			
沈阳植物园		✓	✓			✓				✓								鸢尾
太湖观赏植物园											✓						✓	鸢尾
武汉植物园							✓	✓				✓						猕猴桃
武汉东湖磨山园林植物园							✓	✓										
乌鲁木齐植物园		✓	✓															
西安植物园					✓										✓			
西双版纳热带植物园												✓	✓	✓	✓			榕
深圳仙湖植物园				✓												✓	✓	
厦门园林植物园			✓													✓	✓	南洋杉
西宁植物园										✓								

2000）；我国华南植物园的木兰园（图1-1-6）占地12hm²，以植物系统分类和引种驯化等学科的科研为重点，已经收集和栽培木兰科植物11属约130种，其中有华盖木（*Manglietiastrum sinicum*）等珍稀濒危种类23种，是世界上收集木兰科植物最多的基地。而对于城市园林中以游赏为主要目的的普通专类园而言，则应在尽量收集"专类植物"的基础上，注重植物景观的营造。

1.2 植物专类园的特点

除了一般植物造景形式所具有的观赏游憩效益和生态效益以外，植物专类园还具有以下特点。

1.2.1 植物专类园是独具特色的园林形式——艺术与科学的完美结合

植物专类园以同一类群的观赏植物为主要造景材料，因而在植物景观上独具特色，能够在最佳观赏期内集中展现同类观赏植物的观赏特点，给人以美的感受。同时，植物专类园还可以进行园艺学、植物学、遗传学等学科的科普教育，并从事植物资源的引种收集、分类保存、杂交育种和栽培技术等方面的研究工作。华南植物园的木兰园不仅是世界上木兰科植物种类最为完整、种质基因最为丰富的木兰园之一，也是世界木兰科植物的保育和研究中心。

因此，同一般园林形式相比，植物专类园不但具有较高的艺术性和观赏价值，而且具有更强的科普价值和科学价值。一个植物专类园的建成，是植物资源收集与分类、园艺栽培技术和园林景观艺术的有机结合和集中表现。

1.2.2 植物专类园可以弘扬中国传统文化——花文化

花木之美，除了表现在花木本身的形态和色彩以外，还包括花木的"风韵美"，即人们赋予花木的一种特殊的感情色彩。在我国悠久的历史文化中，许多花木尤其是传统名花都被人格化，赋予了特殊的含义，如梅花之清标高韵、竹子之节格刚直、兰花之幽谷雅逸、菊花之操介清逸，因此与植

图1-2-1 北京植物园牡丹园景石

物有关的中国诗词、绘画、文学、雕塑、音乐、戏剧、民俗等花文化源远流长。在植物专类园的建设中，可以充分发掘中国花文化的内涵，展现中国花文化的博大精深，通过花文化来淋漓尽致地表现园林的意境。如北京植物园牡丹园将古人咏颂牡丹的诗词刻在路边景石上（图1-2-1），南京梅花山将20多款咏梅诗句和楹联置于梅园内的建筑物上，并布置与梅花有关的梅娘雕塑等景点，使游人在游览梅园的同时可以细细品味中国梅花文化的深厚底蕴。

通过植物专类园的建设，还可以在专类植物的主要观赏期开展各种丰富多彩的文化和艺术活动。例如，北京植物园在桃花盛开的季节，依托于碧桃园举办相关的文化活动"碧桃节"，至今已经连续举办了15届；上海南汇自1991年起，每年举办"上海南汇桃花节"，突出"桃文化"特色，布置有"桃源仙境"、"桃源民俗村"、"古钟园"等景点，游客可观赏万亩桃花园、品尝农家乡土小吃、欣赏民间文艺表演；成都望江楼公园是著名的竹子专类园，自1993年开始每年举办"竹文化节"；南京除了在中山陵景区举办传统的梅花节和桂花节外，莫愁湖公园则在建成小型海棠专类园的基础上举办"海棠花会"，届时邀请画家和书法家吟诗作画。桂花是桂林市的市花，市区各处普遍栽培，尤其在七星公园、黑山植物园、桂林植物园等处均有专类园、区，2007年桂林市依托桂花，举办了第二届中国桂花博览会，同时进行桂花文化书画展和桂花知识科普展（图1-2-2），吸引了大量游客。

1.2.3 植物专类园可以提升旅游区的地位或者本身形成著名的旅游地

如前所言，植物专类园是园林艺术、文化艺术与植物科学的结合。因此，许多独立的植物专类园本身就是著名的旅游景点，而在旅游区内建设植物专类园则可以提升旅游区的艺术与文化品位。

以杭州市为例。杭州作为著名的旅游胜地，与它丰富的专类园造景形式是分不开的。杭州的植物专类园颇具特色，一年四季各有侧重。自宋、明以来即闻名的专类园就有孤山的梅花、满觉陇的桂花、曲院风荷的荷花、花圃兰苑的兰花、花港观鱼的牡丹等。如

图1-2-2 第二届中国桂花博览会——桂花科普展和书画展

今，杭州植物造景中的专类园愈加普遍：冬有腊梅、梅花凌寒怒放；春有木兰、山茶争春，碧桃、海棠、牡丹吐艳；夏有荷花、睡莲盛开，紫薇绽放，竹径通幽；秋有桂花飘香天外，槭树红叶如醉。尤其是灵峰探梅、花港牡丹展、金秋赏桂已经成为西湖旅游的重头戏，具有相当的知名度。

再如，南京梅花山是一处位于中山陵风景区的梅花专类园，收集有梅花品种230多个，成为南京市春季最著名的旅游胜地，梅花节赏梅活动期间，除了本地人以外，许多相邻省市的游客来此赏梅，最高峰达每天10万人次以上，经济效益和社会效益均极为显著。

此外，通过植物专类园的建设，举办相关的花会和经济活动，可以促进地方经济建设。如山东省菏泽市自1992年开始，每年的国际牡丹花会极大地促进了当地的牡丹种植产业，也使菏泽牡丹真正地走向了世界，至2000年，菏泽牡丹的种植面积已达3300hm^2，总产值达8亿元。

第2章 我国植物专类园的发展历史

早在3000多年前，随着商周时代"囿"的出现，中国园林便逐步以其独特的民族风格和高超的艺术水平屹立于世界园林之林。在我国园林发展史上，观赏植物的栽培和造景应用贯穿于历史发展的全过程，而专类栽培的历史也极为悠久。

2.1 起源阶段

我国观赏植物专类园的布置方式起源于秦汉时期的长安（今西安市西北），到南北朝时期在建康（今南京市）已经逐渐形成规模。

专类栽培最初以实用为主要目的，但逐渐地开始带有一些观赏游览的性质，如《诗经》中提到的芍药栽培，《离骚》中谈到的"滋兰九畹，树蕙百亩"，而春秋时吴王夫差（公元前495~前473年在位）为西施建"玩花池"，栽培荷花专用于玩赏（周维权，1999）。

秦汉时期的皇家园林"上林苑"中已经出现了大量的植物专类栽培形式，"长杨宫"、"竹宫"（设于甘泉宫）、"棠梨宫"、"葡萄宫"以及青梧观、细柳观、椽木观、蕙草殿等，都是明确地以较大规模分别采用了垂柳、竹子、梨、葡萄等观赏植物为造景材料，以专类方式布置的。如汉朝的"葡萄宫"在今周至县境内，汉武帝时兴建，据《史记·大宛列传》记载："昔孝武帝伐大宛，采葡萄种之离宫。"可知这是一处专为引进葡萄而培育繁殖的园场建筑。"长杨宫"则为秦之旧宫，《三辅黄图》载："至汉修饰以备行幸，宫中有垂杨数亩，因为宫名。"不过，这些宫、观均以建筑占有较大比重，应该是专类园的雏形。而汉代博陆侯霍光的私家花园有睡莲池，专种五色睡莲，则是最早的小型睡莲专类园了（唐·段成式《酉阳杂俎》）。

自魏、晋、南北朝以至于隋，用观赏植物布置成专类园的造景形式得到了进一步的发展，当时的不少花圃、宫苑还直接以花木的名字来命名。如东晋药圃收集了大量的芍药，名之日"芍药园"；南朝宋元帝整修建康（南京）桑泊（即现在的玄武湖），不仅湖光山色交相辉映，而且湖中盛栽荷花，盛夏红裳翠盖，景色迷人；齐时的芳林苑则以桃花著称，是早期的桃花专类园；梁元帝竹林堂的"蔷薇园"，则种植了许多当时著名的蔷薇品种，标志着专类园造景形式趋于成熟。据《寰宇记》载："梁元帝竹林堂中，多种蔷薇……以长格校其上，花叶相连，其下有十间花屋，枝叶交映，芬芳袭人。"

2.2 成熟阶段

唐、宋时期是我国封建社会文学艺术发展的高级阶段，中国古典园林也有了进一步的发展，同时使得植物的专类栽培和应用更为普遍，植物专类园造景在唐朝便进入了成熟阶段。

杭州西湖赏梅胜地孤山的梅花在唐朝便已经闻名，白居易的诗句"三年闲闷在余杭，曾为梅花醉几场；伍相庙边繁似雪，孤山园里丽如妆"，说明当时孤山已经连片植梅；到北宋时，隐居在杭州孤山的林逋，以种梅养鹤自娱，所谓"梅妻鹤子"，被传为千古佳话，更增添了孤山梅花的文化和传奇色彩。唐朝的京城长安也有大量的专类园造景形式，如兴庆宫的龙池东北处，堆筑土山，上建"沉香亭"，周围遍种红、紫、淡红、纯白等各色牡丹，即为一牡丹专类园，除了宫苑外，在达官贵人以至平民百姓的住宅中也经常栽种牡丹赏玩；而兴庆宫的龙池则实际上是一个水生植物专类园，由天然水池改建，池中以荷、菱、蒲、荇、芡、苇、藻等水生植物造景，岸边则植柳种槐，每逢春末夏初，池中荷菱叠翠，花光人影，景色绮丽，皇帝和宠妃常常乘船行游池上，一派歌舞升平的景象，诗人武平一有诗曰："皎洁灵潭图日月，参差画舸结楼台。波摇岸影随桡转，风送荷香逐酒来。"在华清宫的苑林区，结合地貌地形也分布着许多以花卉、果木为主题的专类园性质的小园林兼生产基地，如芙蓉园、粉梅坛、石榴园、西瓜园、椒园等。唐朝私家园林中的植物专类栽培形式也很普遍，如诗画兼工的文人王维，辞官后在西安东南的蓝田县辋川建造了一座私园名"辋川别业"，其中有大量的植物专类造景形式，如"木兰柴"、"茱萸沜"、"竹里馆"等，这可见于《辋川集》中的记载。

宋代洛阳的牡丹栽培极为普遍，在大型庭院中有专植牡丹的专类园。据李格非《洛阳名园记》记载，当时的"天王院花子"即为一牡丹专类园，"洛中花甚多种，而独名牡丹曰'花'，凡园皆植牡丹，而独名此曰'花子'，盖无他池亭，独有牡丹数十万本……至花时，城中仕女绝烟火游之。姚黄、魏花，一枝千钱。"而洪适《盘洲记》中则记载了竹子的专类栽培："两旁巨竹俨立，斑者、紫者、方者、人面者、猫头者、慈、桂、筋、笛，群分派别，厥轩以'有竹'名。"至于北宋末年"艮岳"的出现，则是封建时期宫苑艺术登峰造极的作品，以各种名花异卉如梅花、竹子、松树、桃花等为主要造园材料而布置的专类园形式得到大量运用，在寿山艮岳景观组成中占据了重要的地位。

据张淏《艮岳记》载，竹子专类园位于景龙江北岸，"万竹苍翠蓊郁，仰不见天，有'胜云庵'、'蹑云台'、'消闲馆'、'飞岑亭'，无杂花异木，四面皆竹也。""竹有同本而异干者，不可纪极，皆四方珍贡。又杂以对青竹，十居八九，曰'斑竹麓'。"而"绿萼华堂"乃梅花专类园，"……其东则高峰峙立，其下植梅万数，绿萼呈跗，芬芳馥郁，结构山根。"

唐、宋时期在风景名胜区普遍应用花木进行专类栽培的形式，对形成群众性传统游赏习俗起到了极大作用，如唐诗反映的"紫陌红尘拂面来，无人不道看花回"的春游盛况。北宋的洛阳赏牡丹，南宋杭州的"孤山探梅"、"满陇桂雨"，苏州光福的"香雪海"、"邓尉探桂"等赏花习俗还一直流传至今。专类花木的栽培技术研究、专类园布置形式的运用发展，也使名花异卉的种质资源得到进一步发掘和开发利用。如李德裕的《平泉山居草木记》、欧阳修的《洛阳牡丹记》、陆游的《天彭牡丹谱》、陈思的《海棠谱》、王观的《芍药谱》、王贵学的《兰谱》和范成大的《范村梅谱》等都反映了唐、宋时期人们发掘利用植物种质资源和进行专类花木栽培的史实。

2.3 继承和发展阶段

明、清时期继承了唐、宋传统，专类园造景形式一直延续下来。如杭州西湖的桂花在唐宋时期已闻名，当时主要在灵隐寺和天竺月桂峰一带，而明朝时，满觉陇的桂花则规模更大。据高濂《四时幽赏录》记载："满家弄（满觉陇）者，其林若埔若柿。一村以市花为业，各省取给于此。秋时，策蹇入山看花，从数里外便触清馥。入径珠英琼树，香满空山，快赏幽深，恍入灵鹫金粟世界。"清朝，北京的皇家园林中也有不少专类园，如高士奇编撰的《蓬山密记》中有关畅春园的记载给我们展现了大片葡萄园的壮观场景："……登舟沿西岸行，葡萄架连数亩，有黑、白、紫、绿及公领孙、璞㼚诸种，皆自哈密来。"其他如牡丹专类园"镂月开云"，荷花专类园"濂溪乐处"等（图2-3-1）。其中，"镂月开云"原称牡丹亭，乾隆即位后改称"镂月开云"，院内植各色牡丹数百株，后列古松青青。乾隆帝曾在这里赏牡丹，其诗云："……殿春饶富贵，陆地有芙蕖；名漏疑删孔，词雄想赋舒……"

近代，特别是改革开放以来，随着人民物质生活和精神生活水平的提高以及旅游事业的蓬勃发展，作为生物旅游资源的花卉和绿色植物，在营造生态环境、创造旅游景观中起着不可替代的作用。为适应时代的需要，各种专类园发展迅猛，尤其是各地的植物园内均设有以观赏游览为主或以科研为主的专类园、区，如月季园、蔷薇园、牡丹园、

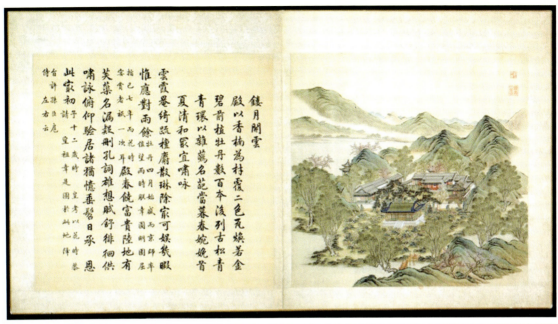

图2-3-1 圆明园"镂月开云"和"濂溪乐处" (图片来源:http://www.ymy3d.com)

鸢尾园、碧桃园、山茶园、杜鹃园、丁香园、紫薇园、松柏园(图2-3-2)等,武汉植物园和桂林植物园还设有狝猴桃专类园,厦门植物园有桉树园,黑龙江的伊春树木园则建有绣线菊专类园,而昆明植物园和杭州花圃则建有兰苑。如武汉植物园的狝猴桃专类园(图2-3-3)占地3.5hm²,保存狝猴桃属(Actinidia)植物约40种160多个品种、品系,是我国最大的狝猴桃种质资源保存库之一,并培育出武植2号、武植3号、武植5号、通山5号、建红1号等狝猴桃优良品种。在城市公园和风景区内也出现了规模大小不等的大量专类园,有些则是在传统专类栽培的基础上加以完善而形成。著名的如北京紫竹院公园和成都望江楼公园(竹子专类园)、北京玉渊潭公园、青岛中山公园、武汉东湖磨山、无锡太湖鼋头渚风景区的樱花专类园(区)、昆明黑龙潭、杭州灵峰、广州萝冈等的梅花专类园、上海桂林公园、苏州桂花公园等的桂花专类园、深圳洪湖公园(荷花专类园)。如以南京为例,除了著名的

图2-3-2 昆明植物园松柏园

图2-3-3 武汉植物园猕猴桃专类园的棚架

图2-3-4 英国皇家植物园邱园的杜鹃园

梅花山外，花卉园（情侣园）有"木瓜海棠园"、"山茶园"、"牡丹岛"、"木兰园"，古林公园有"牡丹园"、"山茶园"、"梅岭"，莫愁湖公园有"海棠园"、"鸢尾园"，国防公园有"杜鹃园"，玄武湖公园有"牡丹芍药园"、"樱洲"、"月季园"等。此外，无锡的花菖蒲专类园和杜鹃园、金华的中国茶花文化园、芜湖赭山公园的鸢尾园等也别具特色。

国外在植物造景中也非常注重专类园的建设。世界各著名的植物园中大多数设有蔷薇园、岩石园、杜鹃园等，并常见柑橘园、冬青园、欧石楠园、鸢尾园、山茶园。而英国公园中常见蔷薇、杜鹃园（图2-3-4）、禾草园、槭树园、松柏园、鸢尾园、竹园等，这主要是由于17~19世纪，英国政府以种种名目派人到世界各地收集植物种类，极大地丰富了英国园林中的植物材料，为以后的植物造园打下了坚实基础，尤其是为专类园的建设奠定了物质基础。

因此，我国植物专类园的造景形式历史悠久，在秦汉时期就出现了专类园的雏形，经过魏晋南北朝时期的发展，到唐宋时期则趋于成熟。其后，专类园造景形式一直延续下来，并在近代获得了新的发展。在现代园林中，专类园造景形式正在得到更加广泛的应用。

第3章 植物专类园建设

3.1 植物专类园的选址与规模

3.1.1 植物专类园的选址

选址是建园的基础，相地如能合宜，造园自然得体。专类园的规划设计，首先应当以专类植物的生态习性为基础，综合考虑地形、地貌、土壤、水源、气候以及其他因素，并考虑与周围环境的协调，选择适宜的地点。如有必要，则进行适当的地形调整或改造。当然，在大部分环境条件符合专类植物生态需要的前提下，最好能在有限的面积上包括尽量多的地形、地貌因素，使专类植物和与之搭配的其他乔木、灌木和草本植物都有适合的环境，从而减少土方和地形改造工程。

以牡丹（*Paeonia suffruticosa*）为例，牡丹为深根性，具有肉质直根，耐旱性较强，但忌积水，喜深厚肥沃而排水良好的沙质壤土，喜凉怕热。因而牡丹园一般应建设于地势高燥、宽敞通风处，防止积水，并避免使用黏质土，在江南则常常将牡丹园的地势抬高。再者，虽然大多数牡丹品种喜光，但忌夏季暴晒，以有侧方遮荫为佳，因而可以在牡丹园周围适当保留或栽植部分乔灌木，形成侧方遮荫的效果，则开花季节可延长花期并使其保持纯正的色泽。如济南植物园（现泉城公园）的牡丹园设计，充分考虑了牡丹的特点，结合映日湖的建设，挖湖堆山，整个牡丹园位于地势高燥之处，符合牡丹的生态习性。同时，结合整个园区的被子植物采用克朗奎斯特（Crongquist）系统的特点，除了为延长观赏期搭配的芍药（*Paeonia lactiflora*）外，还在牡丹山配植了同样属于五桠果亚纲的其他科的乔木树种，如梧桐（*Firmiana Platanifolia*）、糠椴（*Tilia mandshurica*）、紫椴（*T. amurensis*），为牡丹提供了适当的侧方遮荫（图3-1-1），从而寓科学于艺术中。再如，蕨类植物大多喜阴湿环境，昆明园林植物园的蕨类植物园则将蕨类植物布置在云南油杉（*Keteleeria evelyniana*）林中，很好地满足了蕨类植物的生态

图3-1-1 济南植物园牡丹山

需要，400多种蕨类植物生长良好。

由于普通的植物专类园侧重于游赏和科学普及，其服务对象主要是城市居民和中小学生，在选择建园位置时应考虑这一因素，一般选择在交通方便的近郊或直接在城内的大型公园中建设园中园。

3.1.2 植物专类园的规模

植物专类园的规模——占地面积和收集的品种、种的数量，并无特别之要求，宜根据当地的经济条件、自然条件和建园的宗旨来确定。总体而言，应具有一定的面积、收集较多的品种和种类，以及具有相当的个体数量，并尽量运用各种园林艺术原理，通过不同的配植方式加以营造。但不必过分追求品种、种的数量和稀有名贵品种，尤其是对于主要作为游赏性质的普通专类园而言，也并非品种越多越好，而应在品种收集的基础上加强各种造景形式的运用，以渲染和烘托气氛。如菏泽的曹州牡丹园占地达73hm^2，将观赏游览与苗木生产相结合，花期颇为壮观。而我国无锡的花菖蒲专类园也颇具特色，虽然占地仅为1.5hm^2，却利用小地形地貌的变化，再现了森林、草甸、沼泽、水池等不同景观，辅以小路栈桥、围栏小品、嘉木名花，150多个花菖蒲（*Iris kaempferi*）品种和20余个鸢尾属其他种类各显芳姿，成为以花菖蒲为主题的水、湿生植物精品园。

根据面积的大小、所收集植物种类和品种的多少，以及设计形式的不同，植物专类园可以是独立性质的，也可以作为风景区和大型公园的园中园。如上海嘉定的"紫藤园"是独立的专类园，面积约1.1hm^2，以紫藤（*Wisteria sinensis*）棚架为主景，蔚为壮观，棚架宽4m，长达250m，专门收集紫藤品种，除了国内的品种外，还引种有日本的紫藤和多花紫藤（*W. floribunda*）品种28个，花穗最长的达150cm，花色有紫色、红色、粉红、鹅黄、白色等；菏泽、洛阳等地的大型牡丹园也是独立性质的；苏州桂花公园、上海桂林公园则是独立的桂花专类园，其中苏州桂花公园经过多年的引种、建设，目前已经收集桂花（*Osmanthus fragrans*）品种50多个，成为我国桂花品种最丰富的桂花专类园之一（图3-1-2）；浙江安吉竹种园（竹子博览园）于1974年建成，占地约17hm^2，有各种竹类植物270多种。

国外也有许多独立的专类园，如美国亚拉巴马州有一个专门收集山茶（*Camellia*）的树木园，有山茶花品种近800个，并有山茶属的种类12种；韩国的美林植物园则专门引种槭树属（*Acer*）的种类，拥有该属植物800多种、变种和品种，尤其以鸡爪槭（*A. palmatum*）的品种最为丰富（余树勋，2000）。日本静冈市北丸子的丸子梅园，面积则仅1hm^2，收集梅花（*Armeniaca mume*）品种约300个，分为南京红、家康梅、金钱梅、朝鲜梅、台湾梅等景区。

从旅游和景观方面考虑，植物专类园也可以在风景区或大型公园中专辟一处，成为一别具特色的独立景点或园中园，这种方式最常应用于各地的植物园，但在不少公园和风景区中也常见。如南京梅花山已成为南京最重要的旅游胜地，北京植物园的碧桃园现已收集有'绛'桃、'红碧'桃、'寿红'桃等约50多个桃花（*Amygdalus persica*）品种10000余株，并植有花期最早的山桃花（*A. davidiana*）以及与桃花同时开花的20多种花卉，每年举办相关的文化活动"碧桃节"；西双版纳热带植物园的棕榈园区面积近10hm^2，景色优美。

图3-1-2 苏州桂花公园

3.2 植物专类园的景观营造

3.2.1 植物专类园的造景形式

植物专类园的造景有法无式，必须充分尊重"专类植物"本身的生物学特性、生态习性和美学特性，结合园林艺术原理，区别对待，因园而异。

总体上，有规则式和自然式两种造景形式，但在具体应用中常常两种形式相结合。品种丰富的月季和蔷薇类（*Rosa*），多采用规则式布置，按品种、花色分块种植，高低一致，花期集中，便于管理；藤本类品种则宜设置花架、花格供其攀缘，既可分隔空间，又能为游人提供遮荫之所（图3-2-1）。大型牡丹专类园一般也采用规则式配，但小型牡丹园常为自然式的。杜鹃花、竹类植物和仙人掌类，适于自然式布置，如杜鹃花（*Rhododendron*）专类园中通常设计曲折的道路，配以山石、溪流、山谷、疏林，结合地形变化，杜鹃花或三五成丛，或成片成群（图

图3-2-3 郁金香品种区按花色分块种植

3-2-2）。郁金香、百合、水仙类的传统布置手法则是按花色分块种植，同一品种同时开花，高矮均齐，形成一块块严整壮观的色块，装饰性很强（图3-2-3）；竹园中则常常布置竹径，具有曲径通幽之效（图3-2-4）。鸢尾类（*Iris*）有高、中、矮生及水生四大类，花期也不同，可以按照高度和习性成层分块种植，形成阶梯式。以乔木类作为专类植物布置的专类园殊不多见，但厦门植物园的"南洋杉专类园"是一个成功的范例。该专类园面积达12hm^2，是进入植物园内的第一个具有明显特色的植物景观区，为疏林草地景观，颇具特色、十分壮观。专类园以高大挺拔的南洋杉科植物为主体，以大面积草坪为基调，利用缓坡恰到好处地表现了南洋杉疏林草地景观"高、大、宽、广"的意境。园内植有南洋杉（*Araucaria cunninghamii*）、大叶南洋杉（*A. bidwillii*）、诺福克南洋杉（*A. heterophylla*）、巴西南洋杉（*A. angustifolia*）等南洋杉属植物和澳洲贝壳杉（*Agathis dammara*）、大贝壳杉（*A. rubusta*）等贝壳杉属植物计2属7种，是我国大陆栽培南洋杉科植物种类最多的专类园。在南洋杉草地内还有国家领导人种植的纪念树多株，其中有邓小平同志1984年视察厦门时莅园所植，不少游客在此驻足留影。同样，松柏园等乔木类型的植物专类园也可以采用疏林草地的手法，同时结合密林等其他景观类型进行营造。

运用中国园林艺术中"意先笔后"的手法，

图3-2-1 南京玄武湖公园月季园的木香棚架

图3-2-2 杜鹃花的自然式配

注重意境和主题的表达是我国古代优秀专类花木布置形式的基本特点。它常用画龙点睛的园林建筑小品及题款，突出整个专类园的主题和意境，如传统的牡丹园内常有"牡丹仙子"的雕塑、牡丹亭以及与牡丹有关的壁画，这仍然值得我们借鉴。深圳洪湖公园在荷花（Nelumbo nucifera）池边布置有现代荷花女雕塑和采莲姑娘雕塑。专类园意境的确立和表达因植物材料而异，各有特色，如杭州的"灵峰探梅"既注重表现梅花的傲霜斗雪，更突出"探"，"曲院风荷"则突出荷花碧叶香风之"凉"，其他如牡丹宜表现其雍容华贵，木兰则突出花姿绰约等。

图3-2-4 扬州个园的竹径

以牡丹专类园为例，牡丹专类园既可规则式布置，也可自然式布置。牡丹园的规划布局应根据地形条件确定基本构图形式，按照"源于自然，师法自然，高于自然"的要求，考虑民族习惯与文化传统，努力创造不同的景观效果，并尽量体现地方特色。牡丹既是主题，亦是主景，因此如何引导人们观赏牡丹是设计者考虑的中心。由于牡丹观赏期较短，一般仅有20天左右，若要牡丹园内一年四季有景可赏，需在组景、造景上下工夫。即使在牡丹盛开时节，亦需有其他乔灌木或草地作为背景加以衬托。

规则式牡丹园，多选择在公园地形平坦之处，循园路将园区规划成比较规则的形状，整体上形成整齐的几何图案。常常等距离栽植各类牡丹，以便于管理，也有利于集中观赏和研究。但缺点是缺乏景观深度和意境表现，牡丹的观赏效果与美化作用不能得到充分发挥。但若为大面积，场面亦极为壮观。这种布置方式多不进行地形改造，也很少与其他植物、山石配合布置，因而设置容易，投资省，管理亦较方便，各地应用颇多（图3-2-5）。如北

图3-2-5 规则式牡丹园

图3-2-6 自然式牡丹园

京景山公园,洛阳王城公园、西苑公园,盐城便仓枯枝牡丹园及北京中国科学院植物研究所植物园等处的牡丹园,都采用这种布置形式。

自然式牡丹园,一般以牡丹为主体,结合地形变化,配以其他树木花草、山石、建筑等,从而衬托出牡丹的雍容华贵、天生丽质,形成一个个优美的景点,具有山回路转、步移景异的效果,如苏州留园的小型牡丹园(图3-2-6)。如能注意发挥牡丹文化的丰富内涵,设置与牡丹相关的雕像、壁画或建筑来突出主题,则可赋予牡丹园以更加鲜明的主题特征和更为迷人的艺术魅力。同时,牡丹和其他花草树木配植在一起,在牡丹不开花的季节,其他的树木花草陆续开花,也不会使牡丹园容枯燥无味,这样的牡丹园可以做到一季为主,三季有花,四季有绿。

3.2.2 植物专类园的景区划分

植物专类园应包括出入口区、植物造景和品种展示区、引种和生产区、办公区等。园路的安排,亭、榭、座椅、画廊等的设置,都要考虑游人在移动观赏中和在静坐休息中,均能看到专类园最好的景观。

3.2.2.1 出入口区

出入口区是引导和疏散游人观赏游憩的出入通道,同时也给人专类园的第一印象,因此必须注重。除了园门建筑、题名以及出入口内外广场以外,应重视植物造景,最好布置画龙点睛园林小品、题字等,如洛阳王城公园的牡丹园入口采用传统建筑形式,上书"洛阳牡丹甲天下",附近选用了松柏类和棕榈(*Trachycarpus fortunei*)进行点缀(图3-2-7)。

出入口区既要与专类园的总体风格协调一致,又要清晰简洁,吸引游人。北京紫竹院公园作为竹子专类园,出入口的建筑和园林小品均采用竹材或仿竹结构以渲染主题,并布置各种应时花卉。此外,出入口区还应布置专类园的介绍牌、分区图、游览路线示意图等,以方便游人参观游赏。

3.2.2.2 植物造景和品种展示区

植物造景和品种展示区是专类园的主体,毋庸置疑是专类园最重要的部分。在一个具体的专类园中,"植物造景区"和"品种(或种)展示区"可以分别布置,也可以根据专类园性质的不同和植物类群间的差异,将两部分结合或者仅布置其一,但应以植物造景为主。否则,仅仅是收集部分专类植物,不注重造景艺术,则易将植物专类园建成种质资源圃。如南京中山植物园禾草园是收集和展示禾本科植物的专类园,分为矮墙小院区、草坪休闲区和品种展示区三个主要部分。矮墙小院区是由石砌矮墙与绿篱围合而成的小院落,其间并有木板平台与水池等,各种观赏草和地被植物以矮墙为背景,以花境的形式布置在院中;草坪休闲区以大面积较为完整的草坪和树姿优美的散植乔木形成宁静、安逸的疏林草地景观,充分发挥各种观赏草的观赏特性,大草坪周围配置乔、灌、草结合的树丛及花境,从而将园区与园外道路的喧闹隔开;品种展示区集中展示国内外禾草植物100余种,以自然弯曲的小径把展示区分为若干小区,把不同种类的禾草分门别类予以安排,兼顾观赏性及科学性。

图3-2-7 洛阳王城公园牡丹园入口

图3-2-8 昆明世博园的蔬菜瓜果园的造景形式

1）植物造景区

植物造景区是植物专类园中最吸引游人的地方，在拥有较多专类植物的基础上，主要体现专类园的艺术性，以观赏游览为主要目的。因此，植物造景区的设计通常会考虑到花卉的文化底蕴，将花文化融入园中。同时，该区的造景形式还应根据专类植物的特性进行设计，如蔬菜瓜果园中多利用棚架展示瓜果类植物，布置篱架供豆类植物攀附（图3-2-8）。

植物造景区一般由几个不同的组景构成。例如，昆明世博园内的"山东曹州牡丹园"占地仅900m²，却汇集了菏泽牡丹九大色系的99个代表性品种，计4200株，按中国传统造园手法，建亭台以俯视，筑曲径以动观，置山石以衬托，凿溪流以共鸣。牡丹园分为"国色天香"、"醉颜谷雨"和"林泉高致"三个组景。"国色天香"位于入口处，置汉白玉雕塑"天女散花"；"醉颜谷雨"以平地赏花为主，姹紫嫣红，争奇斗艳；"林泉高致"借山间谷地叠石成瀑，植物成林，景观独特。整个牡丹园，或平视、或俯视、或仰视，举目皆景，令人回味无穷。园内还建有牡丹亭、天香池、牡丹溪、天女散花、牡丹文化碑刻等景点，令人感受到中国牡丹文化的高雅情调。再如淮阴市月季园的主体景区由"园林之歌"组景、"万紫千红"组景、"俏也不争春"组景、"清淮之光"组景和"月季之路"组景组成。"园林之歌"应用丰花月季，以丰富的色彩和集中的开放期，形成繁花似锦、姹紫嫣红的景观；"万紫千红"以大型音乐喷泉和手捧鲜花的少女雕塑为重心，运用人工营造的岗阜丘峦，按照白色、黄色、粉色等8个色系成片栽植，着力表现月季的色、韵之美；"俏也不争春"以微型月季为主，配以应时花卉作陪衬；"清淮之光"则反映淮阴古老的月季栽培历史，既是古老月季品种的保存区，又是花卉盆景展览区，建筑廊架上还栽植了藤本月季，山体上栽植了野生的蔷薇类；"月季之路"采用带状和组团结合的造景手法，栽种树状月季等。

北京植物园的牡丹专类园设计采用古典园林设计手法，整个园区为自然式，植物配植采用乔、灌、草复层混交，疏林结构，自然群落的方式，以原有油松（*Pinus tabulaeformis*）为基调树种，既保护了古树，又增加了园林古朴高雅的情调。同时结合了牡丹仙子的传说，园子中部有汉白玉牡丹仙子雕塑侧卧于花丛翠竹中，附近叠一组山石，上镌"粉雪千堆"四字；园子北部有一《牡丹仙子》大型烧瓷壁画，壁画长17.20m，高4.3m，厚1.4m，取材于《聊斋志异》，以此介绍牡丹仙子的传说。

2）品种（或种）展示区

品种（或种）展示区集中展示专类植物品种或种的丰富多彩，是专类园体现科学性和进行科普教育的主要场所。

一般而言，应按照植物品种或属、种的分类系统划分小区，将品种或种按其分类归属，分别集中栽植（图3-2-9），并最好将游览路线与植物的进化路线（趋势）统一起来。这样的布置非常便于品种的保存和识别，有利于科学普及。如美

图3-2-9 月季园的品种展示区（季春峰提供）

国汉庭顿植物园的蔷薇园，以月季进化之路为主线，布置月季由古代到现代的进化历程；金华山茶国际物种园和庐山植物园的杜鹃园分别按照山茶属和杜鹃花属的分类系统（亚属和组的排列）布置。庐山植物园于1982年开展了较大规模的杜鹃引种驯化研究，引进杜鹃花300多种，在此基础上建立了杜鹃花专类园，根据杜鹃花属的分类系统，按照有鳞亚属（*Subgenus Rhododendron*）、无鳞亚属（*Subgenus Hymenanthes*）、映山红亚属（*Subgenus Tsutsutsi*）、马银花亚属（*Subgenus Azaleastrum*）和羊踯躅亚属（*Subgenus Pseudanthodendron*）等布置，春末夏初杜鹃花盛开，姹紫嫣红，十分艳丽。

在品种展示方面，月季园的品种展示区可以由杂种长春月季区、杂种茶香月季区、多花姊妹月季区、大花月季区、微型月季区、藤本月季区等组成，并最好与各类品种的主要杂交亲本一起布置。其他如梅花、山茶、牡丹、芍药、菊花（*Dendranthema × grandiflora*）、碧桃、桂花等，均可按照品种分类系统来布置品种展示区。根据需要，还可以安排专门的"造型展示区"和"科普教育区"。例如在菊花专类园中可以设置造型展示区，展现菊花的各种栽培和造型方式，如大立菊、标本菊、悬崖菊、立菊、什锦菊，梅花专类园则一般设有专门的梅桩盆景展示区。

在植物造景和品种展示区内，还应设置一些方便游人的服务设施，如小型广场、茶室、小卖部、休息亭、厕所、凉廊、栏杆等建筑和构筑物，其建筑形式既要与功能相协调，又应与全园的建筑风格保持统一。如厦门植物园蔷薇园为游客提供茶饮的服务点，屋顶平台与植物园主步游道平，成为一处路旁观景平台，向下可俯视蔷薇园全貌，其中仿玫瑰花瓣形的音乐台宛若花落大地，格外醒目。

3.2.2.3 引种和生产区

丰富的植物种质资源是植物专类园建设和完善的物质基础，因此，植物种类和品种的收集工作对于植物专类园是极为重要的。没有任何一个植物专类园是一次建成的，植物种类和品种引进和栽培技术研究工作应该是不间断的。

植物专类园的引种区主要收集国内外野生和栽培的同类植物资源，包括原种、变种和大量的栽培品种。有了丰富的原始材料，才能为专类园的建设打下良好的基础。资源收集有多种途径，其中与国内外相关单位交流是一种重要的方式，尤其是对于一些稀有种类而言更是如此。例如，南京梅花山通过与日本静冈市北丸子的丸子梅园进行梅花品种交换，引进了不少日本梅花品种。对于收集到的资源，应当首先在引种区内进行驯化和栽培试验，在当地成活、成功以后，才能大量应用到专类园建设中。

引种和生产区是科研和生产场所，为了避免干扰，减少人为破坏，一般不向游人开放，因此应与主体景区隔离。

3.2.2.4 其他

包括办公区、温室区等，可以参考一般公园的规划设计原则。建筑风格要求既体现地方特色，又与专类园的性质、专类植物的特点协调一致。在小型专类园中，办公区可以设置在引种和生产区附近，也可以将二者结合。根据需要，专类园中还可以设立温室区，尤其对兰花、仙人掌类和热带植物而言，温室是必要的。温室区也可以与引种生产区结合。

3.2.3 科普教育形式

植物园承担向公众开展科普教育的任务，其中的专类园区是向公众进行科学知识普及和宣传的主要窗口。常规的科普活动形式是给不同的植物挂名牌，设置科普长廊、宣传廊、展室向游人介绍植物

图3-2-10 华南植物园竹园的植物标牌

背景知识和传统文化也是重要的内容。

3.2.3.1 植物标牌

清楚而正确的标牌极为重要，它是进行科普宣传的最简单而有效的方式，可以使人们在游览的同时获得有关的植物学知识（图3-2-10）。对于主要品种（或种），标牌内容至少应当包括品种或种的名称（中文名和拉丁学名）、科别和来源（产地、引种方式和时间等）。如条件许可，也可介绍主要的观赏特点、生态特点、经济用途，以及其他有关知识。标牌可以是木制或金属制的，也可以直接将有关内容刻在植物边的石头上。

植物种的拉丁学名由"属名 + 种加词 + 定名人"构成（实际应用中常将定名人省略），种下等级（亚种、变种和变型）则相应加上表示等级的术语缩写（亚种为subsp.、变种为var.、变型为f.）和加词，品种加词则应置于单引号内。如紫丁香的学名为"$Syringa\ oblata$ Lindl."，其中"$Syringa$"是丁香属的属名，"$oblata$"是紫丁香的种加词，而"Lindl."则是定名人John Lindley姓氏的缩写；变种紫萼丁香的学名全写为"$Syringa\ oblata$ Lindl. var. $giraldii$ Rehd."；丁香品种'紫云'的学名全写为"$Syringa\ oblata$ Lindl. 'Ziyun'"。对于许多园林观赏植物而言，种下等级的名称有时是有争议的，主要表现在是作为变种、变型还是品种上，可暂时根据习惯用法标识。

目前，我国不少植物专类园和植物园中，普遍存在着标牌不正确、不全面，或者是根本没有标牌的现象，不能起到科普教育和宣传的作用，有时甚至误导游人。究其原因，主要有两方面，一个是在专类园建设中不重视或者由于专业知识的欠缺造成植物鉴定不正确，另一个是个别游人的素质较差，往往随意移动标牌，因此有些专类园将植物的名称刻在石头上。

3.2.3.2 科普展室

科普展室或科普长廊、宣传廊等相关设施可以布置于品种展示区附近，主要介绍我国的植物

图3-2-11 浙江安吉竹种园（季春峰提供）

资源概况,该专类植物与人类的关系、栽培利用历史、育种历史、花文化,以及相关的名人、科学家等(图3-2-11、图3-2-12)。许多植物园还在博物馆或展览馆内通过实物、模型、标本、图片、文字、录像等各种方式,特别是采用现代电子技术,通过声、光、电等多媒体方式图文并茂地介绍植物、生态、环境及生物多样性保护等方面的知识,使游客得到多方面知识的教育。因此,需要制作和准备的主要有图片、宣传画册、植物标本、录音录像资料以及与专类植物有关的陈列品。例如深圳植物园的苏铁专类园专门开设了苏铁类植物的科普展览室;而洛阳牡丹宫则是一座关于牡丹文化的大型宫殿,占地8.7hm^2,内容涉及牡丹历史、典故、传说、诗词歌赋,融知识性、科学性和艺术性为一体。此外,还可以定期或在游览高峰期举办相应的科普知识讲座、文化活动。深圳仙湖植物园举办"恐龙时代展"、

图3-2-12 利用牡丹种植池介绍品种

"水底植物展"、"植物化石展"、"植物进化展"等向公众普及科学知识;北京植物园的桃花节、市花展,沈阳植物园的郁金香、牡丹芍药、百合展等都吸引了大量游人。

3.3 植物材料的选择

进行植物专类园建设,必须拥有丰富的植物材料。我国是世界上观赏植物资源种类最丰富的国家之一,被称作"世界园林之母",这为植物专类园的建设奠定了坚实的物质基础,如山茶属、刚竹属(*Phyllostachys*)、木犀属(*Osmanthus*)、丁香属(*Syringa*)、槭属(*Acer*)、广义李属(*Prunus*)、含笑属(*Michelia*)、苹果属(*Malus*)、栒子属(*Cotoneaster*)、绣线菊属(*Spiraea*)、菊属(*Dendranthema*)、报春花属(*Primula*)、杜鹃花属(*Rhododendron*)、百合属(*Lilium*)等著名花木均以我国为分布中心,而牡丹、腊梅(*Chimonanthus*)、金粟兰(*Chloranthus*)等我国全产。引种驯化和品种选育也是增加观赏植物资源的重要手段,如英国本土原产的植物只有1700种左右,但是经过引种,皇家植物园——邱园中已经有50000种来自世界各地的植物,我国西南地区的植物也被大量引种到英国。

3.3.1 植物专类园主题的确定

植物专类园的主题,即专类植物的确定,主要考虑植物材料本身的适合与否,以及当地的文化传统和花木栽培历史。我国古代建设专类园大多选择深受群众喜爱的中国传统名花,如梅花、牡丹、月季、菊花、兰花、荷花等。就植物材料而言,适宜营造专类园的植物,一般要求在具有较高观赏价值的前提下,同一属(或科)内我国种类繁多,或同一种内品种繁多,或二者兼而有之。

属于第一种情况的如丁香属、蔷薇属、竹类植物、木兰科、棕榈科、苏铁类植物、松柏类植物、蕨类植物、猕猴桃属、绣线菊属、榕树属(*Ficus*)、冬青属(*Ilex*)、荚蒾属(*Viburnum*)、栒子属、小檗属(*Berberis*)、秋海棠属(*Begonia*)等均可建立专类园。深圳仙湖植物园的苏铁植物区结合国际苏铁迁地保护中心的建设,已收集了世界各地的苏铁类植物3科10属200多种。

属于第二种情况的有梅花、牡丹、桂花、

图3-3-1 扬州瘦西湖公园的琼花坞及扬州市市花琼花

碧桃、腊梅（*Chimonanthus praecox*）、月季（*Rosa chinensis*）、石榴（*Punica granatum*）、菊花、郁金香、大丽花（*Dahlia pinnata*）、荷花等。如现代月季品种极为繁多，至少有3万个以上，而且类型丰富，包括杂种茶香月季、多花姊妹月季、大花月季、微型月季和藤本月季等，观赏特性各不相同。

属于第三种情况的有杜鹃、海棠、山茶、樱花（*Cerasus*）、槭树、木槿（*Hibiscus*）、柑橘（*Citrus*）、紫薇（*Largerstroemia*）、芍药（*Paeonia*）、睡莲（*Nymphaea*）、百合、水仙、鸢尾、兰花等属，不但属内种类繁多，而且普遍栽培的种类拥有大量品种。如山茶属约有280种，我国是中心产地，有240多种，栽培最普遍的山茶、云南山茶（*Camellia reticulata*）、茶梅（*C. sasanqua*）均拥有大量品种，至20世纪末，已经登录的山茶品种达2.2万个以上；再如樱属有100余种，而常见栽培的中国樱花（*Cerasus serrulata*）和日本樱花（*C. yedoensis*）、日本晚樱（*C. lannesiana*）均拥有大量品种；槭树属共有200种左右，我国产150多种，而普遍栽培的鸡爪槭至少有数百个品种。

对于一个具体的地区而言，选择哪一类植物建设专类园，则应考虑当地的自然条件、文化传统和花木栽培历史，以便更好地充分发掘和表现花木的文化内涵。如山东菏泽和河南洛阳的牡丹、江苏南京和湖北武汉的梅花、浙江杭州和江苏苏州的桂花、浙江金华和云南昆明的山茶花、山东青岛中山公园的樱花等。四川攀枝花市结合当地特产的攀枝花苏铁（*Cycas panzhihuaensis*）的发现和分布建立了苏铁专类园；扬州市则以当地传统花木——扬州市市花琼花（*Viburnum macrocephalum* f. *keteleeri*）为主要树种，结合木绣球（*V. macrocephalum*）等进行专类栽培，在瘦西湖公园内建立琼花坞（图3-3-1）。广西是我国金花茶（*Camellia nitidissima*）的主要产区，南宁市则于1995年建成全国首家以种植金花茶为主的茶花专类园——金花茶公园（图3-3-2），园内堆山设景、清溪布石，再现金花茶原生地自然风貌。

西双版纳植物园依托龙血树属（*Dracaena*）种质资源的收集，于2002年建立的龙血树专类园区也别具特色，是我国植物园中独有的专类园区。龙

图3-3-2 南宁市金花茶专类公园

图3-3-3 华南物园的姜园

血树为龙舌兰科植物，一些种类的树皮一旦被损伤，便会在微生物的作用下产生树脂，染红木质部和少量渗出，是南药"龙血竭"的原料植物，大多分布于热带和南亚热带的半干旱或石灰岩地区。西双版纳植物园的龙血树植物专类园区栽培龙血树属植物34个种和品种，几乎包括了我国分布的所有种类，园区依丘而建，分为栽培龙血树和野生龙血树两个区，野生龙血树区内分中国龙血树和国外龙血树两个小区。同时，栽培了朱蕉（*Cordyline fruticosa*）、龙舌兰（*Agave americana*）、丝兰（*Yucca smalliana*）等同科植物，使该园多姿多彩，四季色彩缤纷。同样，华南植物园的姜园也颇具特色（图3-3-3），在其他地区比较少见。

从自然条件的角度出发，常见的适合建设专类园的植物类群中，丁香、碧桃、菊花、牡丹、石榴等最适合我国北方，梅花、桂花、山茶、猕猴桃、竹子等最适合长江流域及其以南地区，棕榈类、苏铁类等最适于华南地区，而樱花、绣线菊、月季、蔷薇、松柏类、荷花、睡莲、鸢尾、百合等则由于种类繁多，各地均可选择出适合当地的种类和品种，或者是由于植物的适应性强，在全国各地均可。当然，这些原则也并非固定而不可变的。例如牡丹一般适合在北方建设专类园，但长江流域及其以南地区也有适宜的耐湿热品种，或者作适当的地形改造，仍可建设小型的牡丹专类园。此外，植物专类园也可以选用生态习性互补的两类植物共同组成，或者考虑观赏期的互补或衔接。如杭州植物园以槭树和杜鹃花为主建立的"槭树杜鹃园"，以"春观杜鹃花、秋赏槭红叶"为主题；"木兰山茶园"的上层是高大的木兰科植物，中间一层是山茶花，下层是茶梅、十大功劳（*Mahonia fortunei*）等低矮灌木和地被植物，早春时节，玉兰花与山茶花争奇斗艳，热闹非凡，玉兰花如漫天"霜雪"，耀眼夺目；山茶花如片片朝霞，漫山红透，引得游人驻足、流连忘返；"桂花紫薇园"则收集了金桂、银桂、丹桂、四季桂等20多个桂花品种2000余株，间植了300多株紫薇，夏秋景色优美。

3.3.2 种类和品种的选择

专类园要突出一个"专"字，因此需要选取尽量多的种类和品种，并按其生态习性、花期、花色、姿态进行合理的配植，以延长观赏时间。专类园主题确定以后，应根据总体规划和造景需要选择具体的植物种类和品种，这需要考虑适地适树和景观需要两个方面。

3.3.2.1 适地适树的原则

对于适地适树，古人很早就已经注意到，《淮南子》云："橘榴有乡，橘渝于北徙，榴郁于东移。"王世懋的《学圃馀疏》中也有"杏花江南虽有，实味大不如北，其树易成、实易结。"因此，不管确定哪类植物建设专类园，所选择的植物种类和品种都必须适合当地的自然条件。

在植物与环境的关系中，温度和水分因子是最为重要的。例如木兰园的建设，在华南和西南地区，除了少数对生境要求严格的种类以外，大部分木兰科植物都适宜；在长江中下游地区，则有木兰属的大部分种类，以及含笑属、木莲属（*Manglietia*）、拟单性木兰属（*Parakmeria*）等属的部分种类可供选择；而在长江以北地区，一般只有木兰属的白玉兰（*Magnolia denudata*）、紫玉兰（*M. liliflora*）、天女花（*M. sieboldii*）、二乔玉兰（*M.* × *soulangeana*）、望春花（*M. biondii*）、宝华玉兰（*M. zenii*）等少数种类及部分品种。牡丹虽然适合北方建设专类园，但不同地区适宜的品种也是不同的，寒冷地区宜以耐寒的甘肃紫斑牡丹（*Paeonia rockii*）类品种为主，配以保护措施栽培的中原牡丹（*P. suffruticosa*）品种为辅，温暖地区则宜以中原牡丹为主，配以甘肃紫斑牡丹为辅。在我国西北干旱荒漠区，吐鲁番盆地沙漠植物园别具特色，根据当地的自然条件，引种沙漠植物460多种，著名的有柽柳属（*Tamarix*）、沙拐枣属（*Calligonum*）、沙冬青属（*Ammopiptantus*）、白刺属（*Nitraria*）、甘草属（*Glycyrrhiza*）、梭梭属（*Haloxylon*）等，尤其是其中的柽柳专类园已初具规模，引种栽培柽柳科植物15种，花开时节如红霞遍野。

3.3.2.2 景观需要的原则

根据景观设计和营造的要求，应考虑以下几个方面：确定基调品种（或种）；考虑花色（或其他观赏要素）搭配；合理安排花期（或观赏期）；适当引种名贵品种。

1）确定基调品种（或种）

选择最适应当地土壤和气候条件、花期（或观赏期）较长、着花繁密的品种（或种）作为专类园的基调品种（或种），以形成专类园的基调和特色。以梅花为例，在长江下游地区，直枝梅类的朱砂型和宫粉型品种，如'粉红朱砂'、'白须朱砂'、'粉皮宫粉'等常常作为梅花专类园的基调品种；而在长江以北地区，如果建设梅花专类园，则宜选择杏梅类和樱李梅类等耐寒性强的品种作为基调品种，如'丰后'、'美人'梅等。木兰园在黄河至长江中下游地区则一般选用白玉兰和紫玉兰等为基调种。

2）花色（或其他观赏要素）搭配

大多数专类植物以观花为主，为了造景中色彩搭配的需要，在确定基调品种以后，还必须选择其他花色的品种。如梅花专类园以朱砂类和宫粉类的红、粉红色为基调，仍需搭配白色、淡粉、乳黄等颜色的品种，例如'素白台阁'、'紫蒂白'、'徽州檀香'、'小绿萼'、'黄山黄香'、'江'梅等。

3）合理安排花期（或观赏期）

适合建设专类园的植物，即专类植物，或者种类繁多，或者品种繁多，一般来说花期也差别较大。合理安排花期，可以尽可能地延长整个专类园的观赏期。如桂花中最重要的秋桂类，在长江下游地区盛花期一般为9月，但早花品种如'早籽黄'、'早银'桂在8月上、中旬始花，而晚花品种如'晚银'桂、'晚金'桂于10月始花，不少多批次开花的品种，花期甚至可以延迟到11月。因此，仅秋桂类花期可长达3个月，如果再适当配植四季桂类的品种和部分木犀属野生种，则桂花专类园的观赏期可长达8~10个月。再如，梅花早花品种在武汉常1月份即开放，在杭州等地2月上中旬也已经开花，而晚花品种一般在3月下旬开花，若品种选择得当，梅园观赏期也可延长至接近3个月。

4）适当引种稀有名贵种和品种

适当引种稀有名贵种和品种，是为了提高植物专类园的吸引力和满足人们的好奇心理。如山茶属的金花茶；牡丹中的黄牡丹（*Paeonia lutea*）以及'豆绿'等品种；梅花中的黄香型和洒金型品

图3-3-4 黄牡丹

种；樱花类中花朵黄绿色的品种'御衣黄'；水生植物专类园中的王莲（*Victoria amazonica*）、'并蒂莲'等名贵种类和品种；竹类植物中的方竹（*Chimonobambusa quadrangularis*）、佛肚竹（*Bambusa ventricosa*）；仙人掌类中的金琥（*Echinocactus grusonii*）；蕨类植物中的桫椤（*Alsophila spinulosa*）、胎生狗脊蕨（*Woodwardia prolifera*）等（图3-3-4、图3-3-5）。

此外，在大型专类园中，应适当选择部分能够结合生产的品种，将观赏与生产结合起来。例如，梅花、碧桃等专类园中，均可选择优良的果用品种或者食用兼观赏的品种，配植于整个专类园中或者在专类园的一侧专门设立果用生产区，则既可观赏，又具有一定的经济效益，一举两得。梅花中食用兼观赏的果梅类有'扣子玉蝶'、'徽州檀香'、'小绿萼'等，南京梅花山将梅花与茶间作也是结合生产的良好形式。

图3-3-5 珍贵的树蕨——桫椤

3.4 植物专类园设计的景观艺术原理

3.4.1 色彩的构成与表现机能

3.4.1.1 色彩认识

赏心悦目的景物，除了个人嗜好外，首先是因为色彩动人才引人注目，其次才是形体美、香味美和听觉美。对园林艺术和园林美的研究表明，植物对园林美的贡献，主要是向游人呈现视觉的美感；艺术心理学也认为视觉最容易引起美感，而眼睛最敏感的是色彩，其次才是形体和线条等。植物的叶片、花朵、果实均色彩丰富，季相变化明显，进行专类园造景设计，必须了解各种色彩的构成和表现机能。

色彩是物体反射了日光所表现出来的颜色，如红色的花朵是因其吸收了橙、黄、绿、蓝、紫等各色，而把红光反射到人眼，才显以红色；白色是因为物体本身不吸收阳光，而是全部反射出来。人们眼睛能够分辨出不同波长的可见光，从而产生了红、橙、黄、绿、蓝、紫的感觉。红、黄、蓝是色彩三原色，常用三原色造景体现热带风光。三原色两两混合而成二次色，又称间色，即橙、绿、紫。红与绿、黄与紫、蓝与橙构成了三对互补色，互补色具有强烈的对比效应，用于造景起突出与强调作用，如绿叶红花。但补色因具有强烈的视觉刺激，一般在应用时削弱一方的纯度或降低一方的面积为宜，如万绿丛中一点红。二次色再相互混合则成为三次色，也称为复色，如橙红、橙黄、黄绿、蓝绿、蓝紫、紫红等。自然界各种植物的色彩变化万千，凡是具有相同基础的色彩如红蓝之间的紫、红紫、蓝紫，与红、蓝两原色相互组合，均可以获得比较调和的效果。二次色与三次色的混合层次越多，越呈现稳重、高雅的感觉。

色彩包括色相、明度和彩度三要素。色相即色彩的相貌，指植物反射阳光所呈现的各种颜色，如红色、黄色、蓝色等原色，橙色、绿色、紫色等二次色，橙绿、绿紫、紫橙等三次色。明度指色彩的明暗程度，是色彩明暗的特质，因色相不同而不同，在各种色彩中，以原色明度最高；也因纯度不同而异，如深红和浅红的明度显著不同。明度等级高低依次为：白、黄、橙、绿、红、蓝、紫、黑。彩度指植物颜色的浓淡或深浅程度，也称纯度或饱和度，艳丽的色彩饱和度高，彩色度也高，如红、黄、蓝三原色最高，二次色次之。有彩色的颜色，在同一色相中，彩度最高的就是此色相之纯色。

3.4.1.2 色彩效应

色彩因搭配与使用的不同，会在人的心理中产生不同的情感，即所谓的"色彩情感"。一个空间所呈现的立体感、大小比例以及各种细节等，都可以因为色彩的不同运用而显得明朗或模糊。所以熟悉理解和掌握色彩的各种"情感"，并巧妙地运用到植物景观中，可以得到事半功倍的效果。

1）色彩的冷暖感

冷暖感是最重要的色彩感觉。有些色彩给人以温暖的感觉，有些色彩则给人以冷凉的感觉，通常前者称为暖色，后者称为冷色，这种冷暖感决定于不同的色相。暖色以红色为中心，包括由橙到黄之间的一系列色相；冷色以蓝色为中心，包括从蓝绿到蓝紫之间的一系列色相；绿与紫同属于中性色。此外，明度、彩度的高低也会影响色相之冷暖变化。"无彩色"中白色显得冰冷，而黑色给人以温暖，灰色则属中性。鲜艳的冷色以及灰色对人刺激性较弱，故常给人以恬静之感，称为沉静色。绿色和紫色属中性颜色，对视者不会产生疲劳感。鲜红色是积极、热血，以及革命之象征。我国以红色代表大吉大利，所以欲表达热烈气氛，在入口处或重要位置点以色彩鲜艳的植物景观效果极佳。

2）色彩的诱目性与明视性

容易引起视线的注意，即诱目高，而由各种色彩组成的图案能否让人分辨清楚的特性，则为明视性。要达到良好的景观设计效果，既要有诱目性，也要考虑明视性。一般而言，彩度高的鲜艳色具有较高的诱目性，如鲜艳的红、橙、黄等色彩，给人以膨胀、延伸、扩展的感觉，所以容易引起注目。然而诱目性高未必明视性也高。例如红与绿非常抢眼，但不能辨明。明视性的高低受明度差的影响，一般明度差异越大，明视性越强。

3）色彩的轻重感

色彩的轻重感由明度和彩度决定，明度愈高，色彩愈浅，则愈觉轻盈，如白色、黄色比紫色、红色轻盈。深色与暗色感觉重，显正统、威严；浅色轻，给人以亲近、轻松、愉快的感觉。

4）色彩的距离感

由于空气透视关系，不同波长的色相在色彩距离的表现上效果不同，暖色系为长波长，看起来会拉近观赏者与景物之间的距离，是前进色；冷色系波长较短，看起来则会拉远距离，是后退色。利用色彩的这些特性，在造景中通过不同的色彩搭配，可以增加景观的层次感、立体感和动感。

5）色彩的情感效应

色彩虽然是物体对光线吸收和反射的结果，但不同国家和民族往往对色彩有着不同甚至是相反的情感，这是由于历史背景、文化习俗的不同形成的。红色是一种激动人心的颜色，象征着生命和活力，在我国被视为喜庆、美满、吉祥的象征，礼仪、庆典和各类民俗活动多用红色和红花。荷兰人喜欢橙色，他们把橙色和蓝色一起定为国色。黄色轻快明亮，具有神圣和辉煌之感，我国封建帝王的龙袍、饰物多为黄色，象征着神圣和权威，但马来西亚和新加坡人禁忌黄色，阿拉伯人也不喜欢黄色。在基督教艺术中，蓝色是天国的象征，法国和荷兰人也喜欢蓝色，但埃及人却认为蓝色是魔鬼的象征。白色是暖色与冷色的过渡色，多数国家把白色作为纯洁的象征，但非洲人和印第安人却常用白色来描绘魔鬼。

但一般说来，红色给人以兴奋、欢乐、热情、活力之感，同时也有危险、恐怖之感；橙色给人以明亮、华丽、高贵、庄严之感，同时也有焦躁、卑俗之感；黄色给人以温和、光明、快活、华贵之感，同时也有颓废、病态之感；蓝色给人以秀丽、清新、宁静、深远之感，同时也有悲伤、压抑之感；绿色给人以青春、和平、朝气、兴旺之感，同时也有幼稚或衰老之感；紫色给人以华贵、典雅之感，同时也有忧郁、恐惑之感。了解色彩的情感效应对于植物配植和造景设计是有帮助的。

3.4.1.3 配色原则

1）色相调和

（1）单一色相调和

在同一颜色之中，浓淡明暗相互配合，即为单一色相调和。同一色相的色彩，尽管明度或彩度差异较大，但容易取得协调与统一的效果。而且同色相的相互调和，意象缓和、柔谐，有醉人的气氛与情调，但也会产生迷惘而精力不足的感觉。因此，在只有一个色相时，必须改变明度和彩度组合，并加之以植物的形状、排列、光泽、质感等变化，以免流于单调乏味。如以深红、明红、浅红、淡红顺序排列，会呈现美丽的色彩图案，易产生渐变的稳健感。若调和失宜，则显杂乱无章，黯然失色。

（2）近色相调和

近色相的配色，仍然具有相当强的调和关系，然而它们又有比较大的差幅，即使在同一色相上，也能够分辨其差别，易于取得调和色。相邻色相，统一中有变化，过渡不会显得生硬，易得到和谐、温和的气势，并加强变化的趣味性，加之以明度、彩度的差别运用，更可营造出各种各样的调和状态，配成既有统一又有起伏的优美配色景观。

近色相的色彩，依一定顺序渐次排列，用于园林景观的设计中，常能予人以混合气氛之美感。如红、蓝相混以得紫，红、紫相混则为近色搭配。同理，蓝、紫或黄、绿亦然；欲打破近色相调和之温和平淡，又要保持其统一和融合，可改变明度或彩度；强色配弱色，或高明度配低明度，加强对比，效果也不错（图3-4-1）。

（3）中差色相调和

红与黄、绿和蓝之间的关系为中差色相，一般认为其间具有不调和性。在进行植物景观设计时，最好改变色相，或调节明度，因为明度要有对比关系，可以掩盖色相的不可调和性；中差色相接近于对比色，二者均鲜明而诱人，故必须至少降低一方的彩度，才能得到较好的效果。如蓝天、绿地、喷泉即是绿与蓝两种中差色相的配合，但由于它们的明度差较大，

图3-4-1 近色相调和

故而色块配置仍然自然变化，给人以清爽、融合之美感。但在绿地中的建筑物及小品等设施，以绿色植物为背景，应避免使用中差色相蓝色。

（4）对比色相调和

对比色配色常见应用，因其配色具有现代、活泼、洒脱、明视性高的效果。在景观中运用对比色相的植物花色搭配，能产生对比的艺术效果。在进行对比配色时，要注意明度差与面积大小的比例关系（图3-4-2）。例如红绿、红蓝是最常用的对比配色，但因其明度都较低，而彩度都较高，所以常相互影响。对比色相会因为其二者的鲜明印象而互相提高彩度，所以至少要降低一方的彩度才能达到良好的效果。如果中心色恰巧是相对的补色，效果太强烈，就会较难调和。

2）色块应用

色块指颜色的面积或体量。景观中的色彩，实际上是由各种大小的色块有机地拼凑在一起而形成

图3-4-2 对比色相调和

的。色块的面积可以直接影响对比与调和，对景观情趣具有决定性作用。配色与色块体量的关系为：色块大，彩度宜低；色块小，彩度宜高；明色、弱色色块宜大；暗色、强色色块宜小。一般大面积色块宜用淡色，小面积色块宜浓艳些；但也应注意面积的相对大小，还与视距有关。互成对比的色块宜近观，有加重景色之效应，远眺则效应减弱；暖色系的色彩，因其彩度、明度较高所以明视性强，其周围若配以冷色系色彩植物则需强调大面积，以取得"视感平衡"。如草坪缀花，景致怡人，因为草坪属于大面积的淡色色块，而花草多是艳丽之色，故有相得益彰之妙。

3）背景搭配

植物造景中应注重背景色的选择和搭配（图3-4-3）。任何有色彩植物的运用必须与其背景取得色彩和体量上的协调。一般而言，绿色背景前用红色或橙红色、紫红色的花草树木；明亮鲜艳的花境、花丛，搭配白色的雕塑或小品设施，给人以清爽之感；以常绿的松柏为主色调，配以灰、白色，则会呈现出清新、古朴、典雅的气息和韵致。

从本质上讲，背景的运用也是一种对比手法，背景与欲突出表现的专类植物宜色彩互补或邻补，以获得强烈、鲜明、醒目的对比效果。专类植物的景观既可以各种自然色彩和非生物设施为背景，如蓝天、白云、水面、山石、园林建筑以及各种园林小品，也可以其他园林植物景观为背景，如草坪、常绿阔叶林、松柏片林、竹丛，"丹枫万叶碧云边，黄花千点幽岩下"描绘的就是秋日的枫叶和菊花在碧云、幽岩映衬下形成的美妙景观。因此，除了熟悉专类植物本身的色彩外，还应当了解天然山水和天空的色彩，园林建筑和道路、广场、山石的色彩以及其他园林植物的色彩。如在粉墙前植以翠竹、芭蕉或红花植物，或配以湖石、竹笋石，以植物的自然色彩和姿态作画，则树、石跃然墙上，可构成一幅幅画题式的天然图画，真正栩栩如生。此外，背景与前景的好与坏不仅体现在一段时间内，还应注意植物的四季色彩变化特征。

3.4.2 形式美原理

植物造景，是自然景物的艺术再现，源于自然

图3-4-3 杜鹃花在绿色背景前更加娇艳

而高于自然，各景观构成要素必须在数量、色彩和形体等方面形成一种协调的结构和关系。因此，植物造景必须遵循基本的艺术原理，植物专类园建设也不例外，同样也遵循统一与变化、均衡与稳定、比例与尺度、对比与调和、节奏与韵律等形式美的艺术规律。

3.4.2.1 统一与变化

统一是指各景观构成要素在形式、体量、风格、色彩、线条等方面有一定程度的相似性或一致性，运用重复的方法最能体现统一。统一的布局会产生整齐、庄严和肃穆的感觉，但过分的统一又显呆板和单调。所以应当统一中有变化，变化中求统一，只有这样，才会使人感到优美而自然（图3-4-4）。

统一与变化表现在各个层次上，如一个小的景点、一个景区、整个专类园，乃至一个城市的园林。以植物专类园而言，专类植物贯穿全园可以达到统一的效果，而不同种类和品种观赏特性的差异则体现变化和多样性。如在竹子专类园中，毛竹（*Phyllostachys heterocycla* 'Pubescens'）、刚竹（*P. sulphurea* 'Viridis'）、斑竹（*P. bambusoides* f. *tanakae*）、紫竹（*P. nigra*）、箬竹（*Indocalamus latifolius*）、孝顺竹（*Bambusa multiplex*）、慈竹（*Dendrocalamus affinis*）等多种竹子，有高达20m的乔木，也有不及1m低矮的灌木，有丛生竹，也有散生竹，竹竿还有绿、黄、紫或斑驳等各种色彩的变化，可谓多样，但在高低错落的竹子专类园中，它们都统一在相似的竹叶、竹笋以及竹竿的线条和形状上。同时，竹子专类园中的建筑、构筑物和园林小品也常采用竹制品或如仿竹竿形，如小型竹桥、亭、楼、栏杆、坐凳、垃圾箱、台阶等，既与环境相呼应、统一，又独具特色。安吉竹种园内就常常见到掩映于竹丛中的竹楼，北京紫竹院江南竹韵入口大门和昆明世博园入口牌坊也均采用仿竹形式。再如，以各种槭树为主要树种配植而成的槭树园，各种槭树可以统一在奇特的双翅果、分裂的叶形以及或红或黄的秋色上，而乔木、灌木以及各种树形的变化和

图3-4-4 岩石园中植物外形和线条的统一

叶色的差别则可以体现景色的多样性。

3.4.2.2 对比与调和

差异和变化可产生对比，近似与一致易产生调和。对比是借两种或多种性状有差异的景物之间的对照，使彼此不同的特色更加明显；调和是通过布局形式、造园材料等方面的统一、协调，使整个景观效果和谐。有对比才能突出主题，才能生动活泼，从而获得鲜明而引人注目的效果；而调和则可获得舒适、宁静而稳定的效果。对比与调和包括空间、体量、色彩、方向等多个方面（图3-4-5）。

1）空间的对比与调和

开敞空间与闭合空间的对比。如果人从开敞空间骤然进入到闭合空间，视线突然受阻，会产生压抑感；相反，从封闭空间转到开敞空间，则会豁然开朗，柳暗花明又一村。如通过高大植物组成的夹道很封闭，当进入到草坪或喷泉区时，空间对比强烈，小空间也显得很开敞，使人心情舒畅，顷刻间释放所有的压抑和恐惧；从空旷区域走向封闭，则深邃而幽寂，另有一番滋味。因此，巧妙利用植物创造封闭与空旷的对比空间，有引人入胜之功效。

2）方向的对比与调和

植物的姿态和由此构成的景观具有线形的方向性时，会产生方向对比，它强调变化，增加景深和层次。如水平方向开敞的空旷草坪和竖向的高耸密林之间的对比，圆锥树形的高大乔木与低矮的灌木球及平缓的地被之间的对比，一横一立，同处一画面，更突出个性表达。

3）体量的对比与调和

体量对比指景物的实际大小、粗细和高低的对比关系，是感觉上的大小，目的是相互衬托。各种植物材料在体量上存在着很大差别，如高大乔木与低矮的灌木及草坪地被形成高矮之对比。即使同一种植物，其不同年龄级的体量也存在着较大差异。利用体量对比也可体现不同的景观效果，如在棕榈专类园中，可以充分利用假槟榔（*Archontophoenix alexandrae*）和散尾葵（*Dypsis lutescens*）的对比、蒲葵（*Livistona chinensis*）与棕竹（*Rhapis excelsa*）的对比，而其叶形及热带风光的姿态又得以调和；如果在大面积草坪中植以几株高大的大王椰子（*Roystonea regia*），空旷寂寥，又别开生面，是因为高度差给人的幻觉；而在林缘或林带中高低错落的乔灌搭配，宜形成起伏连绵而富有旋律的天际曲线。同样，对于体量不同的建筑，也需要体量适宜的植物材料进行搭配。大型建筑适宜配植高大乔木，一般小型庭院则应选择体量较小的小乔木。

4）色彩的对比与调和

对比色配色，如红与绿、橙与蓝、黄与紫可以产生对比的艺术效果，"万绿丛中一点红"是色彩对比的最好例证，同时也是动与静的对比，因而造景时常用于点景或形成主景。大片的绿色给人以恬静之感，而绿色丛中的红色则给人以"动"的美感。邻补色配色也可产生较为缓和的对比效果，但不如对比色效果强烈，如黄与蓝、红与黄。二次色与合成它们的原色配合使用，由于在色相、明度和纯度上都比较接近，可获得良好的调和效果，具有柔和、平静、舒适和愉悦的美感。例如，橙色与红色、绿色与黄色、橙色与黄色，或红、橙、黄合用，或黄、绿、蓝合用，均舒适协调，并可使景观产生渐次感。同样，二次色相互混合而成的三次色如红橙、黄橙与合成它们的二次色相配合也是协调的。

此外，对比与调和还表现在虚实、疏密、刚柔、藏露、动静、明暗以及植物本身的质感等多个

图3-4-5 空间、色彩、疏密的对比和调和

图3-4-6 丛生竹沿弯曲小路形成优美韵律

方面。植物有常绿与落叶之分，冠为实而冠内为虚，以灌木围合四周，以乔木围合顶部，在需要突出透景线的地方不加种植，植物为实，空间为虚，实中有虚，虚中有实。明暗给人以不同的心理感受，明处开朗活泼，暗处幽静柔和；明宜于活动，暗宜于休憩。植物的阴影最易形成斑驳的落影，明暗相通，极富诗意。植物有粗质、中质、细质之分，不同质地给人以不同的感觉。粗质型植物给人以强壮、刚健之感，当其置于中粗或细质型植物丛中，会具有强烈的对比，产生"跳跃"感，从而引人注目；细质型植物看起来柔软纤细，在风景中极不醒目，因此具有一种远离赏景者的倾向，从而有扩大空间距离之感。不同质地的植物搭配对空间的大小及主题的表达也有影响，合理运用质地间的对比和调和也是设计中的常用手法。

3.4.2.3 节奏与韵律

节奏是景物简单地反复出现，通过时间运动而产生的美感；韵律则是节奏的深化，通过有规律但又抑扬起伏的变化，产生富于感情色彩的律动感，使得景物具有更为深远的情趣和抒情意味。植物配植中同一树种有规律地重复出现，可产生动态的节奏和韵律，也有利于景观的统一（图3-4-6）。

连续韵律包括形状的重复和尺寸的重复，如采用同一树种等距离栽植最能体现连续韵律。交替韵律是利用特定要素的穿插而产生的韵律感。渐变韵律是以不同元素的重复为基础，重复出现的图案形状不同、大小呈渐变趋势，而形式上更复杂一些。如西方古典园林中的卷草纹式柱头和模纹花坛即属此类。色彩、树形的交替可形成"色彩韵律"和"形状韵律"。

专类植物的造景是由形状、色彩、质感等多种要素在同一空间内展开的，其韵律较之音乐更为复杂，因为它需要游赏者能从空间节奏和韵律的变化中体会到设计者的"心声"，即"音外之意、弦外之音"。景观设计中，可以利用植物的单体或形态、色彩、质地等景观要素进行有节奏和韵律的搭配。如碧桃园中，以圆柏与红碧桃间植，开花时节，一高一低，一绿一红，构成形态与色彩波浪式构图的韵律，表现出一种残冬过后，春色来临的气氛。

此外，造景设计还应当考虑主体与从属的关系、个体美和群体美的关系、气韵与意境的运用、比例与尺度、均衡与稳定，以及观赏期的衔接等与造景有关的问题，并将艺术性与科学性结合起来。例如，以主体与从属而言，专类园中专类植物是主体，其他陪衬的植物是从属的；以个体美与群体美的关系而言，专类园主要表现专类植物的群体美，但在品种展示区则以表现各个品种的个体美为主。

3.4.3 中国花文化与专类园植物造景

意境是中国古典园林的灵魂，其植物配植既表现植物自身的观赏特性，也表现其文化内涵，因此中国古典园林往往具有诗情画意般的艺术效果。植物专类园设计和建设，同样应注重发掘和利用我国丰富的花文化。

园林意境的表现与中国花文化密不可分。花木之美，除了花木本身的形态和色彩以外，还包括花木的风韵美，即人们赋予花木的一种感情色彩，这是花木自然美的升华，往往与不同国家、地区的风俗和文化有关。在我国悠久的历史中，许多花木被人格化，赋予了特殊的含义。

早在周朝，植物即被看做民族和社稷的象征，《论语·八佾》有"哀公问社于宰我，宰我对曰：夏后氏以松，殷人以柏，周人以栗。"松、柏、栗遂成为夏后氏、殷、周的社稷之木。这既说明古人对植物的崇敬，同时也是后世把植物人格化的文化渊源。因此，松柏象征着长寿、永年和坚贞，《论语·子罕》云："岁寒而后知松柏之后凋也"；竹子虚心有节，常被用来比喻人的气节，所谓"玉可碎而不改其白，竹可焚而不毁其节"；梅花象征高洁，宋·范成大《梅谱后序》云："梅以韵胜，以格高"；兰被认为最雅，"清香而色不艳"，叶姿飘逸，幽香清远，生于幽谷，绿叶幽茂，柔条独秀，无矫揉之态，无媚俗之意，明代张羽有诗"能白更兼黄，无人亦自芳，寸心原不大，容得许多香"。菊花耐寒霜，晚秋独吐幽芳，宋·陆游诗曰："菊如端人，独立凌冰霜……高情守幽贞，大节凛介刚"，可谓"幽贞高雅"，陶渊明更有"芳菊开林耀，青松冠岩列；怀此贞秀姿，卓为霜下杰"，赞美菊花不畏风霜的君子品格。牡丹代表富贵，古人称牡丹为"花王"，并冠以"天香国色"的雅号；桃是长寿的象征，因为"王母曰：此桃三千年开花，三千年结实"（《汉武故事》）；月季是与希腊爱神维纳斯同时诞生的，因此代表着爱情。

在我国传统文化中，松、竹、梅被誉为"岁寒三友"，象征着坚贞、气节和理想，代表高尚的品质，明·冯应京《月令广义》云："松、竹、梅称岁寒三友"；迎春、梅花、山茶、水仙被誉为"雪中四友"；梅、兰、竹、菊被称为"四君子"；庭前植玉兰、海棠、牡丹和桂花则称"玉堂富贵"。宋·张景修有花木"十二客"之说，以牡丹为贵客、梅花为清客、菊花为寿客、瑞香为佳客、丁香为素客、兰花为幽客、莲花为净客、桂花为仙客、茉莉为远客、蔷薇为野客、芍药为近客、酴醿为雅客；曾瑞伯则有"十友"之说，以酴醿为韵友、茉莉为雅友、瑞香为殊友、荷花为净友、桂花为仙友、海棠为名友、菊花为佳友、芍药为艳友、梅花为清友、栀子为禅友。此外，我国历代文人墨客留下了大量描绘花木的诗词歌赋，也成为花文化的重要内容，如刘禹锡吟咏栀子、桃花，苏轼和陆游吟咏海棠，白居易常以牡丹和杜鹃花为题，而扬州琼花之名满天下，牡丹、梅花自唐宋以来成为众花之首，实因文人的大量咏颂而起。

现代的园林设计思想与古代已经不同，但是古代的植物配植非常注重与中国传统文化结合，因此仍然值得我们借鉴。如《花镜》中谈到了植物的造景应用："园中地广，多植果木松篁，地狭只宜花草药苗。设若左有茂林，右必留旷野以疏之；前有芳塘，后必筑台榭以实之……如牡丹、芍药之姿艳，宜玉砌雕台，佐以嶙峋怪石，修篁远映。梅花、蜡瓣之标清，宜疏篱竹坞，曲栏暖阁，红白间植，古干横施。桃花妖冶，宜别墅山隈，小桥溪畔，横参翠柳，斜映明霞。杏花繁灼，宜屋角墙头，疏林广榭。梨之韵，李之洁，宜闲庭旷圃，朝晖夕霭……榴之红，葵之灿，宜粉壁绿窗……木犀香胜，宜崇台广厦，把以凉飔，坐以皓魄，或手谈，或啸咏其下。紫荆荣而久，宜竹篱花坞。芙蓉丽而闲，宜寒江秋沼。松柏骨苍，宜峭壁奇峰。藤萝掩映，梧竹致清，宜深院孤亭，好鸟闲关。至若芦花疏雪，枫叶飘丹，宜重楼远眺。棣棠丛金，蔷薇障锦，宜云屏高架……"至今仍有参考价值。

3.5 植物专类园的植物配植

3.5.1 植物配植的基本形式

植物的配植形式多种多样、千变万化，但可归纳为两大类，即规则式配植和自然式配植。用于建设专类园的植物大多数为木本，这里仅就树木的配植形式作一简介，详细内容可以参考其他有关文献。

3.5.1.1 规则式配植

规则式配植按一定的几何图形栽植，具有一定的株行距或角度，整齐、庄严，常给人以雄伟的气魄感。适用于规则式园林和需要庄重的场合，如广场、道路、入口以及大型建筑周围。规则式配植包括中心植、对植、列植、环植等。

1）中心植

中心植即在布局的中心点独植一株或一丛，常用于花坛中心、广场等处，要求树形整齐、美观。

2）对植

对植是将树形美观、体量相近的同一树种，以呼应之势种植在构图中轴线的两侧，在专类园中主要用于建筑和广场入口、大门两侧、桥头两旁，起衬托主景的作用，或形成配景、夹景，以增强透视的纵深感。对植强调对应的树木在体量、色彩、姿态等方面的一致性，只有这样，才能体现出庄严、肃穆的整齐美。多选用树形整齐优美、生长较慢的树种，以常绿树为主，但很多花色优美的树种也适于对植，常用的有松柏类、南洋杉、云杉、冷杉、大王椰子、假槟榔、苏铁、桂花、白玉兰、碧桃、银杏、蜡梅、龙爪槐（*Sophora japonica* f. *pendula*）等，或者选用可进行整形修剪的树种进行人工造型，以便从形体上取得规整对称的效果，如整形的大叶黄杨（*Euonymus japonicus*）、石楠（*Photinia serrulata*）、海桐（*Pittosporum*

图3-5-1 北京植物园碧桃列植（沈鹏提供）

tobira）等。

此外，也可以用两个树丛形成对植，这时选用的树种和组成要比较近似，栽植时注意避免呆板的绝对对称，但又必须形成对应，给人以均衡的感觉。

3）列植

列植是树木呈行列式种植（图3-5-1），有单列、双列、多列等类型，在专类园中主要用于园路两旁、小型广场和建筑周围，以及水边种植，在品种展示区内为了体现整齐也可采用。列植既可以单树种，也可两种或多种树种混用，应注意节奏与韵律的变化。此外，列植树木形成片林多采用变体的三角形种植，如等边三角形、等腰三角形等，可作背景或起到分割空间的作用。

4）环植

环植有环形、半圆形、弧形等，可单环，也可多环重复，常用于花坛、雕塑和喷泉的周围，可衬托主景的雄伟，也可用于布置模纹图案，树种以低矮而耐修剪的整形灌木为主，尤其是常绿或具有色

图3-5-2 桂花孤植

叶的种类最为常用。

3.5.1.2 自然式配植

自然式配植并无一定的模式，即没有固定的株行距和排列方式，自然、灵活，富于变化，体现宁静、深邃的气氛。适用于自然式园林、风景区和一般的庭院绿化，中国式庭园、日本式茶庭及富有田园风趣的英国式庭园多采用自然式配植。在专类园造景中，自然式配植也是最常用的造景形式。自然式配植有孤植、丛植、群植和林植等。

1）孤植

在一个较为开旷的空间，远离其他景物种植一株树木称为孤植，常作为景观中心视点或引导视线，可起到画龙点睛的作用，并可烘托建筑或活泼水景，具有强烈的标志性、导向性和装饰作用，庭院、草坪、假山、水面附近、桥头、园路尽头或转弯处、广场和建筑旁均常见，主要表现单株树木的个体美，因而要求植株姿态优美（图3-5-2）。

对孤植树的设计要特别注意的是"孤树不孤"。不论在何处，孤植树都不是孤立存在的，它总和周围的各种景物如建筑、草坪、其他树木等配合，形成一个统一的整体，因而要求其体量、姿态、色彩、方向等方面与环境其他景物既有对比，又有联系，共同统一于整体构图之中。同时，孤植树是园林局部构图的主景，因而要求栽植地点位置较高，四周空旷，便于树木向四周伸展，并有较适宜的观赏视距，避免被其他景物遮挡视线。

图3-5-3 槭树丛植

2) 丛植

由两、三株至一二十株同种或异种的树木按照一定的构图方式组合在一起,使其林冠线彼此密接而形成一个整体的外轮廓线,这种配植方式称为丛植(图3-5-3)。丛植可用于桥、亭、台、榭的点缀和陪衬,也可专设于路旁、水边、庭院、草坪或广场一侧,以丰富景观色彩和景观层次,活跃园林气氛。运用写意手法,几株树木丛植,姿态各异、相互趋承,便可形成一个景点或构成一个特定空间。如碧桃专类园中,可以在溪边池畔、水榭附近布置"垂柳-碧桃"树丛以形成桃红柳绿的景色,"松树-竹子-梅花"树丛布置于梅花或竹子专类园的山坡、石间可谓之曰"岁寒三友","松"苍劲古雅,不畏霜雪风寒,具有坚贞不屈、高风亮节的品格,"竹"未曾出土先有节,纵凌云处也虚心,而"梅"则凌寒怒放,一树独先天下春。

丛植形成的树丛既可作主景,也可以作配景,作主景时四周要空旷,有较为开阔的观赏空间和通道视线。树木丛植要符合形式美法则,既要有调和又要有对比。如两株丛植宜选用同一种树种,但在大小、姿态、动势等方面要有所变化。正如明朝画家龚贤所说:"二株一丛,必一俯一仰,一敧一直,一向左一向右,一有根一无根,一平头一锐头,二根一高一下。""二树一丛,分枝不宜相似,即十树五树一丛,亦不得相似。"三株树丛的配合中,可以用同一个树种,也可用两种,但最好同为常绿树或同为落叶树,忌用三个不同树种。

"三树一丛,第一株为主树,第二第三为客树","三株一丛,则二株宜近,一株宜远以示别也。近者曲而俯,远者宜直而仰。""三株不宜结,亦不宜散,散则无情,结是病。"四株的树丛可分为两组,即三株较近一株远离,或者分为三组,即两株一组,另一株稍远,再一株远离。树种相同时,在树木大小排列上,最大的一株要在集体的一组中,远离的可用大小排列在第二、三位的一株;树种不同时,其中三株为一种,一株为另一种,这另一种的一株不能最大,也不能最小,这一株不能单独成一个小组,必须与另一种组成一个混交树丛,在这一组中,这一株应与另一株靠拢,并居于中间,不要靠边。五株的组合方式,每株树的体形、姿态、动势、大小、栽植距离都应不同。最理想的分组方式为三株一小组、二株一小组。株数越多就越复杂,但分析起来,孤植树是一个基本,二株丛植也是一个基本,三株由二株和一株组成,四株又由三株和一株组成,五株则由一株和四株或二株和三株组成,六七八九株同理类推。例如,六株配植可以按照二株和四株的组合,七株配植可以按照三株和四株或者二株和五株的组合,八株配植可以按照三株对五株,九株配植可以按照四株对五株或者三株对六株。芥子园画谱中说:"五株即熟,则千株万株可以类推,交搭巧妙,在此转关。"其关键仍在调和中要求对比差异,差异中要求调和。

图3-5-4 棕榈园内大王椰子群植

图3-5-5 南京中山植物园"红枫岗"

3）群植

成片种植同种或多种树木称为群植，常由二三十株以至数百株的乔灌木组成（图3-5-4）。可以分为单纯树群和混交树群。混交树群是树群的主要形式，完整时从结构上可分为乔木层、亚乔木层、大灌木层、小灌木层和草本层。树群所表现的主要为群体美，观赏功能与树丛近似。树群组合的基本原则为，高度喜光的乔木层应该分布在中央，亚乔木在其四周，大灌木、小灌木在外缘，这样不致相互遮掩。但其各个方向的断面，不能像金字塔那样机械，树群的某些外缘可以配植一两个树丛及几株孤植树。树群内植物的栽植距离要有疏密的变化，小块混交与点状混交相结合，切忌成行、成排、成带的栽植。

在梅花专类园、丁香专类园、樱花专类园、槭树专类园、棕榈专类园中，群植是最重要的造景形式，往往形成专类园的主景。同丛植相比，群植更需要考虑树木的群体美、树群中各树种之间的搭配，以及树木与环境的关系。乔木树群可采用密闭的形式，故应适当密植以及早郁闭，而郁闭后树群内的环境已经发生了变化，树群内只能选用耐阴的灌木和地被。如南京中山植物园的"红枫岗"，以榔榆（*Ulmus parvifolia*）、三角枫（*Acer buergerianum*）为上层乔木，以鸡爪槭、红枫（*A. palmatum* 'Atropurpureum'）等为中层形成树群，林下配植洒金东瀛珊瑚（*Aucuba japonica* 'Variegata'）、吉祥草（*Reineckia carnea*）、土麦冬（*Liriope spicata*）、石蒜（*Lycoris radiata*）等灌木和地被，景色优美（图

3-5-5)。

4）林植

林植是大面积、大规模的成带成林状的配植方式，一般以乔木为主，有自然式林带、密林和疏林等形式，景观各异。专类园建设中，除了将密林作为背景外，专类植物的林植应用不多，但乔木类的专类园可以采用疏林形式，如南洋杉专类园。

疏林可与大片草坪相结合，形成疏林草地景观，郁闭度一般为0.4～0.6，甚至更低，常由单纯的乔木构成，不布置灌木和花卉，但留出小片林间隙地，在景观上具有简洁、淳朴之美。疏林中树木的种植要三五成群，疏密相间，有断有续，错落有致，务使构图生动活泼；树木间距一般为10～20m，林下草坪应该含水量少，组织坚韧耐践踏，不污染衣服，最好冬季不枯黄。为了尽可能让游人在草坪上活动，所以一般不修建园路。疏林还可以与广场相结合形成疏林广场，多设置于游人活动和休息使用较频繁的环境。

此外，花境也是专类园中常见的植物配植形式，尤其是菊花、芍药、鸢尾、萱草（*Hemerocallis fulva*）等宿根花卉的专类园，百合、郁金香、石蒜、水仙等球根花卉的专类园等。在月季专类园中，也可用丰花月季类结合宿根花卉布置成花境（图3-5-6）。花境是从规则式构图到自然式构图的一种过渡和半自然式的带状种植形式，它既表现了植物个体的自然美，又展现了植物自然组合的群落美。一次种植可多年使用，不需经常更换，能较长时间保持其群体自然景观，具有较好的群落稳定性，色彩丰富，四季有景。花境外形轮廓多较规整，沿某一方向作直线或曲折演进，而其内部花卉的配植成丛或成片，自由变化，通常沿林缘、路缘等边界布置，除了植物材料外，其中亦可点缀山石、器物、布置坐凳。

3.5.2 植物专类园的植物配植特点

首先，完美的植物景观设计——植物配植，必须是科学性与艺术性的高度统一。因此，在进行专类园植物配植时，既应考虑植物的生物学特性、生态习性和观赏特性，又应考虑美学中有关季相和色彩、对比和统一、韵律和节奏，以及意境表现等艺术性问题。其次，必须明确仅仅靠专类植物本身不可能形成优美景观。因此，专类植物必须与其他植物相辅相成，互相配合，方能达到最佳的造景效果，孤立地选用一类植物是不明智的。

专类园的植物配植，还应因地制宜，合理布局，强调整体的协调一致，考虑平面和立面构图、色彩、季相的变化，以及与水体、建筑、园路等其他园林构成要素的配合，并注意不同配植形式之间的过渡，如群植以高大乔木居中为主体和背景，以小乔木为外缘，外围和树下配以花灌木，林冠线和林缘线宜曲折丰富，栽植宜疏密有致。

3.5.2.1 注重与其他植物的搭配

相对而言，适合建设专类园的植物大多数为灌木和草本花卉，尽管种类和品种繁多，但也存在着缺点，即植株的高度、体形常常相近似，因而空间的竖向构图上具有一定局限性，大的景观构成方面往往比较单调。如果在植物配植中不采取一定措施，往往容易形成花时盛景空前、花后萧条一片的现象。如牡丹专类园如果仅植牡丹，则花后仍然是一片"田野"（当然，山东菏泽等地将观赏与生产相结合的专类栽培形式是例外的）。大中型乔木是构成园林空间的骨架，在空间划分、围合、屏障、装饰、引导及美化方面都起着决定性的作用。因

图3-5-6 月季花境

此，必须根据当地的气候特点，选择其他针叶、阔叶大乔木以形成专类园的骨架，并且适当配植其他的四季花木，以达到整体上"春花烂漫、夏荫浓郁、秋色绚丽、冬景苍翠"，当然，作为专类园主体的"专类植物"必须贯穿全园。以梅花专类园而言，武汉磨山用马尾松（*Pinus massoniana*）和雪松（*Cedrus deodara*）为骨架；南京梅花山除了黑松（*Pinus thunbergii*）、乌桕（*Sapium sebiferum*）、樟树（*Cinnamomum camphora*）等大乔木以外，还用茶（*Camellia sinensis*）作下木，将梅花与茶间作；无锡梅园则是一处山水园型的梅花专类园，占地达50hm²，以桂花为背景树，园内老藤、古梅、奇石相映成趣，除了春季的梅花以外，夏季的荷花和秋季的桂花也颇具规模。

所以说，专类园建设同样必须注重乔木、灌木和草本植物的搭配，尽量做到乔、灌、草相结合。关于骨架树种的选择，应根据各气候带森林分布特点和景观需要来确定。一般而言，东北和华北地区以针叶树和落叶阔叶树为主，如辽东冷杉（*Abies holophylla*）、红皮云杉（*Picea koraiensis*）、青杄（*P. wilsonii*）、樟子松（*Pinus sylvestris* var. *mongolica*）、白皮松（*P. bungeana*）、黑松、油松、雪松、水杉（*Metasequoia glyptostroboides*）、白桦（*Betula platyphylla*）、糠椴、黄檗（*Phellodendron amurense*）、花曲柳（*Fraxinus rhynchophylla*）、白蜡（*F. chinensis*）、洋白蜡（*F. pennsylvanica*）、银杏（*Ginkgo*

图3-5-7 武汉东湖磨山樱花园

biloba)、元宝枫（*Acer truncatum*）、流苏（*Chionanthus retusus*）、梓树（*Catalpa ovata*）、毛白杨（*Populus tomentosa*）等，都可作为骨干树种使用。江南地区则以阔叶树为主，常绿、落叶相结合，如广玉兰（*Magnolia grandiflora*）、樟树、杜英（*Elaeocarpus sylvestris*）、浙江楠（*Phoebe chekiangensis*）、苦槠（*Castanopsis sclerophylla*）、石栎（*Lithocarpus glaber*）、枫香（*Liquidambar formosana*）、光皮梾木（*Swida wilsoniana*）、无患子（*Sapindus mukorossi*）、梧桐、喜树（*Camptotheca acuminata*）、鹅掌楸（*Liriodendron chinense*）、珊瑚朴（*Celtis julianae*）等。华南地区宜以常绿阔叶树为主，根据专类植物对光的要求，也适当选用落叶树，如常见的榕属和桉属（*Eucalyptus*）的种类、木棉（*Bombax ceiba*）、台湾相思（*Acacia confusa*）、凤凰木（*Delonix regia*）、黄槿（*Hibiscus tiliaceus*）、银桦（*Grevillea robusta*）、大王椰子（*Roystonea regia*）、大果马蹄荷（*Exbucklandia tonkinensis*）、大花紫薇（*Lagerstroemia speciosa*）、蓝花楹（*Jacaranda acutifolia*）、南洋楹（*Albizia falcata*）、盆架树（*Alstonia rostrata*）、白兰（*Michelia alba*）、秋枫（*Bischofia javanica*）、阴香（*Cinnamomum burmanii*）、火焰树（*Spathodea campanulata*）、杜英等。

专类园还应注重四季景观的营造。一个优秀

图3-5-8 杭州植物园的槭树杜鹃园

的专类园，应达到以专类植物为主，且四季有景的景观要求。如武汉东湖磨山植物园的樱花园（图3-5-7），除了春季的樱花作为主景外，早春可欣赏到梅花的疏影、白玉兰的高洁、紫叶李（*Prunus cerasifera* 'Pissardii'）的雅致，在夏季欣赏到栀子花（*Gardenia jasminoides*）的冰清、紫薇花的热情，在秋季欣赏到桂花的清香、香橼（*Citrus medica*）的丰果，在冬季欣赏到蜡梅的傲雪、南天竹（*Nandina domestica*）的潇洒等。即使春季，为了弥补专类植物景观单一的缺点，还配植了观赏期与樱花花期一致的观赏植物，如碧桃、垂枝碧桃、垂丝海棠（*Malus halliana*）、湖北海棠（*M. hupehensis*）、西府海棠（*M. micromalus*）、紫荆（*Cercis chinensis*）、红檵木（*Loropetalum chinense* var. *rubrum*）、金钟花（*Forsythia viridissima*）、紫玉兰等，不仅能起到衬托和点缀的作用，而且还能在早、中、晚樱花品种间起到衔接作用。此外，在专类园植物配植中，还应预先考虑树木年龄以及季节、气候的变化，如树木的体量和冠形随着树龄的增加而变化，其成年期是否还与环境协调应预先考虑。

3.5.2.2 专类植物的配植原则

专类园的"专类植物"配植，应充分考虑不同种或品种自身的特点，如生态习性、花期、植株高低、色彩的差异等，运用对比、协调、韵律、均衡等园林艺术原理，根据植物色彩、姿态、体量、风韵的变化，尤其考虑花期或观赏期的衔接，以及专类植物与其他植物的搭配。

以花期而言，除了配植一般品种外，应尽量收集早花和晚花品种，尤其是晚花品种，以延长观赏期。一般晚花品种的比例可以占品种总数的1/4~1/3左右，并适当集中栽植。在牡丹专类园建设中，西南地区的品种和西北地区的品种在中原一带，花期一般较当地品种晚，尤以含黄牡丹（*Paeonia lutea*）血统的黄色品种开花最晚，而且其群体花期也比较长。牡丹与芍药的配合也是延长牡丹园观赏期的有效方法，尤其是将牡丹晚花品种与芍药早花品种结合起来，则牡丹花开罢，芍药

的观赏期也随之开始。此外，充分利用专类园内地形、坡向的差异，也可以使专类植物延迟开花或提前开花，从而使整个观赏期延长，如在地形起伏较大的牡丹专类园中，向阳面与背阴处的牡丹花期可相差2~3天。

3.5.2.3 注重植物种间关系的处理

除了孤植、纯林等配植方式外，植物造景都是多种树木和花草生长于同一个环境中，而间竞争和种内竞争是普遍存在的，必须处理好种间关系和株间关系，尤其是种间关系。最好的配植是模仿自然界的群落结构，将乔木、灌木和草本植物根据其生态习性有机结合起来，形成稳定的群落，从而取得长期的景观效果。在种间关系处理上，主要应考虑乔木与灌木、深根性与浅根性、速生与慢生、喜光与耐阴等几个方面。此外，一些植物的他感作用也应考虑，如核桃（*Juglans regia*）对桃树的生长有抑制作用，梨树锈病和海棠锈病以柏树为中间寄主，应避免将它们配植在一起。

杭州植物园的"槭树杜鹃园"（图3-5-8），以槭树和杜鹃花为主体，但也配植了大量的其他树种，从而形成了以栲树（*Castanopsis fargesii*）、青冈栎（*Cyclobalanopsis glauca*）、樟树、榔榆、臭椿（*Ailanthus altissima*）、马尾松等高大乔木为上层，以三角枫、秀丽槭（*Acer elegantulum*）、五角枫（*A. mono*）、鸡爪槭等各种槭树为中层乔木，以白花杜鹃（*Rhododendron mucronatum*）、锦绣杜鹃（*R. pulchrum*）、映山红（*R. simsii*）等为下木的景观，空间构图上高低错落、富于变化，色彩搭配上或红绿相间，或红白相映，也非常符合各物种的生态特性，是一个极为成功的植物配植范例。

在专类园的植物配植方面，杭州花港观鱼公园的牡丹园（图3-5-9）作为小型自然式专类园是一个典范，可以在专类园设计中借鉴。花港观鱼牡丹园位于杭州市西湖旁的花港观鱼公园中，是该园主景之一，建成于1954年，面积约1.1hm²，中心为人工堆积的小山，种植牡丹近千株，每当牡丹盛开，游人如织。全园采用自然式布局，在景观构成

第3章 植物专类园建设

图3-5-9 杭州花港观鱼公园的牡丹园

上既突出牡丹花的姿艳容丽，以增添欣赏牡丹的情趣，又不因牡丹的荣落而影响游人四季玩赏，园内地形起伏，假山叠石相互呼应、纵横交错，具有独特的层次感和立体感，形成了高雅的艺术风格。在平面布置上，环绕牡丹亭，用曲折的鹅卵石小道将牡丹园划分为18个小区，每个小区的面积大小不一但各有特色，使游人在玩赏时基本能够看到每株牡丹的花姿。同时，为了不因园路分割过多而使人感到支离破碎，采取降低路面标高，让小道隐藏于各小区的植物之间，从而在远眺园景时，仍为一整体，保持了艺术构图的完整性。在植物造景方面，除了突出牡丹花，配植了'魏紫'、'姚黄'、'绿玉'、'胭脂点玉'、'娇容三色'、'玉楼春'等100多个牡丹品种外，还有80多种观叶和观花植物，如盘曲多姿的日本五针松（$Pinus\ parviflora$）、秀逸潇洒的竹丛，以及槭类、杜鹃、铺地柏（$Sabina\ procumbens$）、紫薇、梅花等，很好地弥补了牡丹花开后的景观。但作为配景的花木，花期尽量避免与牡丹同时。为了延长观花期，园内也配植了芍药，但是芍药并不栽种在主要景点上，以免喧宾夺主。牡丹的种植采取假山园的土石结合、以土带石的散置处理方式，并参照我国传统花卉画所描绘的牡丹与花木、山石相结合而形成的自然错落的画面来布置，对其他花木的大小、高低、俯仰、盘曲等树姿和山石的选择均较为严格，如以石而言，按"梅边之石宜古，松下之石宜拙，竹旁之石宜瘦"的原则，相互对比与烘托。

第4章 常见植物专类园的建设

4.1 山茶专类园

山茶是山茶科山茶属（*Camellia*）植物的总称，有时也指栽培最普遍的山茶花（*C. japonica*）一个种。

【山茶属概况】

常绿灌木或小乔木；单叶互生，叶缘有锯齿。花单生或2~4朵簇生；萼片和苞片常混淆而不分化；花瓣基部常相连；雄蕊多数，花药丁字着生；子房上位，3~5室，每室4~6枚胚珠。蒴果，从上部开裂，连轴脱落。

关于山茶属的种类，张宏达认为共有280种，我国是中心产地，有240种，闵天禄则认为全属119种，我国产98种（本书主要参考张宏达的系统）。山茶属下可分茶亚属和山茶亚属，前者具花梗，苞片和萼片在果期宿存，后者花梗强烈缩短或无，小苞片和萼片由小到大密集排列，果期脱落或仅幼果期宿存，亚属下分组情况有争议。目前栽培观赏的种类主要属于红山茶组和油茶组，其他如金花茶组、连蕊茶组、糙果茶组等也有栽培。

油茶组：苞片和萼片不分化，革质，通常8~10枚，花后脱落；花丝离生或基部稍连合；花多为白色。雄蕊4~6轮；花柱合生。常见栽培的有茶梅（*Camellia sasanqua*）、油茶（*C. oleifera*）、攸县油茶（*C. yuhsienensis*）等。

红山茶组：苞片和萼片不分化，10~21片；花瓣基部连合；花多为红色；花柱合生，先端3~5浅裂。常见栽培的有山茶花、云南山茶（*Camellia reticulata*）、浙江红山茶（*C. chekiang-oleosa*）、南山茶（*C. semiserrata*）、西南山茶（*C. pitardii*）、宛田红花油茶（*C. polyodonta*）、冬红山茶（*C. uraku*）等。

图4-1-1 山茶花

图4-1-2 浙江红山茶

图4-1-3 茶梅

图4-1-4 油茶

图4-1-5 长毛红山茶（喻勋林提供）

金花茶组：苞片和萼片明显分化，萼片宿存；子房3~5室，均能育；花多为黄色。有金花茶（*Camellia nitidissima*）、凹脉金花茶（*C. impressinervis*）、东兴金花茶（*C. tunghinensis*）、显脉金花茶（*C. euphlebia*）、毛瓣金花茶（*C. pubipetala*）、薄叶金花茶（*C. chrysanthoides*）、淡黄金花茶（*C. flavida*）等20余种。

连蕊茶组：苞片和萼片明显分化，均宿存，子房通常仅1室发育，果实较小，如连蕊茶（*Camellia fraterna*）、岳麓连蕊茶（*C. handelii*）、尖叶山茶（*C. cuspidata*）、柃叶连蕊茶（*C. euryoides*）等。

糙果茶组：苞片和萼片不分化，易碎，花后脱落，雄蕊2~3轮，花柱离生，如红皮糙果茶（*C. crapnelliana*）等。

短柱茶组：花朵小，花瓣近离生，蒴果小，常1室，如鄂闽山茶（*C. grijsii*）、冬红短柱茶（*C. hiemalis*）。

【常见的山茶种类】

1）山茶花 *Camellia japonica* Linn.

常绿灌木或小乔木，高达4~10m。幼枝无毛。叶卵形、倒卵形或椭圆形，长5~10cm，宽2.5~6cm，叶面光亮，叶缘有细锯齿。花单生或簇生于枝顶和叶腋，花色丰富，以白色和红色为主，原种萼片和苞片10枚，花瓣6~7枚，外层2片近圆形，离生，其余5片倒卵形，先端略有凹缺，栽培品种多重瓣；花丝、子房均光滑无毛。蒴果球形，直径2.2~3.2cm。花期2~4月。原产中国和日本，现世界各地广植。

2）茶梅 *Camellia sasanqua* Thunb.

常绿灌木，一般高1~3m，分枝稀疏，嫩枝有粗毛。叶片卵圆形至长卵形，长4~8cm，表面略有光泽，脉上有毛。花多为白色，也有红色的品种，花径3.5~7cm，子房密毛。花期多为11月至翌年1月，部分品种花期可迟至4月。原产我国与日本。

3）云南山茶 *Camellia reticulata* Lindl.

又名滇山茶、南山茶。常绿乔木，高可达10~15m。树皮灰褐色。叶片椭圆状卵形至卵状披针形，长7~12cm，宽2~5cm，表面深绿而无光泽，网脉明显，叶缘锯齿细尖，花2~3朵生于叶腋。花大，直径8~19cm，花色自淡红至深紫色，

图4-1-6 多变西南山茶（喻勋林提供）

图4-1-7 宛田红花油茶

花瓣15~20枚，先端微凹；子房密生柔毛。蒴果扁圆形。花期12月至翌年4月。原产云南，西南地区常见栽培，江苏、浙江、广东等地也有栽培。

4）浙江红山茶 Camellia chekiang-oleosa Hu

又名浙江红花油茶、红花油茶。灌木或小乔木，高3~7m；小枝灰白色。叶矩圆形至倒卵状椭圆形，长8~12cm，宽2.5~6cm，叶面光亮；叶柄长1~1.5cm。花红色，直径8~12cm，单生枝顶；苞片9~11枚，密生丝状毛；花瓣5~7，近圆形，顶端2裂；子房无毛。蒴果木质，径4~6cm，每室种子3~8个。花期2~4月。产浙江、福建、江西、湖南、安徽等地。华东地区常见栽培。

5）金花茶 Camellia nitidissima Chi

常绿灌木，高达2~3m，幼枝无毛。树皮灰黄色至黄褐色，嫩枝淡紫色。叶椭圆形至长椭圆形，长11~16cm，宽2.5~4.5cm，先端尾状渐尖；基部楔形或近圆形，上面深绿色，有光泽；下面黄绿色，散生黄褐色至黑褐色腺点。花单生叶腋或近顶生，花梗长0.7~1.1cm，下弯，使花冠朝向叶背；花开时呈杯状、壶状或碗形，直径3.5~6cm；花瓣金黄色，8~12枚，阔卵形、倒卵形或近圆形，长2.5~3.5cm，基部稍合生，肉质，具蜡质光泽。蒴果三角状扁球形。花期11月至次年3月。果期10~12月。产广西南部。

其他重要的山茶属种类见表4-1-1。

山茶属Camellia其他常见种类一览表　　　表4-1-1

中名、学名	分布区	观赏特性
宛田红花油茶 C. polyodonta	产广西和湖南西南部。南京、杭州等地有栽培	又名多齿红山茶。小乔木，高达8m；花单生枝顶或叶腋；玫瑰红色，直径7~10cm，花瓣6~7枚，外层2片卵形，长2cm，内层5片宽倒卵形，长3~4cm，被灰白色丝状毛
峨眉红山茶 C. omeiensis	产四川、贵州西北部和云南	小乔木，高4m；花顶生，红色，长5~6cm，径9cm；花瓣8~9枚，圆形或倒卵形，长3~4.5cm；外轮花丝筒长2cm。花期3~5月
南山茶 C. semiserrata	产广东中部和广西东部。产区常见栽培	又名广宁油茶。乔木，高达12m；花红色，单生枝顶，径约7~9cm；花瓣6~7枚，宽倒卵形，长4~5cm，基部连合约7~8mm；外轮花丝下部2/3连成花丝筒；子房密生黄色丝状毛。花期12月至次年2月
西南山茶 C. pitardii	产四川、湖南、贵州、云南和广西等地	乔木或灌木状，高可达7m；花顶生，红色，径5~8cm；花瓣5~6枚，基部与雄蕊连合约1.3cm；花丝筒长1~1.5cm。花期2~5月。园艺上常用作砧木
油茶 C. oleifera	长江流域及其以南地区作为油料树种广为栽培	灌木或小乔木，高达7m，幼枝被粗毛；花单生或并生，白色；花瓣5~7枚，分离，倒卵形，长2.5~4.5cm，先端凹或2裂。花期10月至次年2月
鄂闽山茶 C. grijsii	产福建、湖北、贵州、江西、湖南、广西等地。有栽培	又名长瓣短柱茶。灌木或小乔木，高3~10m；花1~2朵顶生；白色，芳香，径约4~5cm；花瓣5~6枚，倒心形，基部合生。有重瓣品种。花期1~3月
岳麓连蕊茶 C. handelii	产湖南、贵州、江西和广西等地。金华等地有栽培	灌木，高约1.5m，多分枝；叶片小，长2~4cm，排成整齐的2列；花顶生和腋生，白色，蕾期略带红色；花瓣5~6枚，外层2片圆形，长7~9mm，内层3~4片宽卵形，长2cm。花期4~6月
尖叶山茶 C. cuspidata	长江流域及其以南广布，北达陕南	灌木，高1~3m，幼枝无毛；花白色，1~2朵顶生或腋生，径约3~4cm；花瓣6~7枚，长2~2.5cm，基部连合；雄蕊与雌蕊均无毛
连蕊茶 C. fraterna	产河南、浙江、江西、江苏、安徽、湖北、广西和福建等地	灌木或小乔木状，高1~5m，幼枝密生柔毛；花白色或略带青紫色，单生枝顶，径约3.5cm；花瓣5~6枚，外层2片草质，被丝毛，内层3~4片椭圆形；雄蕊与雌蕊无毛。花期4~5月
红皮糙果茶 C. crapnelliana	产香港、广东、广西、福建、江西、浙江等地。常栽培	著名的油料树种。乔木，高5~12m；花白色，单生枝顶，直径达7~10cm，花瓣6~8枚，长3~4.5cm，顶端有凹缺，基部连合，最外2片近离生
广东山茶 C. hongkongensis	产香港和广东，生于山地疏林中。越南也有分布	又名香港红山茶。乔木，高达10m，幼枝红褐色；花单生枝顶，苞片和萼片11~12枚，花玫瑰红色，径约6.5cm，花瓣6~7枚，稍连合，顶端微凹至截形。花期12月至次年2月

【山茶品种概况】

1）山茶花的品种

山茶花品种繁多，至20世纪末，已经登录的品种有2.2万个以上，花色包括白、粉红、橙红、墨红、紫、深紫等各色以及具有花边、白斑、条纹等的复色品种。以花型、花瓣进行分类，可分为单瓣类、复瓣类和重瓣类，每类之下又可分为多型（陈绍云，1985）。

（1）单瓣类

花瓣5～7枚，排成1～2轮，基部连生，多呈筒状，雌雄蕊发育完全，能结实。有一型，即单瓣型。这类品种通常称作金心茶，如'紫花金心'、'桂叶金心'、'垂枝金心'、'亮叶金心'等，山东青岛一带的'耐冬'也属于单瓣类。

（2）复瓣类

也称半重瓣类。花瓣20枚左右（多者连雄蕊瓣可达50枚），排成3～5轮，偶结实。一般分为半曲瓣型、五星型、荷花型和松球型。

半曲瓣型：花瓣排成2～4轮，雄蕊变瓣与雄蕊大部分集中于花心，偶结实。如'白绵球'、'新红牡丹'。

五星型：花瓣2～3轮，花冠呈五星状，雄蕊存在，雌蕊趋向退化。如'东洋茶'。

荷花型：花瓣排成3～4轮，花冠呈荷花状，雄蕊存在，雌蕊趋向退化或偶存。如'丹芝'。

松球型：花瓣3～5轮，排成松球状，雌雄蕊均存在。如'小松子'、'大松子'。

（3）重瓣类

雄蕊大部分瓣化，加上花瓣自然增加，花瓣总数在50枚以上。分为托桂型、菊花型、芙蓉型、皇冠型、绣球型、放射型、蔷薇型。

托桂型：大瓣1轮，雄蕊变瓣聚簇成多数径约3cm的小花球，簇生花心，如'金盘荔枝'。

菊花型：花瓣3～4轮，少数雄蕊变瓣聚集于花心，径约1cm，形成菊花形状的花冠，如'凤仙'、'海云霞'。

芙蓉型：花瓣2～4轮，雄蕊集中聚生于近花心的雄蕊变瓣中或分散生于若干组雄蕊变瓣中，如'红芙蓉'、'花宝珠'、'绿珠球'。

皇冠型：花瓣1～2轮，大量雄蕊变瓣簇集其上，并有数片较大的雄蕊变瓣居于正中，形成皇冠状，如'鹤顶红'、'早花鹤顶红'、'花佛鼎'。

绣球型：花瓣排列轮次不显，外轮花瓣和雄蕊变瓣很难区分，少数雄蕊散生于雄蕊变瓣间，如'大红球'、'七心红'。

放射型：花瓣6～8轮，呈放射状，常显著呈六角形，雌雄蕊退化无存，如'粉丹'、'粉霞'、'六角白'。

蔷薇型：花瓣8～9轮，形若重瓣蔷薇的花形，雌雄蕊均退化无存，如'雪塔'、'胭脂莲'、'花鹤翎'。

由该种演化的茶花品种最多，占全部品种的80%以上。主要传统名种有：'绿珠球'——花色淡雅，花冠芙蓉型，初开时花心翠绿如珠；'雪牡丹'——花洁白无瑕，花瓣质薄而起皱，如波光粼粼，间缀黄蕊；'赛芙蓉'——花白色，花瓣起皱，晶莹剔透，散布粗细不一的红色条纹，极其艳丽；'贵妃醉酒'——花色红紫交融，光彩照人；'鸳鸯凤冠'——花鲜红色，上洒白色线条或斑点，偶半红半粉；'花佛鼎'——皇冠型，姹紫嫣红，散布白色斑块；'花鹤翎'——蔷薇型，花红色，上有点点白斑；'点雪'——花色血红，上洒白斑，疑似天外飘雪；'大朱砂'——花朵特大，径达15cm，花色朱

图4-1-8 金花茶

图4-1-9 岳麓连蕊茶

红,有绒光,艳丽夺目;'依栏娇'——花粉白色,染有红色条纹;'粉十样景'——花粉色,杂有红色条纹,也有全朵大红或半红半白的,缀有丝丝黄蕊有如天女漫舞;'凤仙'——花粉色,秀丽淡雅,花冠菊花型。国外名种也很多,如花白色,花瓣基部有时粉红色,花中心奶黄色或泛淡绿色的美国品种'白天鹅';花色红,上洒大小不一的白色斑点,花心簇生金黄色雄蕊的日本古老名种'春日野'等。

2) 云南山茶的品种

与山茶相似,云南山茶的栽培品种一般也是分为单瓣类、半重瓣类和重瓣类(或组),但类下的型不同。如冯国楣分云南山茶为3组8型:单瓣组包括喇叭形(如'馨口'、'二乔')和玉兰型(如'玉兰茶');半重瓣组包括荷花型(如'金蕊芙蓉'、'金心大红')、半曲瓣型(如'大桂叶'、'麻叶桃红')、蝶翅型(如'早桃红'、'厚叶蝶翅');重瓣组包括蔷薇型(如'菊瓣'、'恨天高')、放射型(如'锦袍红'、'六角恨天高')和牡丹型(如'牡丹茶'、'狮子头')。

云南山茶的传统名种如:'童子面'——花朵白里透出红晕,犹如幼童稚嫩的脸蛋;'狮子头'——花艳红,花径10~15cm,花瓣外轮平伸,内轮曲折卷旋,组成高耸的花心,雄蕊数本簇集于花瓣中,在大理有"九心十八瓣"之称;'朱砂紫袍'——花色深红近于墨紫色;'恨天高'——植株矮小,花色艳红,瓣边具白晕,适

图4-1-10 山茶品种'桂叶金心'

于盆栽；'大玛瑙'——花大型，花色红白相间，潇洒艳丽。其他的如'早牡丹'、'昆明春'、'松子鳞'、'桂叶银红'、'通草片'、'张家红'等。

3）茶梅的品种

一般分为普通茶梅群、冬茶梅群和春茶梅群，现有品种300个以上，多数产于日本。我国杭州近年来也培育了不少品种。

（1）普通茶梅群

树形大多直立，长势旺，10~12月开花，花瓣大多1~2轮、6~11片，雄蕊发育完全，基本无瓣化。花多为白色或白中带红，也有粉红、红色和复色的，大多具有香味。主要品种如'朝日鹤'、'丁字车虹'、'游蝶'、'早珍珠'、'银月'、'花笠'、'天女之舞'、'三国红'等。

（2）冬茶梅群

树形开张，叶片略内摺，花期11月至翌年3月，雄蕊部分或较多瓣化为重瓣花，花瓣15~40枚或更多，花色以粉红、红色为主，少数白色、复色，不少品种有香气。以我国栽培的'小玫瑰'为代表品种，其他如'朝仓'、'花昭和之荣'、'东牡丹'、'秋芍药'、'富士之峰'、'绯乙女'等。

（3）春茶梅群

一般认为是普通茶梅与山茶花种间杂交而成的后代，花形和树形介于两者之间，叶较大，毛被较少；花单瓣、半重瓣或重瓣，以半重瓣为多，花期12月至翌年4月，花色红、粉红，少数为白色。主要品种如'笑颜'、'银龙'、'小鼓'、'龙光'、'近江衣'等。

此外，近年来以金花茶为主的杂交育种工作也进展较快，已经获得了'新黄'、'金背丹心'、'黄达'、'黄基'、'黄蝶'等20多个品种，但颜色大多仍然较浅。蓝紫色山茶的育种也取得了较大突破，日本等国已经育成'紫泉'、'三宅紫'等品种；我国南宁以东兴金花茶为母本，以金花茶×深红香茶梅F_1代为父本，培育出'新紫'。芳香山茶则出现了'粉香'、'十八香'、'甜香水'、'列香'、'超香'等品种。在耐寒品种的选育方面，早在20世纪初，英国就用怒江山茶（*Camellia saluenensis*）与山茶杂交选育出了耐寒杂种 *Camellia × williamsii*，而如今美国已经筛选了能耐-25℃低温的品种。

【生态习性和繁殖栽培】

山茶原产中国和日本，现遍植于世界各地，我国至今在江西、四川和山东崂山沿海海岛仍存在野生群落。喜半阴，喜温暖湿润气候，酷热及严寒均不适宜，在气温-10℃时可不受冻害（国外现已培育出能耐-25℃低温的品种），气温高于29℃停止生长。喜肥沃湿润而排水良好的微酸性至酸性

图4-1-11 山茶品种'松子'

图4-1-12 山茶品种'金盘荔枝'

图4-1-13 山茶品种'十八学士'

土壤（pH值5～6.5），不耐盐碱，忌土壤黏重和积水。对海潮风有一定的抗性。云南山茶习性与山茶相似，但抗寒性较山茶为弱。金花茶产中国广西，生于海拔500m以下的丘陵或低山阴湿的沟谷和溪旁林下，越南也有分布。喜温暖湿润气候，能耐-5～-4℃低温；苗期喜荫蔽，进入花期后，颇喜透射阳光。对土壤要求不严，微酸性至中性均可；耐瘠薄，也喜肥。耐涝性强。主根发达，侧根少。

山茶可播种、扦插、压条或嫁接繁殖，播种繁殖多用于培育砧木和杂交育种。由于种子含油量高，不耐贮藏，宜秋季采后即播，覆土2～3cm，经1个月可陆续发芽。苗期适当遮阴，冬季注意防寒。一年生苗高约10cm，第二年春天移植后继续培养。扦插繁殖一般于6～7月进行，选取当年已停止生长、呈半成熟状态的新梢作插穗，以粗3～4mm、顶端带2片叶为好，插穗长8～12cm，下剪口距节部1.5cm。插床应选择半阴处，搭设双层荫棚，侧面挂帘以遮阴防风，插穗株行距以6cm×12cm为宜。经4～5周左右可产生愈伤组织，再经过4周可生根。生根后去除一层荫棚，逐渐增加光照以利于苗木木质化和根系发育。在插穗缺少时，也可采用单芽扦插，即插穗为仅带有一叶一芽，长度仅1.5～2cm。嫁接繁殖用于一些扦插不易生根的品种，以山茶实生苗或扦插苗为砧木，切接、靠接等法均可。

【栽培历史与花文化】

山茶栽培历史悠久，可远溯至南北朝时期。《魏王花木志》有"山茶，似海石榴，出桂州，蜀地亦有"的记载；南京当时也已经有山茶的栽培，"岸绿开河柳，池红照海榴"的诗句就描绘了南朝（陈）的都城南京栽培山茶的情景。隋唐时期，山茶成为重要的庭园花木，隋炀帝作《宴东堂》（约605～618年）诗，"海榴舒欲尽，山樱开飞来"，描绘了山茶开后樱花展的胜景；《酉阳杂俎》则记山茶曰："山茶叶如茶树，高丈余。花大盈寸，色如绯，十二月开。"唐朝诗人司空图有《红茶花》诗："景物诗人见即夸，岂怜高韵说红茶。牡丹枉用三春力，开的方知不是花"，对茶花给予了极高的评价，而晚唐诗人罗隐隐居浙南大罗山

图4-1-14 山茶品种'美人茶'

图4-1-15 山茶品种'粉十样景'

时，曾手植山茶，并保留至今。宋代以后，山茶栽培更加盛行，品种也更为繁多，这由诗人徐溪月的《山茶诗》："山茶本晚出，旧不闻图经……迩来亦变怪，纷然著名称"可知。对于白山茶，北宋黄庭坚赞曰："丽紫妖红，争春取宠，然后知白山茶之韵胜也。"在国外，栽培山茶较早的是日本，大约在公元7世纪，日本就从我国东部引入山茶，而18～19世纪，我国山茶的大量品种开始传入欧美。

云南山茶是昆明市的市花，其栽培稍迟于山茶，大约始于唐代，唐末完稿的《南诏图传》画卷中，绘有南诏奇王细奴逻在开国立诏之前（时约654年）庭院里的两株云南山茶大树，足可证明之。在云南的南诏和大理国时期，云南山茶已经成为重要的庭园花木。明朝，云南山茶的品种已甚繁多。万历年间，广西布政史谢肇淛《滇略》云："滇中山茶甲于天下，而会城内外尤盛，其品七十有二。冬春之交，霰

图4-1-16 山茶孤植

图4-1-17 山茶玲珑映粉墙

雪纷积,而繁英艳质,照耀庭院,不可正视,信尤物也。"成化年间(1465～1487),昆明人赵璧作《茶花谱》,记载云南山茶品种近百,并认为以花色深红、枝条柔软、分心卷瓣者为上。明代著名的谪滇状元杨慎有《茶花诗》曰:"绿叶红英斗雪开,黄蜂粉蝶不曾来。海边珠树无颜色,羞把琼枝照玉台",赞美茶花开时,连传说中海边结珍珠果的仙姝也失色,羞怯伸展玉枝了;杨慎还作《渔家傲》词:"正月滇南春色早,山茶处处齐开了,艳李妖桃都压倒。妆点好,园林处处红云岛。"如今,云南山茶已经成为云南庭园造景的主要材料之一,并形成了昆明、大理、楚雄三个栽培中心。约17世纪70年代,云南山茶传入日本;19世纪20年代传入欧洲。

从古书的一些零星记载看,我国古代应当曾经有过黄色茶花的栽培,但由于材料有限,不知与现在我们所说的山茶花和金花茶的关系。宋代徐溪月的《山茶诗》中有"黄香开最早,与菊为辈朋";明朝《本草纲目》则引《格古论》曰"或云亦有黄色者";《群芳谱》有"或云亦有黄者";

《学圃馀疏》则有"黄山茶、白山茶、红白茶梅皆九月开"的记载。由此可见,古代确有黄色茶花的栽培,而且花期早,与现在所说的金花茶相近。20世纪中叶,金花茶的发现和命名曾经轰动了整个茶花界,当中国的金花茶种子第一次由云南寄到美国时,美国茶花界培育黄色山茶花的热情空前高涨。目前多以金花茶类为杂交材料进行良种选育,以培育出符合观赏标准的黄色茶花新品种,造福于人类,而且近年来育种工作进展很快。

【植物配植】

山茶属种类繁多,而且大多数原产我国,常见栽培的山茶花、云南山茶、茶梅、浙江红山茶等拥有极为众多的品种,因而在大型公园中,山茶极适于建设专类园。昆明植物园的茶花园就收集有山茶属植物20余种、品种200多个,美国的亚拉巴马州一个专门收集山茶的树木园也有山茶品种近800个以及山茶属的种类12种。在一般城市公园中,则常见小型山茶专类园,亦景色优美。

山茶是中国传统名花,叶色翠绿而有光泽,四季常青,花朵大而花色美,品种繁多,花期自11月至翌年4月,不但花期长而且正值少花的冬季和早春,弥足珍贵。宋朝曾巩有《山茶花》诗:"山茶花开春未归,春归正值花盛时;苍然老树皆谁种,照耀万朵红相围"就描绘了山茶花经冬历春的花期;而清人李渔在《闲情偶寄》中,更对山茶给予了极高的评价:"花之最能持久,愈开愈盛者,山茶、石榴是也。然石榴之久,犹不及山茶;榴叶经霜即脱,山茶戴雪而荣。则是此花也者,具松柏之骨,挟桃李之姿,历春夏秋冬如一日,殆草木而神仙者乎? 又况种类极多,由浅红以至深红,无一不备。其浅者,如粉如脂,如美人之腮,如酒客之面;其深也,如朱如火,如猩猩之血,如鹤顶之朱,可谓极浅深浓淡之致,而无一毫遗憾者矣。得此花一二本,可抵群花数十本。"

在专类园造景中,山茶无论孤植、丛植,还是群植均无不适。小型庭园中宜丛植成景,或孤植、对植于殿前屋侧、窗前花台中,所谓"千苞凛冰雪,一树当窗几"。与花期相近的白玉兰配植亦

图4-1-18 茶梅花篱

图4-1-19 油茶配置于疏林下

图4-1-20 金华国际山茶物种园

图4-1-21 金华中国茶文化园

图4-1-23 广西金花茶公园一角

图4-1-22 金华中国茶文化园小景

颇适宜,如《长物志》所云:"蜀茶滇茶俱贵,黄者尤不易得,人家多以配玉兰,以其花同时,而红白烂然差俗。又有一种名醉杨妃,开向雪中,更自可爱。"南京花卉园的山茶园中,就配植了不少白玉兰大树。山茶耐阴,也抗海风,颇适于沿海地区栽培,山东崂山现尚存明朝的山茶古树,名曰"绛雪"。茶梅比山茶花期更早,植株较低矮,适宜作基础种植材料和花篱、绿篱应用,应用方式相近的

图4-1-24 南京花卉园的山茶园

图4-1-25 中南林业科技大学山茶专类园（喻勋林提供）

还有岳麓连蕊茶等灌木种类。

云南山茶树体高大，叶翠荫浓，常孤植、列植于庭前、草地或对植于道路和广场入口处。《滇云纪胜》云："山茶花在会城者以沐氏西园为最，西园有名簇锦，茶花四面簇之，凡数十种，树可二丈，花簇其上，数以万计，紫者、朱者、红者、红白兼者，映日如锦，落英铺地，如坐锦茵……及登太华则山茶数十树罗殿前，树愈高花愈繁……"由此描述可知，当时的"沐氏西园"性质上是云南山茶的专类园。现在，昆明的西山、金殿、黑龙潭、大观楼、昙华寺，晋宁的盘龙寺，宜良的宝洪寺，武定的狮子山，滇西大理、丽江、宾川等许多地方至今还保留着数百年生的云南山茶古树。

【常见的山茶专类园】

浙江金华"国际山茶物种园"和"中国茶花文化园"：浙江金华市是我国著名的"茶花之乡"，也是我国最大的茶花生产基地，拥有近1000hm^{2}茶花生产面积。"国际山茶物种园"位于婺城区竹马乡，占地约4hm^2，已收集山茶属植物17个组、202种，占世界上已经发现、定名的山茶物种总数的80%，是世界上第一个专门收集山茶属野生种的专类园，也是世界上山茶物种收集最多的地方。物种园按照山茶属的分类系统和演化顺序排列，将每组的种类种植在一起，并挂牌标识。"中国茶花文化园"位于金华市郊大黄山，占地约23hm^2，栽植有近千个品种的茶花、茶梅和其他山茶属植物共2万多株，分为花佛鼎、松子山、花鹤翎、塔山及水上活动区等五个景区，园中楼、台、亭、阁、湖、山、塔、桥等景点均采用茶花品种名或茶花诗词来命名，如"学士塔"、"花佛鼎亭"、"十八学士桥"、"松子山"、"茶花仙子"等。

昆明植物园茶花园：是科研型的专类园，占地约2.7hm^2，共收集包括金花茶在内的山茶属植物20余种，还有云南山茶品种90余个，山茶花品种100多个、茶梅品种20多个，是国内收集山茶属植物野生种和云南山茶品种较多的专类园之一，也是最早收集金花茶的专类园。

昆明园林植物园茶花园：占地10hm^2，种植云南山茶、山茶、金花茶、茶梅的300多个品种，1.5万多株，分为云南山茶品种区、华东山茶品种区和茶花生态区3部分，每年举办"云南山茶花展览"，"鸣凤山茶"已成为昆明新十六景之一。

此外，湖南省森林植物园、成都植物园、富阳亚热带林业研究所树木园、厦门植物园也有茶花园，如湖南省森林植物园山茶园占地2.0hm^2，收集有'星桃牡丹'、'虎爪白'、'鹤顶红'、'紫魁'、'十八学士'等山茶品种80余个，枝繁叶茂、繁花似锦；成都植物园的茶花园除了收集山茶属的种类20多种以外，拥有较多的云南山茶品种，杭州花圃则注重收集和培育茶梅品种，而南宁树木园的金花茶基因库则专门收集金花茶类，已经引种21种。

4.2 杜鹃花专类园

杜鹃花是杜鹃花科杜鹃花属（*Rhododendron*）植物的总称，有时也指其中的映山红（*R. simsii*）。

【杜鹃花属概况】

常绿或落叶灌木，少为乔木，但高度变化很大，如大树杜鹃（*Rhododendron protistum* var. *giganteum*）可高达25～30m，猴头杜鹃（*R. simiarum*）和云锦杜鹃（*R. fortunei*）可高达8～10m，映山红、黄杜鹃（*R. molle*）、团叶杜鹃（*R. orbiculare*）和桃叶杜鹃（*R. annae*）一般高1～3m，而产于我国东北的牛皮杜鹃（*R. chrysanthum*）高仅10～25cm，产于云南西北部的平卧杜鹃（*R. prostratum*）更是高仅5～10cm。叶互生，常密集在小枝顶部，很少近对生；全缘，多为椭圆形、长圆形，少为卵圆形、披针形，大小也差异很大，如中国大叶杜鹃（*R. sinograde*）叶片长达90cm，宽达30cm，而密枝杜鹃（*R. fastigiatum*）的叶片长可小至6～8mm。花序顶生，为总状花序或伞形总状花序，少腋生或单生；花冠一般为漏斗状或钟形，也有碟形或管状的，多5裂；花色有白色、红色、黄色、蓝紫色等，也有复色和杂色品种；雄蕊5或10枚，有时更多；子房5～20室；胚珠多数。果实为蒴果。

杜鹃花属全球约967种，主产亚洲，欧洲和北美洲也有较多种类，大洋洲产1种，非洲和南美洲不产（路安民，1999）。我国大陆有543种，我国台湾产21种、海南产2种，主要分布于西南地区，尤其是横断山脉一带，垂直分布上限可达海拔4500～5000m。

杜鹃花属一般分为常绿杜鹃亚属、杜鹃亚属、马银花亚属、映山红亚属、羊踯躅亚属、云间杜鹃亚属、纯白杜鹃亚属和异蕊杜鹃亚属，前6个亚属我国均产，亚属以下又分为若干组和亚组，极为繁杂。目前我国园林中常见栽培的主要有映山红、满山红、马银花、黄杜鹃、毛白杜鹃、锦绣杜鹃等种类，以及大量的园艺品种。

【常见栽培的杜鹃花种类】

1）映山红 *Rhododendron simsii* Planch.

又名杜鹃花。落叶或半常绿灌木，高1～3m，分枝细直，有平糙毛。叶片卵状椭圆形，长3～5cm，宽2～3cm，两面有硬毛。花2～6朵簇生枝端；花冠宽漏斗状，长4～5cm，鲜红色或玫瑰红色；雄蕊10；子房密生糙毛。花期3～5月；果期9～10月。分布于长江流域至珠江流域，西南也产，常漫生山野间，花开时节满山皆红。该种1850年被Robert Fortune引入欧洲作为杂交育种材料，是目前普遍栽培的"比利时杜鹃"的重要亲本之一。

2）马银花 *Rhododendron ovatum* Planch.

常绿灌木，高2～4m。叶革质，卵形至椭圆状卵形，长3.5～5cm，宽1.8～2.5cm，表面平滑无毛，先端有凸尖头。花单生，浅紫色至水红色或

图4-2-1 映山红

图4-2-2 马银花

近于白色，里面有柔毛；花瓣有深色斑点；雄蕊5枚；子房有短刚毛。花期5~6月。产华东，常生于林下或阴坡。

3）满山红 *Rhododendron mariesii* Hemsl. et Wils.

落叶灌木，高1~2m，枝条轮生，幼枝有黄褐色毛。叶片厚纸质，常2~3枚轮生枝顶，卵圆形，长4~8cm，宽2~3.5cm。花2~3朵生于枝顶，先叶开放，玫瑰紫色，上侧裂片有红紫色斑点，雄蕊10枚。花期4月。主要分布于长江下游地区，南达福建和台湾。

4）白花杜鹃 *Rhododendron mucronatum* G. Don.

常绿或半常绿灌木，高1~2m；分枝细密，小枝有密而开展的柔毛。春叶长椭圆形，长3~6cm，宽1~2.5cm，两面有伏生毛，夏叶较小。花1~3朵簇生枝顶，白色，芳香，花冠宽钟状，长3.5~5cm；雄蕊10枚。花期4~5月。为栽培植物，花有玫瑰紫色等各色及重瓣品种。产于我国和日本。

5）锦绣杜鹃 *Rhododendron pulchrum* Sweet.

常绿，枝稀疏，嫩枝有褐色毛。春叶纸质，幼叶两面有褐色短毛，成叶表面变光滑；秋叶革质，形大而多亮。花1~3朵发于顶芽，花冠浅蔷薇色，有紫斑；雄蕊10，花丝下部有毛；子房有褐色毛；

图4-2-3 锦绣杜鹃

花萼大，5裂，有褐色毛；花梗密生棕色毛。蒴果长卵圆形，呈星状开裂，萼片宿存。花期5月。原产我国，常栽培。

6）朱砂杜鹃 *Rhododendron obtusum* (Lindl.) Planch.

又名石岩杜鹃、钝叶杜鹃。常绿或半常绿矮小灌木，高常不及1m，有时呈平卧状。分枝多而细密，幼时密生褐色毛。春叶椭圆形，缘有睫毛；秋叶椭圆状披针形，质厚而有光泽；叶小，长1~2.5cm；叶柄、叶表、叶背、萼片均有毛。花

图4-2-4 满山红

图4-2-5 黄杜鹃

2~3朵与新梢发自顶芽；花冠漏斗形，橙红至亮红色，上瓣有浓红色斑；雄蕊5。花期5月。为一杂交种，日本育成，无野生者。我国各地常见栽培。

7）黄杜鹃 *Rhododendron molle*（Bl.）G. Don

又名羊踯躅、闹羊花。落叶灌木，高1~1.5m，分枝稀疏，枝条直立。叶片长椭圆形至倒披针形，长7~12cm，宽2.5~4cm。花多朵（达9朵）组成顶生的伞形总状花序；金黄色，上侧有淡绿色斑点，直径5~6cm，先叶开放或与叶同放；雄蕊5枚；子房有柔毛。花期4~5月。广布于长江流域各省，南达广东、福建。

8）云锦杜鹃 *Rhododendron fortunei* Lindl.

常绿灌木或小乔木，高达9m。枝粗壮，浅绿色，无毛。叶厚革质，簇生枝顶，长椭圆形，长6~18cm，叶端圆尖，叶基圆形或近心形，叶背被细腺毛。花6~12朵排成顶生伞形总状花序；花冠漏斗状钟形，浅粉红色，7裂，长4~5cm，径7~9cm；雄蕊14枚；子房10室。果长圆形。花期5月。分布于浙江、江西、安徽、湖南，生于海拔1000m以上地带山林中。

9）马缨杜鹃 *Rhododendron delavayi* Fr.

常绿灌木或乔木，高达12m。树皮不规则剥落。叶革质，簇生枝顶，矩圆状披针形，长8~15cm。花10~20朵顶生；花冠钟状，紫红色，长3.5~5cm，肉质；雄蕊10枚；子房密被褐色绒毛。花期2~5月；果期10~11月。产贵州、云南，多生于海拔1900~2800m山坡、沟谷，或散生于松、栎林内。

我国著名的高山常绿杜鹃种类极为丰富，观赏价值高，如大喇叭杜鹃（*Rhododendron excellens*）、翘首杜鹃（*R. protistum*）、马缨杜鹃、山枇杷（*R. sutchuenensis*）、大树杜鹃、桫椤花（*R. pingianum*）、美丽杜鹃（*R. calophytum*）、棕背杜鹃（*R. fictolacteum*）、硫磺杜鹃（*R. sulfureum*）、泡泡叶杜鹃（*R. bullatum*）、血红杜鹃（*R. sanguineum*）、蓝果杜鹃（*R. cyanocarpum*）等，主产于西南地区，其中马缨杜鹃是云南大理市的市花。在各种高山杜鹃中，植株最高大而且最具传奇色彩的当数大树杜鹃，现云南腾冲县界头乡尚有胸径1m以上的大树杜鹃12株，最大的一株高达27m，基径达370cm，树龄600多年。

【杜鹃花品种概况】

杜鹃花品种繁多，至少有8000个以上，但品种分类非常混乱。一般根据形态、花期、产地（来源）和亲本等进行分类，常常提到的类别有"春鹃"、"夏鹃"、"春夏鹃"、"毛鹃"、"东鹃"和"西鹃"等，但各类间常有交叉（余树勋，1992）。目前我国常见栽培的品种约有200~300个。

1）春鹃

春鹃指在我国江南一带花期集中在4月至5月初的品种，大多数为常绿或半常绿，先开花后发叶。又可分为"大叶大花种"（俗称的毛鹃）和"小叶小花种"（俗称的东鹃）两类。

毛鹃的特点为叶面多毛，植株较高大，长势旺盛，分枝较少而粗壮；花冠宽漏斗状，单瓣，5裂，直径可达8cm，常3朵集生枝顶，新叶在花后抽生；叶大，长椭圆形至披针形，叶面粗糙多毛，长可达8cm；花色纯白、粉红和各种红色，繁密，开花时布满枝头，十分绚丽。适于地栽，能耐粗放管理。从来源上，本类应包括锦绣杜鹃、白花杜鹃和琉球杜鹃及其杂种、品种，常见的如'玉蝴

图4-2-6 密枝杜鹃

图4-2-7 毛柱杜鹃

蝶'、'紫蝴蝶'、'琉球红'、'玉铃'、'白妙'等。

东鹃也称东洋鹃，指来自日本的品种。株形较矮小，一般高约1m，枝条繁而细密；叶片小，卵形、倒卵形、卵状椭圆形等，长1～4cm，叶面较平滑，毛被稀疏，春生叶在花后生于叶腋新枝上，老叶7～8月脱落，故为常绿性；花2～3朵集生枝顶，直径1.5～4cm，漏斗状，喉部有深色斑点或晕斑，单瓣或半重瓣，瓣边圆形、尖形或成翘角，花色有白、粉、红、紫、淡黄、绿白等各色和复色，雄蕊5枚。从来源上，本类应包括朱砂杜鹃及其变种，品种较多，如'新天地'、'雪月'、'四季之誉'。

2）夏鹃

指在我国江南一带5～6月开花的一批杜鹃花品种。主要亲本是日本的皋月杜鹃（*Rhododendron indicum*），为开张性常绿灌木，高可达2m，分枝多而细；叶片较厚硬，多狭披针形至倒披针形，较小，长约4cm，边缘常有稀疏圆锯齿和缘毛，两面常有棕红色毛贴生，秋季变红；花单生或2朵生于枝顶，直径约6cm，花色有红、紫、白以及异色镶边等，单瓣或重瓣，花瓣皱或具波状边缘，先发叶后开花。常见品种如'大红袍'、'陈家银红'、'五宝绿珠'、'秋月'、'长华'、'昭和之春'、'白富士'等。

至于春夏鹃，则指花期较长，自春迄夏，或花期介于春鹃和夏鹃之间的一些品种。其来源可能为春鹃和夏鹃的杂交，品种如'端午'、'仙女舞'、'红珊瑚'等。

3）西鹃

泛指来自欧洲的杂交品种，也称比利时杜鹃。植株一般比较矮小，高1m左右，常绿，半开张性，生长慢；嫩枝红色或绿色，分枝较少；叶片集生枝顶，较小，长约5cm，叶面平滑或粗糙、有或无光泽，叶形也不一（卵形、倒卵形至披针形），常有毛；花冠直径6～8cm，多为开张的喇叭形、浅漏斗形，有时为盘状、碟形，较平展，瓣形较圆阔，很多品种花瓣边缘有波状变化，单瓣、半重瓣至重瓣，也有台阁型的，因雄蕊瓣化，花心多不露，花色有白、粉红、玫瑰红、橙红、紫等各色，复色也极常见，花叶同放。系由皋月杜鹃、映山红、白花杜鹃以及其他杜鹃种类杂交选育而成，品种众多，常见的如'皇冠'、'富贵集'、'锦袍'、'锦凤'、'乙女舞'、'四海波'、'横笛'、'白凤'等。

迄今为止，全世界登录的栽培杜鹃花品种约有8000～10000个，其中欧洲约有5000个常绿杜鹃栽培杂交种多以我国原产的常绿原始杜鹃类群为亲本育成。

【生态习性和繁殖栽培】

杜鹃种类繁多，生态习性各异，但大多数种类喜疏松肥沃、排水良好的酸性壤土，pH值以4～5.5之间为宜，忌碱性土和黏质土；喜凉爽湿润

图4-2-8 团叶杜鹃

的山地气候，耐热性差。产于高山的种类，多喜全光照条件，产于低山丘陵的种类，多需半阴条件。根据地理分布和生态习性，我国的野生杜鹃大致可分为以下几种类型。

1）北方耐寒类

主要分布于东北、西北和华北北部，多生于中高海拔地区，耐寒性强。落叶种类如大字杜鹃（*Rhododendron schlippenbachii*）、迎红杜鹃（*R. mucronulatum*），半常绿的如兴安杜鹃（*R. dauricum*），常绿的如牛皮杜鹃、小叶杜鹃（*R. parvifolium*）。

2）亚热带低山丘陵和中山分布类

主要分布于中纬度的温暖地区，如长江流域一带，耐热性较强，也较耐旱，多生于山坡疏林中，如映山红、满山红、黄杜鹃、马银花、腺萼马银花（*Rhododendron bachii*）等。目前园林中应用的多属于此类。

3）热带和亚热带山地和高原分布类

主要分布于西南地区，华东、华南等高海拔地区也产，要求凉爽的气候和较高的空气湿度，耐热性差。如山枇杷、大树杜鹃、杪椤花、硫磺杜鹃等，即前文所称的高山常绿杜鹃类。

杜鹃花的繁殖多采用扦插和嫁接方法，尤其是普遍栽培的观赏品种均广泛采用此两种方法。由于杜鹃花种类和品种繁多，生长发育规律各不相同，扦插和嫁接的时间也应不同，但一般而言，露地扦插的适宜时间是6月中旬至7月中旬之间，映山红类的品种扦插生根比较容易，结合温室等保护地栽培措施，一年四季均可进行。嫁接繁殖主要用于扦插不易生根的品种繁殖，或用于培养特殊株形的杜鹃，目前我国园林中广泛用作砧木的是白花杜鹃，国外栽培常绿杜鹃较多，常用长序杜鹃（*Rhododendron ponticum*）等作砧木。播种繁殖极少采用，只是在杂交育种或需要培育大量砧木时应用。

杜鹃生长旺盛，萌芽力强。2~3年生幼苗应摘除花蕾以利加速形成骨架，新梢短的品种不宜摘蕾，可适当疏枝。成年植株一般于5~6月花后立即修剪，并于秋冬季节疏剪冠内的徒长枝、拥挤枝和杂乱枝，使树体造型自然美观。单株点缀的灌木可以修剪成圆球形或半圆形，自然式丛植的一般根据地形特点修剪成起伏的波浪形。

【栽培历史与花文化】

杜鹃花种类繁多，观赏价值各异，除了花朵以外，株形之美、叶色之美、新梢之美甚至苞片之美也是重要的观赏要素。

在我国古代，人们常将杜鹃花与杜鹃鸟联系在一起，如"鲜红滴滴映霞明，尽是怒禽血染成"、"杜鹃啼处血成花"等，给杜鹃花蒙上了一层凄苦的色彩，更有"杜鹃声苦不堪闻"、"踯躅千层不忍看"的诗句。"杜鹃"原为鸟名，最早称"子鹃"、"子规"，相传蜀主杜宇禅位于鳖灵后，自居西山，得道上升，时适三月，子鹃啼，蜀人见此鸟而悲杜宇，将子鹃称为杜鹃。从此，民间流传杜鹃啼血滴地成花的神话，而将盛开怒放的映山红称为杜鹃花。李白旅居安徽宣城时，见杜鹃花盛开，联想起家乡蜀中的杜鹃鸟，写了一首脍炙人口的名作："蜀国曾闻子规鸟，宣城还见杜鹃花。一叫一回肠一断，三春三月忆三巴。"

杜鹃花为中国十大名花之一，白居易赞曰："闲折二枝持在手，细看不似人间有。花中此物是西施，芙蓉芍药皆嫫母。"杜鹃花叶兼美，盆栽、地栽均宜，我国栽培历史悠久。西晋崔豹的《古今注》"草木篇"中已提到羊踯躅名称的由来："羊踯躅，黄花，羊食即死，见即踯躅失散。"公元492年，南朝·梁时期的陶弘景在《本草经集注》中也记载了羊踯躅。自唐代以后杜鹃花的观赏价值开始为人们重视，杜鹃花成为庭园中的珍贵花木。唐代江苏镇江鹤林寺有种植杜鹃的记载；白居易则于公元819年前后移植野生杜鹃花于厅前，820年作《喜山石榴花开》："晔晔复煌煌，花中无比方。艳妖宜小院，条短称低廊。本是山头物，今为砌下芳。千丛相面背，万朵互低昂。照灼连朱槛，玲珑映粉墙。"而王建的"太仪前日暖房来，嘱向朝阳乞药栽。敕赐一窠红踯躅，谢恩未了奏花开"则说明当时杜鹃已经栽培于温室了。北宋苏轼曾多次在诗中提及杜鹃，如"当时只道鹤林仙，能遣秋光放杜鹃。"1587年，李时珍《本草纲目》中详细记载了羊踯躅和映山红："杜鹃花，一名红踯躅，一名山石榴，一名映山红，一名山踯躅，处处山谷有之。高者四五尺，低者一二尺，春生苗，叶浅绿色，枝少而花繁，一枝数萼，二月始花。花如羊踯躅而蒂如石榴花，有红者、紫者、五出者、千叶者。小儿食其花，味酸无毒。"大约在唐代，中国的杜鹃花就传入日本，开始在寺院中种植，后盛植于各地；19世纪以后，英国、法国等国的植物学家将中国大量的杜鹃花种质引入欧洲，通过杂交育种，培育出了大量的现代杜鹃花品种。

高山常绿杜鹃可见于白居易、元稹等人的吟咏，当时称为山枇杷。白居易《山枇杷》诗曰："火树风来翻绛焰，琼枝日出晒红纱。回看桃李都无色，映得芙蓉不是花。"清人吴其濬在《植物名实图考》中也对马缨花等高山杜鹃作了精彩描述："……茶火绮绣，弥照林崖，有色无香，眩晃目睫。其殷红者，灼灼有焰，或误以为木棉。乡人采其花，熟食之。"

【植物配植】

杜鹃花适合建设专类园。国内外均可见到各种形式的杜鹃园，国内著名的有无锡杜鹃园、华西亚高山植物园的杜鹃园等，国外有英国皇家植

图4-2-9 杜鹃花片植于林下

图4-2-10 杜鹃花地被

物园——邱园（Kew Garden）的杜鹃谷、美国芝加哥植物园的杜鹃园。杜鹃园适宜采用自然式布置，应尽量将花期相近的种类和品种（尤其是早花和晚花的类别）配植在一起，以形成壮观的群体美。由于种类繁多，而且大多数喜阴，园址宜选择原来有松林的地方，并需要有一定的地形起伏，则既能取得常年的庇荫效果，也能使杜鹃花根部与菌根共生。美国佐治亚州的盖拉苇公园（Gallaway Park）中的杜鹃园就是在一片树林中建立起来的。

杜鹃花为富于野趣的花木，因种类不同，

图4-2-11 不同花色的杜鹃花丛植

姿态差异甚大,既有高达20m的大树,也有矮至10~20cm的匍匐或垫状小灌木,大多数种类为高1~5m的丛生灌木,树冠多为扁平的圆形、伞形。杜鹃花花色丰富,野生种类中就有红色、粉红色、白色、紫色、黄色等,栽培品种的花色更是丰富多彩,花型也极为多样。在较大型公园中,杜鹃最适于松树疏林下自然式群植,并于林内适当点缀山石,以形成高低错落、疏密自然的群落,每逢花期,群芳竞秀,灿烂夺目,至为美观;也可于溪流、池畔、山崖、石隙、草地、林间、路旁丛植。现普遍栽培的种类如毛白杜鹃、石岩杜鹃,植株低矮,适于整形栽植,可于坡地、草坪等处大量应用,或作为花坛镶边、园路境界,或植为花篱,如井冈山市挹翠湖公园的杜鹃花篱长达数百米,花开时节与垂柳相映成趣。杜鹃花还可植于阶前、墙角、水边等各处以资装饰点缀,或一株数株,或小片种植,均甚美观。此外,杜鹃花还是著名的盆花和盆景材料。

至若高山杜鹃,则是高山风景区的重要观赏资源,如川、黔、滇各处,黄山、庐山、太白山上部均是如此。其中,位于贵州黔西县和大方县的"百里杜鹃国家森林公园"拥有目前所知我国面积最大的原生杜鹃林,在长约50km,宽1.2~5.3km,总面积达100km²的范围内分布有马缨杜鹃、露珠杜鹃(*Rhododendron irroratum*)、紫花杜鹃(*R. amesiae*)、白花杜鹃、腺萼马银花、团花杜鹃等23种以上,花期自春及夏。以高山杜鹃为主的野生杜鹃姿态差异很大,在造景上各具特色,例如可以用作绿篱的有华丽杜鹃(*R. eudoxum*)、三花杜鹃(*R. triflorum*)、红棕杜鹃(*R. rubiginosum*)、腋花杜鹃(*R. racemosum*)、柔毛杜鹃(*R. pubescens*)等,可以用作地被的有平卧杜鹃、

图4-2-12 杜鹃花小径(胡绍庆提供)

长尖头杜鹃、密枝杜鹃、闪光杜鹃、单花杜鹃（R. uniflorum）等，可以用作基础种植的有宝兴杜鹃（R. moupinense）、苍白杜鹃（R. tubiforme）、似血杜鹃（R. haematodes）、迎红杜鹃、灰背杜鹃（R. hippophaeoides）等，以上各种大多也适合岩石园布置。由于高山常绿杜鹃长期生长在湿润冷凉的高海拔地区，不耐干燥和炎热气候，在我国东南部低海拔和平原地区的城市园林中很难应用，但在昆明等高海拔地区是杜鹃花专类园的重要材料。

【常见的杜鹃花专类园】

无锡杜鹃园：占地约2hm²，收集杜鹃花品种300多个。采用中国传统的园林布置形式，体现了江南古典园林的风格，因此在万紫千红的杜鹃花景观中也透出些许古园韵味，花开时节，游人如织。主要景点有"沁芳涧"、"映红渡"、"云锦堂"、"醉春泉"、"醉红坡"、"枕流亭"、"踯躅廊"等，其中"踯躅廊"随地形而弯，依山势而曲，时隐时现，廊引人随，步移景换。杜鹃园每年都举办一年一度的盛大杜鹃花展，而且中国杜鹃花园艺品种基因库也定址在这里。

华西亚高山植物园杜鹃花专类园：华西亚高山植物园是中国杜鹃花面积最大的研究基地，位于四川都江堰市，杜鹃花专类园和杜鹃花自然群落面积共约100hm²。已规划建立的杜鹃花专类植物园占地40hm²，收集保存来自西藏、云南、四川各省区的杜鹃花200余种40000余株。1994年还与英国爱丁堡植物园建立了正式的合作交往关系，1995年10月从英国爱丁堡植物园起运回第一批中国杜鹃花小苗，目前生长良好，英方还将继续送还从中国收集的杜鹃花，并共同研究这些杜鹃花的生物多样性。另外华西亚高山植物园拥有三个不同海拔高度的杜鹃花自然群落，总面积在60hm²以上。

杭州植物园杜鹃园：占地面积3hm²，收集有25种70余个品种，包括春鹃、夏鹃、东洋鹃等类别，绿树婆娑、精品荟萃，草坪如茵，各色杜鹃异彩纷呈，绚丽多姿。杜鹃园东面有约0.7hm²的杜英林，树高林深，简朴的木屋掩映其中，富有野

图4-2-13 英国威士利植物园的杜鹃园一角

趣。二者结合相得益彰。

昆明园林植物园杜鹃园：占地4hm²，引种栽培了云南产各种杜鹃花近百种，10000余株。全园

图4-2-14 杭州植物园的杜鹃园

图4-2-15 湖南省森林植物园的杜鹃专类园（喻勋林提供）

图4-2-16 无锡杜鹃园醉红坡（王文姬提供）

分为映山红与锦绣杜鹃区、马缨花区、露珠杜鹃区、常绿杜鹃区以及烨煌园。而昆明植物园杜鹃园占地面积2.0hm^2，主要收集西南地区的高山常绿杜鹃，目前已经栽培有大树杜鹃、露珠杜鹃、锦绣杜鹃等种和品种320余个。

此外，湖南省森林植物园杜鹃园占地面积2.6hm^2，现有杜鹃10余种，花色有红、白、橙、黄、淡绿和浅青等，模拟杜鹃花自然群落结构，营造松林杜鹃群落景观，建有子规亭、杜鹃廊；庐山植物园国际友谊杜鹃园占地1.3hm^2，杜鹃花是该园引种栽培的重点花卉之一，从国内外收集杜鹃花已达300余种，每至5月上旬，杜鹃花开，万紫千红，溢彩流光；桂林植物园的杜鹃专类园景观优美、布局合理，融种质资源保存、科普教育和旅游观光于一体，收集保存杜鹃花100多种和品种；沈阳植物园杜鹃园占地面积1.8hm^2，位于植物园中心区的西南部，主要栽植杜鹃花科植物，同时又是植物园内郁金香花展的展区，每年"五·一"节前后郁金香盛开时吸引了大量游人赏花。杜鹃也常与槭树配植在一起，形成"槭树杜鹃园"，如杭州植物园和合肥植物园均采用这种方式。

4.3 桂花专类园

桂花属于木犀科木犀属（*Osmanthus*）。

【木犀属概况】

木犀属植物多为灌木或小乔木，常绿性，大多数种类高度在10m以下，但部分种类可长成10~20m的中乔木，如牛矢果（*Osmanthus matsumuranus*）；树冠一般为球形或扁球形。单叶对生，全缘或有锯齿，部分种类的锯齿呈刺状；质地通常较厚而为革质。花芳香，常两性花和雄花异株，或雌雄异株，簇生于叶腋或组成短聚伞花序。花萼4裂，花冠多为白色至浅黄色，钟形或管状，4裂，裂片在花蕾时覆瓦状排列；雄蕊2枚，稀更多，花丝短；子房2室，每室有胚珠2枚。核果椭球形，成熟时深蓝色至紫黑色，常有白粉；内果皮坚硬或骨质。种子通常1颗，种皮薄。

该属共约30种，主要分布于亚洲东部的亚热带和热带地区，少数种分布于北美洲东南部。我国产25种（包括1杂交种），占总种数的80%以上，分布于长江流域至西南和华南地区。

【木犀属的种类】

目前园林中应用最普遍的是桂花和柊树，其他种类栽培较少。

1）桂花 *Osmanthus fragrans* Lour.

常绿灌木或小乔木，一般高4~8m，最高可达18m以上，部分四季桂类的品种高仅1m；树皮灰色，不开裂；树冠一般为卵球形。芽叠生。叶片椭圆状披针形、椭圆形至卵圆形，长5~12cm，先端突尖至渐尖，基部狭楔形至圆形，全缘或有锯齿。花簇生叶腋，或形成聚伞花序；花朵小，直径大多为6~8mm，但少数品种可达12mm甚至更大，白色、浅黄色、金黄色至橙红色，浓香；花梗长0.8~1.5cm。核果椭圆形，长1~1.5cm，紫黑色。

桂花是著名的香花植物，在我国有着悠久的栽培历史，是我国十大传统名花之一，早在2500年以前已经栽培利用，并于18世纪（可能是1771年）传入英国，现日本、印度、巴基斯坦、尼泊尔、缅甸、泰国、印度尼西亚、马来西亚、新加坡、美国以及欧洲多个国家如英国、法国、意大利、奥地利均有栽培。我国桂花的栽培区非常广大，在南岭以北至秦岭、淮河流域以南的地区均有露地栽培（山东半岛如青岛、威海等地也有零星的露地栽培），并形成了苏州、咸宁、成都、杭州和桂林等历史上著名的"五大桂花产区"，品种丰富。

2）柊树 *Osmanthus heterophyllus*（G.Don）P.S.Green

常绿灌木，高可达6m。叶片厚革质，卵形至长椭圆形，长3~6cm，宽2cm，顶端刺状，叶缘有显著的刺状牙齿，稀全缘。花簇生叶腋，白色、芳香，花期10~11月。耐寒性强于桂花，

图4-3-1 金桂

图4-3-2 银桂

图4-3-3 丹桂

图4-3-4 四季桂

图4-3-5 宝兴桂花

图4-3-6 柊树

图4-3-7 四季桂植为绿篱

图4-3-8 山桂花

图4-3-9 桂子（桂花果实）

在青岛、北京等地选择气候条件优越的小环境已经引种成功。柊树的栽培历史已经有数百年之久，欧洲亦早有引种，并已培育出大量的观赏品种，尤其是色叶品种，如金边柊树（*O. heterophylla* 'Aureo-marginatus'）、银边柊树（'Variegata'）、龟甲柊树（'Subangulatus'）、圆叶柊树（'Rotundifolius'）、波缘柊树（'Undulatifolius'）等。

我国是世界木犀属植物的分布中心，共有25种，其分布与栽培情况见表4-3-1。尽管桂花的花期主要为秋季，但整个木犀属的花期很长，从春季的4~5月直到冬季12月都有不同的种类开花。春季（4~5月）开花的有宝兴桂花（*Osmanthus serrulatus*）、香花木犀（*O. suavis*）、山桂花（*O. delavayi*）等，初夏（5~6月）开花的有厚边木犀（*O. marginatus*）、牛矢果、小叶月桂（*O. minor*）等，夏季和初秋（7~8月）开花的有野桂花（*O. yunnanensis*）、毛木犀（*O. venosus*）等，秋季（9~10月）开花的有毛柄木犀（*O. pubipedicellatus*）、红柄木犀（*O. armatus*）、华东木犀（*O. cooperi*）、狭叶木犀（*O. attenuatus*）、坛花木犀（*O. urceolatus*）、蒙自木犀（*O. henryi*）、细脉木犀（*O. gracilinervis*）、网脉木犀（*O. reticulatus*）、显脉木犀（*O. hainanensis*）、双瓣木犀（*O. didymopetalus*）等，初冬（11~12月）开花的则有柊树和尾叶木犀（*O. caudatifolius*）等。花色相对比较单一，除了桂花具有白色、黄色和橙红色以外，其他种类的花色基本上为白色或略带淡黄色，但多数种类花朵芳香。

【桂花品种概况】

桂花品种繁多，根据花期和花序类型可以分为四季桂和秋桂两类，秋桂类中又可以根据花色分为银桂、金桂和丹桂三个品种群。

1）四季桂类

植株较低矮，常为丛生灌木状，高1~3m，偶可高达8m；叶常二型，春梢叶和秋梢叶不同，前者较宽，近于全缘，先端常突尖，后者狭窄，多有锯齿，先端渐尖。花序常有总梗，花色为白色或淡黄色。花期长，以春季4~5月和秋季9~11月为盛花期，但其他生长季节包括冬季也时有少量花开，如日香桂在四川成都全年总开花天数可达260天以上。常见的品种有'月'桂、'淡妆'、'长梗素花'、'四季'桂、'大叶佛顶珠'、'小叶佛顶珠'、'日香'桂、'天香'、'天香台阁'。

2）秋桂类

植株较高大，多为中小乔木，常有明显的主干，高达3~12m；叶一型。花序多腋生，为簇生聚伞花序，无总梗。花期较短，通常集中于秋季8~11月间，但不同品种花期差别甚大，早花品种如'早籽黄'和'早银'桂一般在8月上、中旬始花，而晚花品种如'晚银'桂、'晚金'桂于10月始花，不少多批次开花的品种花期也可延迟到11月。可分为银桂、金桂和丹桂三个品种群。

（1）银桂品种群：花色浅，白色至浅黄色，

我国木犀属Osmanthus植物种类一览表   表4-3-1

中名	学名	分布区
桂花	O. fragrans	产长江流域以南至西南、南岭以北。我国淮河流域以南各地普遍栽培
柊树	O. heterophyllus	产我国台湾，日本也有。日本栽培历史悠久，欧洲和我国华东均常见栽培
山桂花	O. delavayi	产贵州、四川、云南。欧洲19世纪已引种，澳大利亚也有栽培
齿叶木犀	O. × fortunei	可能是桂花与柊树的杂交种，原产日本、我国台湾等地。我国华东常栽培
野桂花	O. yunnanensis	产四川、云南、西藏。欧洲早有栽培
宝兴桂花	O. serrulatus	产福建、广西、四川，四川有片林。欧洲有栽培
石山桂花	O. fordii	产广东、广西等地。桂林、上海等地有零星栽培
华东木犀	O. cooperi	产江苏、浙江、安徽、江西、福建。杭州、金华、南京等地有栽培
香花木犀	O. suavis	产西藏、云南。欧洲有栽培
红柄木犀	O. armatus	产湖北、四川。南京有栽培，欧洲早有引种
厚边木犀	O. marginatus	产华东、华南至西南
牛矢果	O. matsumuranus	产华东至华南、西南。热带亚洲也产。国内各植物园中常有栽培
小叶月桂	O. minor	产浙江、江西、福建、广东、广西
毛柄木犀	O. pubipedicellatus	产广东
毛木犀	O. venosus	产湖北
狭叶木犀	O. attenuatus	产广西、贵州、云南
坛花木犀	O. urceolatus	产湖北、四川
蒙自桂花	O. henryi	产湖南、贵州、广西、云南等地。昆明和江苏有栽培
尾叶桂花	O. caudatifolius	产云南
无脉木犀	O. enervius	产台湾
细脉木犀	O. gracilinervis	产浙江、江西、广东、广西、湖南
锐叶木犀	O. lanceolatus	产台湾
网脉木犀	O. reticulatus	产广东、广西、湖南、贵州、四川
显脉木犀	O. hainanensis	产海南
双瓣木犀	O. didymopetalus	产海南

常见的品种有'籽银'桂、'宽叶籽银'桂、'银盏碧珠'、'晚花白'、'早银桂'、'波叶银'桂、'九龙桂'、'白洁'、'早黄'、'晚银桂'、'柳叶桂'、'垂梗黄'、'玉玲珑'、'香云'。

（2）金桂品种群：花色为黄色至浅橙黄色，如'早籽黄'、'潢川金桂'、'金盏碧珠'、'大花金桂'、'麸金'、'桃叶黄'、'丛中笑'、'金满楼'、'万点金'、'球桂'、'苏金桂'、'金球'桂、'咸宁晚桂'、'曲枝金'桂。

（3）丹桂品种群：花色最深，为橙黄色、橙色至红橙色，如'籽丹桂'、'朝霞'、'娇容'、'果丹'、'大花丹桂'、'朱砂丹桂'、'状元红'、'苏州红'、'红艳凝香'、'橙红丹桂'、'红十字'、'笑靥'、'桃叶丹桂'、'雄黄'桂、'杭州丹'桂、'醉肌红'、'柳叶红'、'硬叶丹桂'、'垂梗红'、'苏州浅橙'、'火炼金丹'。

【生态习性和繁殖栽培】

桂花原产我国长江流域至西南，现广泛栽培。喜光，稍耐阴，但光照不足花量明显较少；喜温暖湿润气候和通风良好的环境，耐寒性较差，最适合秦岭、淮河流域以南至南岭以北各地栽培；喜湿润而排水良好的酸性至微酸性沙质壤土，忌盐碱和黏重土壤，不耐水湿。对二氧化硫和氯气有中等抗性。

有关桂花的栽培技术的记载始见于北宋，《格物粗谈》中提到，栽桂宜高阜、半日半阴处，腊雪高壅于根，则来年不灌自发；南宋时期我国就已掌握了桂花的嫁接技术。明代《种树书》指出"桂花接宜冬青"，即以优良桂花品种的枝条为接穗，以同科植物女贞为砧木进行嫁接；同时该书还提到了桂花可用压条繁殖。目前，桂花繁殖方法中，播种、压条、嫁接和扦插都仍然大量应用，尤其是扦插育苗技术改进后，成活率可在90%以上。由于地域原因，各地的桂花繁殖方式不尽相同。在桂花的传统产区所采取的主要繁殖方式有：广西桂林保留着传统的播种育苗法，苏州花农仍喜用压条繁殖，浙江杭州和四川成都则普遍采用扦插繁殖。

扦插多用嫩枝，在6~8月间进行。插穗一般长8~12cm，粗0.3~0.5cm，上部留4~5片叶，用50×10^{-6}萘乙酸浸泡10~12h，扦插密度为行距10~20cm，株距3cm，插后采用双重荫棚遮阴，在气温25℃左右时，约2个月可生根。压条分地面压条和空中压条两种，以前者应用较广。3~6月间，选1~2年生枝条，压入3~5cm深的沟内，壅土平覆沟身，用竹片或木桩固定被压的枝条，仅使梢端和叶片留在土外，经2年后可与母树分离。播种繁殖可获得大量优质实生苗，每年4~5月果实成熟采收后，洒水堆沤，清除果肉，阴干种子，混沙贮藏半年左右以完成后熟，至当年秋季播种。条播，每亩播种量20kg，可产苗木2.5~3万株，当年苗高15~20cm，留床生长2年，第三年春季移栽。嫁接繁殖在北方应用较广，南方也有应用。可选用女贞（*Ligustrum lucidum*）、小叶女贞（*L. quihoui*）、小蜡（*L. sinense*）、白蜡（*Fraxinus chinensis*）、流苏（*Chionanthus retusus*）等为砧木，北方以流苏应用较广，南方多用女贞和小叶女贞，但仍以桂花实生苗为最好，靠接、芽接均可。

【栽培历史与花文化】

桂花是我国人民喜爱的传统观赏花木，其树冠卵圆形，枝叶茂密，四季常青，亭亭玉立，姿态优美，其花香清可绝尘、浓能溢远，而且花期正值中秋佳节，花时香闻数里，有"独占三秋压群芳"之誉，每当夜静轮圆，几疑天香自云外飘来。早在春秋战国时期就有关于"桂"的记载，《山海经》有"南山经之首曰鹊山，其首曰招摇之山，临于西海之上，多桂……"；屈原《九歌》有"援北斗兮酌桂浆，辛夷车兮结桂旗"；《远游》有"嘉南洲之炎德兮，丽桂树之冬荣。"《吕氏春秋》称"物之美者，招摇之桂"，以桂为美丽事物的代表，此后被广泛沿用。自汉朝至魏晋南北朝时期，桂花即成为著名花木，并广泛用于园林造景，历代帝王喜欢在宫苑中植桂花。葛洪《西京杂记》载："（汉武帝）初修上林苑，群臣、远方各所献名果异树，有桂十株。"南朝的齐武帝（483~493年）也于

图4-3-10 桂花自然式配置

图4-3-11 桂花列植

图4-3-12 苏州桂花公园一角

图4-3-13 杭州"满陇桂雨"

芳林苑植桂花。

与其他著名花木一样，桂花之所以成为我国传统名花，除了其本身的观赏价值（以香花而闻名）以外，与我国桂文化的发展是分不开的。在桂花2500多年悠久的栽培历史中，不但有许多美丽的传说，历代文人骚客更是不吝笔墨，对桂花大加赞赏，因此咏桂的诗词歌赋浩如烟海、俯拾皆是，并将桂花人格化，称为"仙客"（张景修）、"仙友"（曾瑞伯）。在民间，除了各地常常举办的桂花节等文化活动以外，桂花食品、桂花茶等也与人们的生活密切相关。在国外，日本和印度栽培桂花较多，欧洲于18世纪70年代引入，但栽培并不普遍。

唐代段成式《酉阳杂俎》云："旧言月中有桂，有蟾蜍。故异书言，月桂高五百丈，下有一人常斫之，树创随合。人姓吴名刚，西河人，学仙有过，谪令伐树。"桂树的"树创随合"，即砍树的创伤很快愈合，隐喻着月亮的阴晴圆缺，意味着月亮的再生和永生。因此，在这个传说中，月亮和桂树是两位一体的，桂树能与月亮一样象征长生。至于月宫中的蟾蜍，则由"嫦娥奔月"的传说而来，此传说最早出自战国初年的典籍《归藏》："昔嫦娥以西王母不死之药服之，遂奔月为精。"以后，西汉刘安撰《淮南子》，增加了一段嫦娥变蟾蜍的故事，可能算是对嫦娥的一种惩罚。实际上，"月中桂树"的传说在汉朝以前已经流传。四川新都出土的汉代画像砖中就有桂树和蟾蜍在月亮中的形象，后来也有以玉兔代蟾蜍的说法，南朝·梁·庾肩吾的《咏桂》就将桂花与月亮联系起来："新丛入望苑，旧干别层城。请视今移处，何如月里生。"而陈后主（583~589年）则按照这一神话，专为爱妃张丽华造桂宫："于光昭殿后，作圆门如月，障以水晶，后庭设素粉罘罳（即素色屏风），庭中空洞无他物，唯植一桂树，下置药杵臼，使丽华恒驯一白兔。丽华被素袿裳，梳凌云髻，插白通草、苏孕子，靸玉华飞头履，时独

图4-3-14 杭州植物园桂花林

步于中，谓之月宫。帝每入宴乐，呼丽华张嫦娥。"从此为冷清的月亮增添了勃勃生机，桂花也成为月宫的一大象征。李商隐的"月中桂树高多少，试问西河斫树人"，白居易的"遥知天上桂花孤，试问嫦娥更要无？月宫幸有闲田地，何不中央种两株"以及杜甫的"斫却月中桂，清光应更多"等诗句描写的都与这个神话有关。

正是由于月宫中有桂树的传说，便由此也有了"蟾宫折桂"的说法，折桂成为中举的象征。据《晋书·郤诜传》记载："（诜）以对策上第，拜议郎……累迁雍州刺史。武帝于东堂会送，问诜曰：卿自以为何如？诜对曰：臣举贤良对策，今为天下第一，犹桂林之一枝，昆山之片玉。帝笑。"此后，"桂林一枝"成为出类拔萃、独领风骚的同义词，而且人们将科举考试称为"桂科"，将科考高中称为"折桂"，登第人员的名籍则称为"桂籍"，再联系到月宫中的桂树，便又有了"蟾宫折桂"一说。五代后周时，窦禹钧五子俱登科，宰相冯道赠诗曰："灵椿一株老，丹桂五枝芳"，时人对此艳羡不已。宋代僧人仲殊（即张师利）则在《金菊对芙蓉》中写道："花则一名，种分三色，嫩红妖白娇黄……引骚人乘兴、广赋诗章。许多才子争攀折，嫦娥道三种清香：状元红是，黄为榜

眼，白探花郎"，将桂花的花色——红（丹桂）、黄（金桂）、白（银桂）与科举中殿试的头三名联系起来，巧妙绝伦。

【植物配植】

桂花品种繁多，金桂"花开万点黄"，银桂"雪点迎芳蕤"，丹桂"栗栗照林丹"，四季桂"一再开复歇"，如广泛收集桂花品种和木犀属的野生原种，建立桂花专类园极为适宜。杭州满觉陇，漫山遍野皆植桂花，花开时节，馨香扑鼻，人行其中，飘然若仙。苏州桂花公园、上海桂林公园等也都是桂花专类园。

桂花专类园在展示木犀属植物及桂花品种多样性和群落结构的前提下，以桂花造景为主，应突出群体美，力求模仿桂花的自然群落景观。遵照生态、艺术和以人为本的原则，以成丛、成片的栽植为主，用树丛进行空间分割，并在景观设计中展示桂文化的内涵。桂园的背景和群落层次安排也是很重要的，由于桂花的植株高度、体形常相类似，使得在空间竖向构图上具有一定的局限性，因此桂花与其他乔灌木结合是必要的。为了延长观赏期，则应增加早花品种与晚花品种，并加强野生种类的引种和栽培应用。

在小范围的配植上，桂花可对植于厅堂之前，所谓"两桂当庭"、"双桂流芳"；也可于窗前、亭际、山旁、水滨、溪畔丛植，并配以青松、红枫，可形成幽雅的景观，正如吕初泰在《雅称》中所言："桂香烈，宜高峰，宜朗

图4-3-15 桂林七星公园桂花林

图4-3-16 无锡梅园的桂花区

图4-3-17 绍兴"香林花雨"桂花林

桂花专类园建设中借鉴。

【常见的桂花专类园】

杭州"满陇桂雨":杭州西湖一带的桂花,在唐朝时已闻名,当时主要种植在灵隐寺一带,而且有"月落桂子"的传说(《本草拾遗》、《唐书·五行志》、《南部新书》)。唐朝有不少描写"桂子月中落"的诗篇,如诗人宋之问的"桂子月中落,天香云外飘"、皮日休的"玉颗珊瑚下月轮,殿前拾得露华新。至今不会天中事,应是嫦娥掷与人"、白居易的"山寺月中寻桂子,郡亭枕上看潮头"等诗句都使西湖周围的桂花更加充满了诗情画意。满觉陇的桂花则在宋朝以后最为著名,高濂的《四时幽赏录》即记录了明朝时的盛景(见前文),而清人张云璈也有《题满觉陇》诗:"西湖八月足清游,何处香通鼻观幽。满觉陇旁金粟遍,天风吹堕万山秋。"如今的满觉陇逶迤数里,桂树成林,山道、建筑均掩映于桂花丛中。每当金秋时节,翠柯绿叶上缀满一簇簇、一团团金粟银屑,香飘云外。花落之时,随着一阵秋风拂过林梢,浓密的桂粟纷纷飘落,霎时便渐渐地下起了或黄或白的桂雨,引起人们的无限遐想。

上海桂林公园:上海桂林公园位于上海市徐汇区桂林路,其前身是黄家花园(黄金荣的私人花园,建于20世纪30年代),1958年改名为桂林公园。现有桂花品种约20个,主要包括四季桂类的'月桂'、'四季'桂、'佛顶珠',银桂类的'早银'桂、'晚银'桂、'柳叶'桂、'早黄',金桂类的'波叶金'桂、'大叶金'桂,丹桂类的'朱砂丹'桂、'硬叶丹'桂等,还收集有木犀属的石山桂和刺桂,多为大树,并模仿我国古典园林的植物配植方法,园内建筑多为仿古式,桂花与楼、廊、山石等搭配合理,观赏效果好,并有大量的其他观赏植物,如枇杷(*Eriobotrya japonica*)、海桐、八角金盘、翠竹、紫藤、红茴香(*Illicium henryi*)等。上海市曾依托桂林公园,以游园赏桂、民族艺术展演、美食购物为主要内容,举办上海桂花节。

月,宜画阁,宜崇台,宜皓魂照孤枝,宜微飔飐幽韵。"苏州古典园林中,桂花应用颇多,如网师园中的"小山丛桂轩"、留园的"闻木犀香轩"、沧浪亭的"清香馆"、怡园的"金粟亭"、耦园的"木犀廊"和"储香馆"等,开花时节,异香袭人,香随风扬,境域随之扩大,表达了花香的空间效果,意境十分高雅,而留园穿堂厅的南面庭院中,以湖石垒起的花台上则植金桂、玉兰各一株,暗喻"金玉满堂";李斗的《扬州画舫录》也记载了大量的桂花造景,如"万松叠翠"的桂露山房、"蜀冈朝旭"的青桂山房、"筱园"的桂坪等。这些应用手法皆可在

绍兴香林花雨风景区：位于风光旖旎的稽山镜水间的绍兴县湖塘镇。以古桂和自然山水为特色，桂花林由百年老树组成，最大的一株中国桂花王根围达4.3m，树高18m，冠径20.2m，覆盖面积达320m²。景区内主要有香林花雨、青山秀色、古刹梵音等游览园区。

此外，成都植物园、合肥植物园、桂林雁山植物园、上海植物园等也有桂花园，杭州植物园建有桂花紫薇园，千岛湖则有桂花岛。

图4-3-18 南京花卉园的桂花区

图4-3-19 南京中山陵桂花园

图4-3-20 合肥植物园的桂园

苏州桂花公园：为新建桂花专类园，但发展很快，目前已经收集桂花品种50多个，除了华东地区的传统品种以外，近年引进了大量四川等地的品种，如'晃金'、'日香'桂、'大叶四季'桂、'九龙'桂、'佛顶珠'等。在造景形式上，结合大面积草坪，园内的桂花多采用自然式散植和组团式配植，也用'佛顶珠'、'日香'桂等小灌木类组成桂花花坛和绿篱。每当桂花盛开，金屑飘香，沁人心脾。

成都新都桂湖：桂湖是具有四川风格的中国官署园林的典范，全园占地近5hm²，以湖为中心，湖内植荷，沿湖岸则遍植桂花。金秋时节，桂花含苞怒放，银白丹红争香斗艳。1963年中秋，郭沫若曾为桂湖题词，并作联曰"桂蕊飘香美哉乐土，湖光增色换了人间"。

图4-3-21 浙江千岛湖桂花岛入口处

4.4 梅花专类园

梅花属于蔷薇科杏属（*Armeniaca*），或与桃属、樱属等共同置于广义的李属（*Prunus*）。

【杏属概况】

杏属为落叶乔木或灌木，偶有枝刺。叶芽和花芽并生，顶芽常缺；叶在芽里为席卷状。每花芽内1花，罕2花，先叶开放，花梗极短；萼片、花瓣5数，雄蕊多数，雌蕊1枚，子房有毛，1室具2胚珠。果实为核果，多肉质，具明显的纵沟，外被短柔毛，稀光滑无毛；离核或黏核。

8种，分布于温带亚洲，我国全产。除了梅花以外，尚有杏（*Armeniaca vulgaris*）、西伯利亚杏（*A. sibirica*）、东北杏（*A. mandshurica*）、紫杏（*A. dasycarpa*）等，但除了梅和杏，其他种类栽培较少。

【常见的杏属种类】

1）梅花 *Armeniaca mume* Sieb.

落叶小乔木或大灌木，高达4~10m；树形开展，树冠圆球形。小枝细长，绿色。叶片卵形至广卵形，长4~10cm，先端长渐尖或尾状尖，基部广楔形或近圆形，锯齿细尖。花单生或2朵并生，先叶开放，白色、粉红或红色，有香味，径约2~5cm，花梗短，花萼绿色或否。果实近球形，黄绿色，径约2~3cm，表面密被细毛；果核有多数凹点。花期因各地自然条件不同而异，如海口为12月，广州、台湾为1月，厦门、昆明为1~2月，长江中上游为2月，长江下游地区一般为2~3月。因品种不同，单花花期为7~17天，群体花期一般10~25天。

2）杏 *Armeniaca vulgaris* Lam.

落叶乔木，高达10m；树冠圆整，开阔，圆球形或扁球形。小枝红褐色。叶片广卵形，长5~10cm，宽4~8cm，先端短尖，基部圆形或近心形，锯齿细钝，两面无毛或仅背面有簇毛。花单生于一芽内，在枝侧2~3个集合在一起，先叶开放，白色至淡粉红色，径约2.5~3cm，花梗极短，花萼鲜绛红色，花后反折。果实近球形，黄色或带红晕，

图4-4-1 宫粉梅

图4-4-2 玉蝶梅

图4-4-3 绿萼梅

径约2.5~3cm，表面有细柔毛；果核平滑。花期3~4月；果（5）6~7月成熟。

常见的变种、变型和品种有：

山杏（var. *ansu*），为杏的野生变种，叶片基部宽楔形，花常2朵并生于一芽内，粉红色，果实较小，果肉薄。垂枝杏（f. *pendula*），枝

条下垂。重瓣杏（'Plena'），花重瓣。陕梅杏（'Meixianensis'），花径5～6cm，高度重瓣，有花瓣70～120枚，粉红色。

【梅花品种概况】

梅花栽培历史十分悠久，品种繁多，现已演化成果梅、花梅两大系列。早在宋朝，范成大的《范村梅谱》中已经记录了梅花10个品种，即江梅、早梅、官城梅、消梅、重叶梅、绿萼梅、百叶缃梅、红梅、鸳鸯梅和杏梅，是关于梅花最早的谱录。梅花品种的现代分类，根据陈俊愉教授的研究，按品种演化关系可以分为真梅、杏梅、樱李梅3个种系5大类（陈俊愉，1996、2001）。

真梅种系由梅演化而来，没有其他种系参与，又分为直枝梅类、垂枝梅类和龙游梅类；杏梅种系为杏与梅的杂交品种，性状介于杏、梅之间，有杏梅类；樱李梅种系乃宫粉梅与紫叶李之杂交品种，19世纪末育成，有樱李梅类。类以下共分18型。常见品种如'江'梅、'粉皮宫粉'、'三轮玉蝶'、'黄山香'梅、'二绿萼'、'复瓣跳枝'、'粉红朱砂'、'残雪'梅、'双碧垂枝'、'骨红垂枝'、'龙游'梅、'单瓣杏'梅、'丰后'梅、'送春'梅、'美人'梅等。

1）直枝梅类

具有典型梅花之性状，枝条直伸或斜出，不曲不垂。有江梅型、宫粉型、玉蝶型、洒金型、绿萼型、朱砂型、黄香型。另有品字梅型和小细梅型，为果梅。

(1) 江梅型：花单瓣，白、粉、红等色，萼非绿色，例如'江'梅、'雪'梅、'单粉'、'六瓣红'。

(2) 宫粉型：花复瓣至重瓣，或深或浅之粉红，如'小宫粉'、'徽州台粉'、'重台红'、'磨山大红'。

(3) 玉蝶型：花复瓣至重瓣，白色，如'荷花玉蝶'、'素白台阁'、'北京玉蝶'。

(4) 洒金型：花单瓣至复瓣，一树开具斑点、条纹的二色花，如'单瓣跳枝'、'复瓣跳枝'、'晚跳枝'。

图4-4-4 朱砂梅

图4-4-5 杏梅

图4-4-6 美人梅

(5) 绿萼型：花单瓣、复瓣至重瓣，白色，花萼绿色，如'小绿萼'、'豆绿'、'长蕊单绿'。

(6) 朱砂型：花单瓣、复瓣至重瓣，紫红色，枝内新木质部淡紫色，萼酱紫色，如'白须朱砂'、'粉红朱砂'、'小骨里红'。

(7) 黄香型：花单瓣、复瓣至重瓣，淡黄色，如'单瓣黄香'、'曹王黄香'、'南京复黄香'。

图4-4-7 美人梅丛植

图4-4-8 梅花盆景园

2）垂枝梅类

与直枝梅类区别在于枝条下垂。有粉花垂枝型、五宝垂枝型、残雪垂枝型、白碧垂枝型、骨红垂枝型。

（1）粉花垂枝型：花单瓣至重瓣，粉红或红色，萼绛紫色，如'粉皮垂枝'、'单红垂枝'。

（2）五宝垂枝型：花复色，红、粉相间，萼绛紫色，如'跳雪垂枝'。

（3）残雪垂枝型：花白色，复瓣，萼绛紫色，如'残雪'。

（4）白碧垂枝型：花白色，单瓣或复瓣，萼纯绿色，如'单碧垂枝'、'双碧垂枝'。

（5）骨红垂枝型：花紫红色，单瓣至重瓣，枝内新木质部淡紫色，萼酱紫色，如'骨红垂枝'、'锦红垂枝'。

3）龙游梅类

枝条自然扭曲。一型，即玉蝶龙游型，花复瓣，白色，如'龙游'梅。

4）杏梅类

枝叶介于杏、梅之间，花托肿大。有单杏梅型和春后型。

（1）单杏梅型：花单瓣，枝叶似杏，如'燕杏'梅、'中山杏'梅、'粉红杏'梅。

（2）春后型：花复瓣至重瓣，呈红、粉、白等色，树势旺，花叶较大，如'束花送春'、'丰后'等。

5）樱李梅类

枝叶似紫叶李，花梗细长，花托不肿大。一型，即美人梅型，如'俏美人'梅、'小美人'梅等。

【生态习性和繁殖栽培】

梅花是我国的特产，原产于滇西北、川西南至藏东一带的山地。梅花为阳性树，喜光，喜温暖湿润的气候，大多数品种耐寒性较差，但'北京小'梅、'北京玉蝶'等品种能抗-19℃极端低温，而'中山杏'梅、'美人'梅等能抗-30～-25℃极端低温。对土壤要求不严，无论是微酸性、中性还是微碱性土均能适应。较耐干旱瘠薄，最忌积水，水涝3天即可致死。

嫁接、扦插、压条或播种繁殖，以嫁接繁殖应用最多。砧木可选用桃、山桃、杏、山杏或梅实生苗，北方多用杏、山杏和山桃，南方则常用梅或桃。以桃和山桃为砧木嫁接易成活，生长也快，但寿命较短，且易遭病虫危害。一般采用芽接法，时间以7～9月为宜，多行盾状芽接；江南地区也可于春季砧木萌动前进行切接、劈接、舌接、腹接等。部分宫粉型和玉蝶型品种可采用扦插繁殖，插穗选用一年生充实枝条，剪成长10～15cm，用$500×10^{-6}$吲哚丁酸水剂快

图4-4-9 水边配植的垂枝梅

图4-4-10 南京梅花山1

浸5~10s后扦插，'素白台阁'等品种的成活率可达80%以上。梅花压条繁殖在春季进行，将母树根际萌发的1~2年生枝环剥后压入土中深3~4cm，秋后割离，以后再行分栽。为了培育砧木和杂交育种，梅花也可进行播种繁殖，一般播后3~4年开花。

梅花定植一般用2~5年生苗，根据品种特性的差异，大面积种植时株距以3~6m为宜。栽植时树穴内要施足基肥（如腐熟的厩肥、堆肥、饼肥），若土壤过于黏重，可在树穴下铺以碎石以利排水。梅花喜光，整形方式以无主干的自然开心形为佳，在幼树离地60~80cm处保留3~5个主枝，使其自然向外斜出。平时修剪以疏剪及轻度短截为主，多不进行重短截，一般在花后进行。另外，梅花枝干易抽生徒长枝，常长达1~2m甚至更长，使树冠内枝条杂乱和通风不良，可在入冬前或早春萌动前剪除。梅花的施肥、浇水均以春季开花前后为主，至花芽分化时期（5~6月）则适当控制水分。

【栽培历史与花文化】

梅花是我国特有的传统花木和果木，传说早在公元前10世纪的商代，已将梅果制成酸甜可口的菜肴。梅花在园林中作为观赏植物栽培始于汉朝，已有2000多年的历史。《西京杂记》提到汉朝上林苑时，已集"紫叶梅、紫华梅、朱梅"等多种梅花，汉武帝还令人在五岭之一的大庾岭上广植梅花；西汉末年扬雄的《蜀都赋》中有"被以樱梅，树以木兰"，说明梅花在成都已用于园林绿化；三国时期则有"青梅煮酒论英雄"和"望梅止渴"（《世说新语》）的故事。但是秦汉时期的梅仍然主要是作为果树栽培。

梅花花开占百花之先，凌寒怒放，六朝时便以花而著名，经过唐宋，则居于众花之首。描写梅花的诗词，较早的有南北朝时期梁·何逊的"衔霜当路发，映雪拟寒开"、陈·阴铿的"春近寒虽转，梅舒雪尚飘"等。唐朝留下了大量咏颂梅花的诗篇，如刘言史的《竹里梅》："竹里梅花相并枝，梅花正发竹枝垂。风吹总向竹枝上，直似王家雪下时"；吴融的《旅馆梅花》："清香无为敌寒梅，可爱他乡独见来。为忆故溪千万树，几年辜负雪中开"；韩偓的"湘浦梅花两度开，直应天意别栽培。玉为通体依稀见，香号返魂容易回"等。而宋朝林逋的"众芳摇落独暄妍，占尽风情向小园。疏影横斜水清浅，暗香浮动月黄昏"和明朝杨维桢的"万花敢向雪中开，一树独先天下春"则都是梅花的传神之作，被千古咏诵。而说起白梅，几乎人人都能吟诵"梅须逊雪三分白，雪却输梅一段香。"

梅花盛放之时，香闻数里，落英缤纷，宛若积雪，有"香雪海"之称，是中国传统名花，意寓高洁，其色泽之美、香韵之清、品格之高极得古人推崇，被称为"花魁"、"清客"、"清友"、"花御史"、"江南第一花"。梅与松、竹一起被誉为"岁寒三友"，又与迎春、山茶和水仙一起被誉为"雪中四友"，又与兰、竹、菊合称"四君子"。宋朝是我国植梅、赏梅的繁盛时期，南京、苏州、杭州、武昌、成都等地都以梅花闻名，范成大作《梅谱后序》云："梅以韵胜，以格高，故以斜横

图4-4-11 南京梅花山2

疏瘦与老枝奇怪者为贵。"高度概括了梅花的风姿。我国梅文化博大精深、源远流长，历代文人墨客对梅花的描绘极为浩瀚，宋人黄大兴曾集唐宋的梅花诗词，选编成《梅苑》，长达10卷，是中国文学史上第一部咏梅专集；而与梅花有关的楹联、国画、盆景艺术、戏曲等艺术形式也举不胜举。现各地（尤其是云南）多有梅花古树，如昆明曹溪寺的"元梅"，树龄已有700多年，晋宁盘龙寺、永平普照寺、宁蒗扎美戈喇嘛寺均有树龄700年左右的元梅。

梅花约1474年传入朝鲜，后传入日本，至1878年被引入欧洲，直到1908年才有15个品种由日本传入美国。现在，朝鲜和日本栽培梅花较多，艺梅也较盛，而欧美地区仍然较少。

图4-4-12 南京梅花研究中心品种区

【植物配植】

梅花尤其适于建设专类园，自古在城市园林和风景区中广泛应用。如杭州孤山的梅花在唐朝就已闻名，而宋朝诗人陆游写成都的梅花有"当年走马锦城西，曾为梅花醉如泥；二十里中香不断，青羊宫到浣花溪"的诗句，也可见极成规模。苏州光福植梅历史也极悠久，明朝袁宏道在《吴郡诸山记》中写道："光福一名邓尉……山中梅花最盛，花时香雪三十里"，香雪海因此得名。现在，我国许多城市以梅花为市花，如南京、武汉、无锡、丹江口等，并出现了很多梅花专类园。在植物配植上，梅花适于庭院、草坪、溪边、山坡各处，几乎各种配植方式均适宜，既可孤植、丛植，又可群植。于山

图4-4-13 无锡梅园（王文姬提供）

坞、山坡、溪畔、亭榭、廊阁一带丛植或群植，可构成梅坞、梅溪、梅亭、梅阁等景点。梅花与松、竹相配，散植于松林竹丛之间，与苍松翠竹相映成趣，可形成"岁寒三友"的景色。

在色彩搭配上，梅花可根据品种的花色异同，分别采取单色式、镶嵌式、随机式等不同形式。单色式由花色相同或相近的不同品种构成，属于单一色相调和，如开白花的'江'梅、'三轮玉蝶'、'素白台阁'、'徽州檀香'等品种；开粉红色花的'桃红台阁'、'淡宫粉'、'大羽'、'傅粉'等。镶嵌式由不同花色的梅林小区呈交错状布置构成。不同色彩的块状混交，辅以地形的起伏变化，花色参差、掩映有致，可呈现出优美的层次、图案，颇具艺术感染力。镶嵌式应选用花期相近的品种，一般采用自然式搭配。相邻色块的配色可以采用近色相配色，也可以采用中差色相或对比色相配色，艺术效果各不相同，前者色彩变化舒缓、柔和，后者对比强烈。如花期相近的品种中，开白花的'江'梅、'三轮玉蝶'、'素白台阁'，开淡粉红花的'桃红台阁'、'凝馨'、'傅粉'、'银红'，开紫红花的'白须朱砂'、'台阁朱砂'、'红须朱砂'、'骨里红'等。随机式指随机种植不同品种的梅花，红中有白、白中有粉、粉中有绿，斑斑点点，随观赏者所处的位置、高度等不同而产生不同的观赏效果。这种配植使人感到更自然，艺术性也比较高。当然，随机不是随便，也应考虑地形、花色、树形、环境的不同进行合理布置、有机安排，就梅花本身来说，需要把不同形态、高度、大小、颜色的梅花有机地结合在一起，形成有节奏感的参差变化，避免单调呆板。

不同类型的品种在配植上也应有别，如以朱砂梅类配青松翠竹，或植于粉墙之前，则红绿相对或红白相映，至为美观，而垂枝梅类则适于水边种植，长枝披垂，波光粼粼，花影相衬。梅花专类园中的建筑小品，以古朴雅洁为原则，以与梅花之风格一致。

此外，梅花专类园中应尽量收集早花和晚花品种，以延长观赏期。如果品种搭配合理，则整个梅园的观赏期可长达2～3个月。常见的早花品种有'龙游'梅、'寒红'梅、'三轮玉蝶'、'江

图4-4-14 杭州灵峰探梅（应求是提供）

南朱砂'、'粉红朱砂'、'早花宫粉'、'单瓣早跳'、'八重寒红'、'红冬至'、'重瓣粉口'、'雪'梅等，在杭州等地2月上中旬甚至1月下旬即开花；而晚花品种有'大宫粉'、'金钱绿萼'、'台阁绿萼'、'送春'、'虎丘晚粉'、'清明晚粉'、'丰后'、'淡丰后'、'美人'梅等在3月下旬甚至4月上旬开花，这样整个梅花专类园的观赏期可达2个多月。在长江以北地区，栽培梅花应当选择背风向阳的环境，切忌在风口和低湿处栽植，应主要选择杏梅类、美人梅类的品种，适当搭配耐寒性强的少量玉蝶类品种和江梅类品

种。常见耐寒性强的梅花品种有'北京小'梅、'北京玉蝶'、'中山杏'梅、'淡丰后'、'大羽杏'梅、'送春'、'燕杏'梅、'小杏'梅、'美人'梅、'黑美人'等,其他如'江'梅、'雪'梅、'素白台阁'等耐寒性也较强。

【常见的梅花专类园】

南京梅花山:位于紫金山南麓、明孝陵前,占地约28hm²,已经收集梅花品种230多个,总株数达13000余株,规模堪居全国之首。以品种丰富、规模宏大、大树多为特点,部分地段与茶树间作。梅花山虽然山体不高,但在参天翠绿的松柏和修剪整齐的茶树陪衬下,漫山遍野的梅花,或红或白或嫩黄,暗香浮动,沁人心脾。南京植梅历史悠久。在明朝时,灵谷寺就有著名的梅花坞,是当时的游览胜地(明·冯梦祯《灵谷寺东探梅记》)。1929年,中山陵园成立后,在山上广植梅花,1946年定名为梅花山。1980年,扩建了中山陵园和梅花山景区。山顶上修建有观梅轩和博爱阁,博爱阁是梅花山的标志建筑,位于山顶,阁高12m,阁正面横匾上"博爱阁"仨字,选自孙中山先生手迹。在新梅园北侧的水池中,有一尊体态娇妍的梅花仙子白石雕像,名"梅娘"。各建筑和景点均点缀于香雪丛中和小桥流水之间或临水而筑,古色古香,各具风韵,体现了中国古典园林的传统特色。梅花山还于1992年成立了梅花研究中心,并建立了"梅花品种及梅盆景园",是一处集科研、科普、生产试验和观赏于一体的梅花基地。

杭州西湖:杭州西湖赏梅胜地灵峰、孤山,遍植梅花。寒冬早春之时,大地尚未吐绿,梅花已经散发出缕缕清香。孤山的梅花在唐朝便已经闻名,白居易"三年闲闷在余杭,曾为梅花醉几场。伍相庙边繁似雪,孤山园里丽如妆"的诗句,说明当时孤山已经连片植梅;到北宋时,隐居在杭州孤山的林逋,以种梅养鹤自娱,所谓"梅妻鹤子",被传为千古佳话,更增添了孤山梅花的文化色彩。灵峰探梅位于灵峰山东侧,占地面积12.5hm²,园内树木掩映,修竹叠翠,种植栽培有'墨'梅、'宫粉'、'大绿萼'、'细枝朱砂'等50多个品种6000多株梅花,成片栽植,或点植于园内亭、阁、楼、舍旁,色泽纷呈,着力渲染"梅海"的气氛,并有笼月楼、掬月亭、云香亭、瑶台等10多处观梅景点。梅花盛开之时,漫山红透,云蒸霞蔚,暗香浮动,吸引了成千上万的游客前来观赏游览,成了杭城早春的一大盛事。1992年还在梅园的西南角开辟了蜡梅园,种植了12个蜡梅品种,1200余丛。每年早春,杭州植物园都要在此举办"灵峰探梅"大型花展,结合梅花盆景展览、迎春花卉展等,增加观赏情趣和文化内涵。

无锡梅园:始建于1912年,至1916年已初具规模,1930年基本建成,占地5.4hm²。1955年,荣毅仁将梅园献给国家。无锡市园林局接管后,扩大了梅花种植面积,并将梅园面积扩大到66.7hm²,园内现保存中国和日本梅品种390个。梅园是一处典型的山水园型梅花专类园,2001年建成了"梅文化博物馆",其造园设计传承中国传统造园理念,依山就势,建筑为江南民居形式,其中主体建筑即梅文化博物馆,分别展出了梅起源、分布、分类知识、梅艺馆、云南雕梅艺馆、中日梅文化交流展室等。

昆明黑龙潭"龙泉探梅":黑龙潭是昆明著名的游览胜地,古人赞曰:"两树梅花一潭水,四时烟雨半山云"。现在的黑龙潭梅园占地约28hm²,1994年建成,依山傍水,茂林修竹,加之富有云南民族建筑特色的亭、台、楼、榭掩映其中,环境优美,是一处山水型梅花专类园。园内收集云南主产的不同梅花品种50多个,有200年以上树龄的古梅10余株,如'曹溪宫粉'、'台阁绿萼',还有2000多盆梅花盆景。

武汉东湖磨山:武汉东湖磨山中国梅花研究中心及其品种资源圃占地面积约20hm²,是一处山水型梅花专类园,收集栽培梅花品种200多个,并拥有大量的梅花盆景,以名种荟萃、栽培精细而著称。园内设有体系完整的梅花品种资源圃,科学性强。

此外,我国其他著名的梅花专类园和赏梅胜地还有上海淀山湖梅园、成都杜甫草堂梅园、苏州光福香雪海、广州萝岗、南京浦口珍珠泉的梅海凝云等,各地新建的梅园也很多。

4.5 牡丹专类园

牡丹属于芍药科芍药属（*Paeonia*）。

【芍药属概况】

芍药属为落叶灌木或草本。叶互生，三出或羽状分裂，有长柄。花通常大而美丽，单生或有时呈总状花序；苞片2~6枚，叶状，常大小不一；花瓣5~10枚或11~13枚，在重瓣品种中则极多，螺旋状排列；雄蕊多数，离心发育，花药多黄色，花丝细长；心皮分离，1~5枚或更多，基部或全部为肉质或革质花盘包围。果实为蓇葖果，腹面开裂，种子光亮。约35种，产北温带，我国有24种（包括种下等级）。

芍药属一般分为牡丹组、芍药组和美洲芍药组。芍药组广布于欧亚大陆和非洲西北部，北美芍药组特产北美，均为草本。牡丹组为木本植物，局限分布于我国西南部至中部，现知10种3亚种，全为我国特产。其中栽培最普遍、品种最多的是牡丹，其次是紫斑牡丹和杨山牡丹。另外值得注意的是紫牡丹和黄牡丹，它们是培育牡丹新品种的重要野生种质资源，虽然我国目前栽培尚少，但国外早有引种并用于杂交育种，已培育出许多花朵黄色的牡丹品种。

【牡丹的种类】

1) 牡丹 *Paeonia suffruticosa* Andr.

落叶灌木，高1~2m。枝条粗短，但木质化程度较低。叶为二回三出式羽状复叶，叶柄长5~11cm；顶生小叶阔卵形，长7~8cm，先端3裂至中部，裂片不裂或2~3浅裂，上面绿色，无毛，下面淡绿色，有时有白粉，小叶柄长1.2~3cm；侧生小叶狭卵形或长圆状卵形，长4.5~6.5cm，不等2裂至3浅裂或不裂，近无柄。花单生枝顶，大型，径约10~17cm，花梗长4~6cm；苞片5枚，长椭圆形，大小不等；萼片5枚，绿色，宽卵形，大小不等；花瓣5枚或为重瓣，花型多种，花色丰富；花盘革质，杯状，紫红色，完全包住心皮，在心皮成熟时开裂；心皮5枚，稀更多，密生柔毛。花期4月下旬至5月；果9

图4-5-1 牡丹

图4-5-2 滇牡丹

图4-5-3 芍药

图4-5-4 细叶芍药

图4-5-5 药用芍药

图4-5-6 牡丹园中常栽培的紫堇科植物荷包牡丹

月成熟。为栽培植物。

野生类型银屏牡丹（subsp. *yinpingmudan*），花单瓣，仅产于安徽巢湖和河南嵩县一带。

2）紫牡丹（滇牡丹）*Paeonia delavayi* Franch.

亚灌木，高达1～1.5（2）m；全体无毛。当年生小枝草质，基部有数枚鳞片。二回三出复叶，宽卵形或卵形，长15～20cm，羽状分裂；裂片17～31，披针形或长圆状披针形，宽0.7～2cm；叶柄长4～8.5cm。花2～3朵，生枝顶和叶腋，径6～8cm；苞片1～5枚，披针形，大小不等；萼2～9枚，宽卵形，不等大；花瓣9～12枚，红或红紫色，倒卵形，长3～4cm；花盘肉质，包住心皮基部；心皮2～4（8）枚，无毛。蓇葖果长约3～3.5cm，径约1～1.5cm。花期5～6月；果期8～9月。产云南西北部和北部、四川及西藏东南部，生于海拔2100～3700m的山地阳坡，常见于灌丛中和疏林中。本种是培育牡丹新品种的重要野生种质资源，国外早有引种并用于杂交育种。

牡丹组其他种类的情况见表4-5-1。此外，本属的芍药类常与牡丹共同组成牡丹芍药园。即使在牡丹园中，为延长花期一般均配植有芍药。常见栽培的芍药类有芍药（*Paeonia lactiflora*）、药用芍药（*P. officinalis*）等。

【牡丹品种概况】

传统上，牡丹品种分为三类六型八大色，即

其他牡丹种类一览表　　　　　　　　　　　　　　　　　　　　　　　　　　　表4-5-1

中名、学名	分布区	观赏特性
矮牡丹 P. jishanensis	产河南、山西南部和陕西中部，生于灌丛中	高达2 m，二回三出复叶，小叶9枚，稀较多，卵圆形至圆形，3裂至中部，裂片常再2~3裂，小裂片先端急尖至圆钝；叶下面脉上被绒毛。花白或边缘浅粉色，径约11 cm；花瓣6~8（10）枚，苞片3~4枚，萼片3枚
卵叶牡丹 P. qiui	产湖北西部（神农架和保康）和河南西部	高0.6~0.8 m，二回三出复叶，长20~31 cm；小叶9枚，卵形或卵圆形，有紫晕，仅顶生小叶2浅裂或具齿；花单生，径8~12 cm；花瓣5~9枚，粉红至淡粉色，花丝粉红，花药金黄色，柱头紫红色。花期4~5月
杨山牡丹（凤丹） P. ostii	产河南西部嵩县和卢氏县，野生居群极少。常栽培	高约1.5 m，二回羽状复叶，小叶多达15枚，狭卵形至卵状披针形，长5~15 cm，顶生小叶通常3裂，侧生小叶多全缘；花单生，径12~13 cm，花瓣9~11片，白色或基部有粉色晕；花药黄色，花丝和花盘暗紫红色
紫斑牡丹 P. rockii	产甘肃东南部、陕西南部、河南西部和湖北西部	2~3回羽状复叶，小叶多达19枚以上，卵状披针形，有深缺刻，长2.5~11 cm，多全缘，有时顶小叶3深裂。花单生，径达19 cm，白色或粉红色，花瓣内面基部有深紫黑色斑块；花盘、花丝黄白色。亚种太白山紫斑牡丹（subsp. taibaishanica）小叶卵形或宽卵形，大多分裂
四川牡丹 P. decomposita	产四川西北部和甘肃南部，生于海拔2000~3100m灌丛中	高0.7~1.5 m，各部无毛。叶为3~4回三出复叶，叶片长10~15 cm，叶柄长3.5~8 cm；小叶多达29~63枚，顶生小叶卵形或倒卵形，长3~4.5 cm，3中裂至全裂，裂片再3浅裂，侧生小叶卵形至菱状卵形，3裂或不裂。花单生，淡紫色至粉红色，径10~15 cm，花瓣9~12枚；花药黄色；心皮无毛。花期4~6月
狭叶牡丹 P. potaninii	产四川西部和云南西北部	高1~1.5m，叶二回三出，裂片狭线形或狭披针形，花红色至紫色，径5~6cm，花瓣9~12枚，花药黄色。花期5月
黄牡丹 P. lutea	产云南中部和西北部、四川西南部和西藏东南部	高1~1.5 m，叶与牡丹近似；花金黄色，偶白色（有的称为银莲牡丹），径4~6 cm，常藏于叶丛下，心皮2~6枚
大花黄牡丹 P. ludlowii	产西藏东南部，生于海拔3000m左右的疏林和林缘	高2.5~3.5 m，根不呈纺锤状加粗。二回三出复叶，叶片长12~20 cm，宽14~30 cm；小叶9枚，通常3裂，裂片再尖裂。花3~4朵腋生，花径10~12 cm，心皮1，极少为2枚。除心皮外，各部为纯黄色。花期5~6月

单瓣类——葵花型，重瓣类——荷花型、玫瑰型、平头型，千瓣类——皇冠型、绣球型，有红、黄、白、蓝、粉、紫、绿、黑八色。目前全国栽培牡丹品种约800多个，著名的传统品种如'姚黄'、'魏紫'、'赵粉'、'首案红'、'昆山夜光'、'蓝田玉'等。

1）牡丹品种的花型分类

根据周家琪等人的研究，牡丹品种依花型可分为单瓣类、千层类、楼子类、台阁类，类以下可分为多型（紫斑牡丹也可纳入此分类系统）。

（1）单瓣类

花瓣1~3轮，宽大，广卵形或倒卵状椭圆形；雌、雄蕊发育正常，结实。有单瓣型，如'泼墨紫'、'黄花魁'、'凤丹白'等品种。

（2）千层类

花瓣多轮，自外向内层层排列、逐渐变小，无外瓣、内瓣之分；雄蕊着生于雌蕊周围，不散生于花瓣间，或雄蕊完全消失；雌蕊正常或瓣化。全花较扁平。有荷花型、菊花型和蔷薇型。

荷花型：花瓣3~5轮，宽大而且大小近一致，有正常的雄蕊和雌蕊；全花开放时花瓣稍内抱，形似荷花，如'似荷莲'、'大红袍'等品种。

菊花型：花瓣6轮以上，自外向内逐渐变小；有正常雄蕊，但数目减少；雌蕊正常或部分瓣化，如'紫二乔'、'粉二乔'等品种。

蔷薇型：花瓣极度增多，自外向内显著逐渐变小；雄蕊全部消失，雌蕊退化或全部瓣化，如'青龙卧墨池'、'鹅黄'等品种。

图4-5-7 牡丹品种'凤丹白'

图4-5-8 牡丹品种'粉娥娇'

图4-5-9 牡丹品种'胜丹炉'

图4-5-10 牡丹品种'银红焕彩'

图4-5-11 牡丹品种'软枝兰'（赵兰勇提供）

图4-5-12 牡丹品种'明星'（赵兰勇提供）

(3) 楼子类

有明显而宽大的2～3轮或多轮外瓣，雄蕊部分乃至完全瓣化，形成细碎、皱折或狭长的内瓣；雌蕊正常或瓣化、消失。全花常隆起而呈楼台状。有托桂型、金环型、皇冠型和绣球型。

托桂型：外瓣2～3轮，宽大；雄蕊全部瓣化，但瓣化程度较低，多数呈狭长或针状瓣；雌蕊正常或退化变小，如甘肃品种'粉狮子'等少数品种。

金环型：外瓣2～3轮，宽大；近花心的雄蕊瓣化成细长花瓣，在雄蕊变瓣和外瓣之间残存一圈正常雄蕊，宛如金环，雌蕊正常，如'姚黄'、'赵粉'、'腰系金'等。

皇冠型：外瓣大而明显；雄蕊几乎全部瓣化或在雄蕊变瓣中杂以完全雄蕊和不同瓣化程度的雄蕊；雌蕊正常或部分瓣化，全花中心部分高耸，宛若皇冠状，如'蓝田玉'、'首案红'、'青心白'、'大瓣三转'等品种。

绣球型：雄蕊充分瓣化，在大小和形状上与外瓣难以区分，全花呈圆球形，内瓣与外瓣间偶尔夹杂少数雄蕊；雌蕊全部瓣化或退化成小型绿色，如'银粉金麟'、'假葛巾紫'、'绿蝴蝶'、'花红绣球'等品种。

（4）台阁类

花由两花上下重叠或数花叠合构成，共具一梗，上方花一般花瓣较少。有千层台阁型和楼子台阁型或细分为菊花台阁型、蔷薇台阁型、皇冠台阁型、绣球台阁型。

菊花台阁型：由2朵菊花型的单花上下重叠而成，上方花常发育不充分、花瓣数目较少，如'火炼金丹'。

蔷薇台阁型：由2朵蔷薇型单花重叠而成，发育状况同菊花台阁型，如'脂红'、'昆山夜光'。

皇冠台阁型：由皇冠型花重叠而成，发育状况同上，如'璎珞宝珠'、'大魏紫'。

绣球台阁型：由绣球型花重叠而成，如'紫重楼'、'葛巾紫'。

2）牡丹品种的种源分类

按照品种的种源组成和产地，一般将栽培观赏的牡丹品种分为中原牡丹品种群、西北牡丹品种群、江南牡丹品种群、黄牡丹品种群和紫牡丹品种群等。

（1）中原牡丹品种群

中国牡丹最大的栽培品种群，形成历史最悠久，品种最多（目前约有600个），包括由牡丹和矮牡丹演化而成的品种以及以其为主要亲本的杂种品种，在杂种品种中，常含有紫斑牡丹的血统。目前以山东菏泽和河南洛阳为栽培中心。

（2）西北牡丹品种群

或称甘肃牡丹品种群，是中国牡丹第二大栽培品种群，目前约有品种200多个。包括由紫斑牡丹演化而成的品种和以其为主要亲本的杂种品种。植株一般较中原牡丹品种高大，小叶数目多，花瓣基部具有一紫斑，如'黑旋风'、'蓝荷'、'青心白'、'花红绣球'、'富贵红'、'河州紫'等品种。该品种群主要分布于甘肃、陕西西部、宁夏南部、青海东部。

（3）江南牡丹品种群

主要原种是杨山牡丹，但也有普通牡丹的参与，在江南湿热的气候条件下能够生长良好。分布于长江中下游一带，主要栽培地区为安徽宁国、铜陵等地，品种如'玉楼春'。

（4）黄牡丹品种群

包括由黄牡丹和大花黄牡丹演化和它们与普通牡丹杂交而形成的品种，如'Alice Harding'（花柠檬黄色，重瓣）、'Argosy'（花瓣黄色，基部有红色条斑），其他如'Chromatella'、'Canary'。1887年，J. M. Delavay在云南发现黄牡丹，先后引种到法国、英国和美国，法国育种学家L. Henry等人用它和牡丹杂交，最早在1900年即育成了黄色的牡丹杂种 P. × lemoine。大花黄牡丹分布于西藏，1936年由Ludlow和Sherriff引入英国，后又重复引种，用作亲本也培育出了花大而美的黄色牡丹品种。

图4-5-13 牡丹与松、石搭配

图4-5-14 菏泽曹州牡丹园

图4-5-15 菏泽百花园

（5）紫牡丹品种群

包括由紫牡丹演化和以其为主要亲本杂交形成的品种。紫牡丹为1884年Delavay在云南发现，1908年Wilson引入英国，后传入美国，桑德斯用它和黄牡丹杂交，育出了一批花色紫黑的牡丹品种，著名的如黑海盗（'Black Pirate'）。

【生态习性和繁殖栽培】

牡丹原产于中国西部及北部。喜温暖而不耐湿热，较耐寒；各品种对光的要求略有差异，但大多数品种喜光，忌夏季暴晒和闷热多湿，以有侧方遮阴为佳，尤其在开花季节可延长花期并保持纯正的色泽。如名品'豆绿'必须在半阴处方能表现其品种特色，'昆山夜光'、'胭脂红'等也适于稍阴的环境，但'魏紫'、'秦红'等则要求阳光充足。牡丹为深根性，具有肉质直根，耐旱性较强，但忌积水；喜深厚肥沃而排水良好的沙质壤土，忌黏土；较耐碱，在pH值为8的土壤中可正常生长。

播种、分株和嫁接繁殖，其中以后两者常用。分株繁殖适于各品种，在9～10月间进行，将4～5年生丛生植株挖出，去掉根上附土，阴干1～2天后，短截茎干，用手或利刀将植株顺势分为3～5份，每份必须带有适当根系和至少3～5个蘖芽，切口处用1%硫酸铜溶液消毒，晾干后即可栽植。嫁接繁殖也在9～10月间进行，一般以芍药的肉质根作砧木，选用大株牡丹根际上萌发的新枝或枝干上一年生短枝作接穗，采用枝接法，接穗削成一侧厚、一侧薄，接后用麻绳捆牢，沾泥浆后栽植。此外，为了培育牡丹新品种，可以播种经过人工杂交或天然杂交的牡丹种子。

栽培牡丹最重要的问题是选择和创造适合的环境条件，即地势高燥之处，不能积水。定植前应先整地和施肥，规则式种植时株行距80～100cm，植穴大小一般为30～50cm，栽植深度以根颈部与地面相平或略低为宜，栽后及时灌水并封土。生长2～3年后定干3～5个，其余的干全部剪除。5月开花后将残花剪除，并于每年冬季剪去病枯枝，适当摘除1枚弱花芽，以保证次年1～2枚开花。牡丹需肥量较大，尤以优质有机肥为宜，并可施少量磷肥，一年至少三次，即开花前、花谢后和立秋前后。牡丹基部萌蘖颇多，俗称"土芽"，如不进行分株繁殖，应适当摘除，以免消耗过多养分。

【栽培历史与花文化】

牡丹花大而美，姿、色、香兼备，是我国传统名花，素有"花王"之称，"春来谁做韶华主，总领群芳是牡丹"。作为观赏植物栽培大约始于南北朝时期，当时南朝诗人谢灵运的《太平御览》中有"永嘉水际竹间多牡丹"的记载。隋唐时期牡丹广为栽培，并出现了专类园，如《海记》中记载："炀帝辟地二百里为西苑，诏天下进花卉，易州进二十箱牡丹。"当时的品种也较多，隋朝时已有'赪红'、'鞓红'、'飞来红'、'软条黄'等品种（王应麟《玉海》）。

我国牡丹的栽培中心，唐朝为长安（西安），

图4-5-16 北京植物园牡丹园入口

图4-5-17 北京植物园牡丹园壁画（于东明提供）

钱易《南部新书》有"长安三月十五日，两街看牡丹，奔走车马"的记载，当时骊山有专植牡丹的花园，种有各种牡丹万株以上，兴庆宫沉香亭附近的牡丹也非常著名，李白的三首《清平调》就歌唱了牡丹和杨贵妃的美丽。至宋代则以洛阳牡丹为天下冠，欧阳修《洛阳牡丹记》有"牡丹西出丹州、延州，东出青州，南亦出越州，而出洛阳者，今为天下第一。"并记载牡丹品种40多个。当时在大型庭院中有专植牡丹的专类园（李格非《洛阳名园记》）。南宋时，四川天彭的牡丹享有盛名，陆游《天彭牡丹谱》云："牡丹在中州，洛阳为第一；在蜀，天彭为第一。"明代和清代，牡丹栽培中心转移至安徽亳县（亳州）和山东菏泽（曹州），1617年薛凤翔《亳州牡丹谱》记述牡丹品种150多个，而《群芳谱》记录的品种则有183个。当时菏泽牡丹的栽培规模很大，花农种牡丹"如种黍粟，动以顷（顷，面积单位，约合6.67hm^2——作者注）计，东部二十里，盖连畦接畛也"（清·余鹏年《曹州牡丹谱》）。清代北京的牡丹也很兴盛，慈禧太后曾定牡丹为国花，1903年在颐和园仁寿殿建牡丹台，又名国花台，保留至今。现在，河南洛阳和山东菏泽仍然是我国牡丹的主要生产基地。

长期以来，我国人民把牡丹作为富贵吉祥、和平幸福、繁荣昌盛的象征，代表着雍容华贵、富丽高雅的文化品位。中国牡丹的诗词、绘画、文学、雕塑、音乐、戏剧等牡丹文化源远流长，也有许多美丽的传说，如武则天贬牡丹、葛巾和玉版的故事。历代文人骚客对牡丹赞誉有加。白居易写牡丹的诗很多，其中《惜牡丹花》一首，写得细腻入微，惜花之情跃然纸上，诗曰："惆怅阶前红牡丹，晚来唯有两枝残。明朝风起应吹落，夜惜衰红把火看。"其新乐府诗《牡丹芳》则详细描写了牡丹的美丽，诗曰："牡丹芳，牡丹芳，黄金蕊绽红玉房；千片赤英霞烂烂，百枝绛焰灯煌煌。照地初开锦绣段，当风不结兰麝囊。仙人琪树白无色，王母桃花小不香……"唐朝舒元舆的《牡丹赋》有"美肤腻体，万状皆绝，赤者如日，白者如月，淡者如赭，殷者如血，向者如迎，背者如诀，忻者如语，含者如咽，俯者如愁，仰者如悦……"对牡丹神态的描述是何等的细腻。而刘禹锡的《赏牡丹》则曰："庭前芍药妖无格，池上芙蕖净少情。惟有牡丹真国色，花开时节动京城。"另据记载，唐朝太和、开成年间，中书舍人李正封陪同唐文宗和妃子赏牡丹时咏道，"国色朝酣酒，天香夜染衣"，文宗听罢颇加赞赏。从此以后，牡丹被冠以"天香国色"的雅号。

牡丹在唐朝传入日本，1656年以后，荷兰、英国、法国等欧洲国家陆续引种，20世纪初传入美国。其中，在英国和日本栽培较多，英国邱园中的牡丹园收集了我国各地大量的原生种，而日本的奈良、东京等地也有一些品种丰富的牡丹专类园。

【植物配植】

牡丹品种繁多，花色丰富，群体观赏效果好，在公园和大型庭院中，最适于成片栽植，建立牡丹专类园，著名的如菏泽、洛阳均有大型牡丹园，如菏

图4-5-18 苏州留园的牡丹园

植物专类园

图4-5-19 洛阳王城公园牡丹园的牡丹仙子雕塑

泽73hm²的曹州牡丹园由赵楼、李集和何楼三个牡丹园组成，有牡丹品种400多个，是国内面积最大、品种资源最集中的牡丹园之一，并与古今园、百花园遥相辉映；洛阳国色牡丹园（国家牡丹基因库）也汇集全国各地品种450多个，王城公园、牡丹公园、西苑公园也均为牡丹专类园。此外北京景山公园和中山公园、西安兴庆宫公园等都有牡丹专类园。

建设牡丹专类园首先应选好园址。牡丹喜燥恶湿，故应选地势干燥、排水良好的地方建园，切忌低洼积水之地，在江南，由于地下水位较高，建立牡丹园一般应抬高地势。野生牡丹多生于疏林、灌丛和草地环境，有些种类较耐阴，但大部分牡丹品种仍要求阳光充足，仅在花期需一定庇荫以延长观赏期。因此，稀疏的林地中栽植牡丹尚可，但过于浓荫则非所宜。牡丹品种大多不耐湿热，南方建园宜选择海拔相对高些，气候偏冷凉之处。

牡丹一般以近观为主，可以坐赏、近视，以细细品味其绰约风姿、飘逸神韵，亦可远眺、高望或动游。关于后者，在自然式布局中可利用山丘的高差登高远望，在规则式园林中，则常常建有楼台，也可收远眺全园景色之效。牡丹专类园的植物配植，应考虑不同品种群的差异，以创造不同的景观效果。例如，利用紫斑牡丹类品种株形高大、花朵繁多的特点，可以孤植或丛植，并在周围布置小型牡丹植株，从而形成"众星捧月"的效果，也可在其上高接花期和生长势相近的多个品种，从而形成"什样景"的牡丹，用作某一局部的构图中心。

国内牡丹园中布置的景点多以牡丹命名，如牡丹亭、牡丹厅、牡丹廊、牡丹阁、牡丹轩、牡丹仙子雕塑、牡丹照壁、牡丹壁画等建筑小品，能够进一步渲染牡丹专类园的主题。菏泽曹州牡丹园、洛阳王城公园的牡丹阁、牡丹仙子，上海植物园牡丹园的牡丹廊，杭州"花港观鱼"公园的牡丹亭，北京植物园牡丹园的卧姿牡丹仙子塑像等，都赋予牡丹园以主体特征和更加迷人的艺术魅力。在牡丹专类园中，还可以设置"园中园"，专门集中种植牡丹品种中的珍品，如'姚黄'、'魏紫'、'豆绿'以及一些花色深紫红的品种（习称"黑牡丹"），以满足人们的猎奇心理。

牡丹园布置，主要有自然式和规则式。自然式多把地形处理成丘陵、坡地等自然起伏的形状，并以古亭、雕塑、山石等渲染气氛，植物配植除牡丹和芍药为主外，常间植松柏类以强调古朴的气氛。规则式布置多用于规则式园林中，在地形平坦的情况下，循园路划分整齐的花池，花池内等距离地栽植各品种的牡丹，其景观营造的重点是根据花色相同、品种一致的原则，形成一定几何形体的色块，以求外观上整齐一致。规则式配植易于突出牡丹团花团锦簇的群体效果，但观赏期较短，且需通过人工手段保证其园内的排水通畅。此外，还可设计高低起伏的台阶式花台，用来栽植牡丹，这种台阶式布置一般单个花台高30~60cm，各花台层层叠起，可形成丰富的立体效果。花台内栽植的品种应注重花色、株形、株高等方面的搭配，一般把株矮、色深的品种布置在最下层，把色彩最美丽、花期较长的品种种植于游人视线水平的位置，把株形较高、叶色深绿、花色淡雅的品种配置于最上层台阶。

【常见的牡丹专类园】

菏泽曹州牡丹园：位于山东省菏泽市牡丹区，由赵楼、李集和何楼三个牡丹园组成，总面积约73hm²，有主栽牡丹品种400多个，100余万株，是菏泽牡丹的主要观赏游览区，也是国内面积最大、品种资源最集中的牡丹园。古朴典雅的彩色牌坊门楼，高达10余米，檐出角翘，雕梁画栋，金碧辉煌，上有舒同书写的"曹州牡丹园"鎏金横匾。牡丹园采用生产和观赏相结合的布置方式，园中建有亭台楼阁，以石铺的道路相连，便于游人观赏和憩息。每年"菏泽国际牡丹花会"，百万株牡丹竞相开放，五彩缤纷、争奇斗妍，国内外游客络绎不绝，形成了"花似海，人如潮"的壮观场面。赵楼牡丹园面积24hm²，除了牡丹以外，还有芍药品种200多个。园内建有新颖别致的仿明代古典式建筑"观花楼"，楼内有牡丹展室，供游人了解牡丹的栽培历史和牡丹文化，楼前有溥杰先生手书"天下第一香"和舒同大师手迹"曹州牡丹甲天下"的石碑。园中还塑有蒲松龄笔下的人物"葛巾"和"玉版"两个花仙的塑像；有自然奇石组成的碑苑等建筑小品。此外，园内一株枝干虬曲的大木香树，花开时节馨香扑鼻，也平添雅趣。该园还从事牡丹新品种选育工作，曾育出'粉中冠'、'冠世墨玉'、'紫瑶台'等著名品种。李集牡丹园位于赵楼牡丹园的北面，大门也是彩色牌坊，同样标有"曹州牡丹园"5个大字，面积约20hm²。园中建有古色古香的"天香阁"，室内用现代灯光音响营造出快乐温馨的气氛，名人书画件件是赏牡丹、咏牡丹的佳作。音乐声中登楼鸟瞰牡丹园，则花海人流尽收眼底。在天香阁南面，数十棵已逾百年的牡丹，茎粗根茂，花大映尺，粉中透红，芬芳扑鼻。园内还有江北著名的龙柏走廊，数百株龙柏高两丈以上，株株苍翠欲滴。何楼牡丹园位于赵楼牡丹园的东北部，面积约26.7hm²，以种植牡丹传统品种为主，兼种芍药及多种花灌木。

北京植物园牡丹芍药专类园：该园建于1993年，是在低矮丘陵地上因地制宜建立起来的自然式专类园。全园栽植牡丹285个品种6000余株，芍药169个品种1000余株，是北京规模最大、品种最多的牡丹、芍药专类园。植物布置上采用乔、灌、草相结合的手法，有意识地保留了原有的大树和古树，如白皮松、油松、国槐等，自然成景，从而增加了新园的古朴高雅情调，颇有自然山野之趣。同时充分运用群植、丛植、孤植等各种造景手法，疏密有致，有收有放，有夹景，有对景。牡丹作为全园的核心，注意最大限度地满足其对生态环境的要求，部分林木冬季可较好地保护牡丹越冬，而夏季稀疏的群落结构又可满足牡丹对光照的要求，尤其在花期不会因烈日暴晒而过早凋谢。道路、建筑、雕塑、山石安排得当。道路自然曲折，全园南入口处有一六方亭，起着导向和点景的作用。中部有一牡丹仙子雕塑置于各色牡丹之中，起到突出主题的作用。北部有以《聊斋志异》中葛巾、玉版故事为题材的牡丹壁画和两层的小阁，为游人提供了一个休息和登高瞻视全园景观的地方。同时作为主景升高的处理手法，又成为其他园的借景之一。

沈阳植物园牡丹芍药园：占地面积2.8hm²，主要栽植当地能够露地越冬的牡丹和芍药，牡丹

图4-5-20 洛阳西苑公园的牡丹园（刘龙昌提供）

图4-5-21 甘肃中川牡丹园一角（郭先锋提供）

有中原牡丹品种和来自甘肃的紫斑牡丹品种约110个，近3000株。紫斑牡丹主要栽植在山坡地带，冬季不用任何人工保护而能自然越冬；中原牡丹品种配植在园中心的花台上，入冬前必须用土和树叶等略加掩埋保护才能顺利越冬。坡地上高大的紫斑牡丹体现了牡丹园的气势，而花台上的中原牡丹则衬托出该园的秀丽，加上恰如其分的亭、台景点和原有乔木的陪衬，使牡丹园成为植物园的最佳景点之一。园内还栽植了芍药150个品种约2万株，通过曲折的小道与牡丹穿插分片栽植。因此，该园既有牡丹国色天香的风采，又有芍药花大色艳的娇姿，整个观赏期长达1月之久。

图4-5-23 山东农业大学牡丹芍药园：芍药盛花期景观

盐城枯枝牡丹园：位于江苏省盐城市便仓乡，已有700多年的建园历史。占地0.7hm²，分东西两园，西园有宋、元时期的枯枝牡丹10余株，红白两色，其中一株高达1.9m，冠径3.5m，着花近200朵。因枝干苍老，形似枯枝，故名"枯枝牡丹"。园内有张爱萍手书"海水三千丈，牡丹七百年"的楹联。东园汇集菏泽、洛阳牡丹精品70多个品种，500余株。

丹景山牡丹园：位于四川省彭州市的九陇镇。山上遍植牡丹，有牡丹坪、天香园、丹霞园、永宁院、碑林牡丹园等观赏区，是我国西南部栽培牡丹数量较多的地方，共约100000余株，200多个品种。每年举办牡丹花会，吸引大量游人。丹景山上牡丹花期较晚，当市内牡丹将谢时，山上牡丹正开，大大延长了观赏期。

北京中山公园牡丹园：位于天安门西侧，牡丹栽培在疏林下，生长得特别艳丽动人，有100多个著名品种，上千株，多为几十年生的植株，花朵硕大，生长健旺。

北京景山公园牡丹园：位于景山公园的东门内，占地约1200m²，品种130个，近700株，引自山东省菏泽。分东西两园，东园多为几十年生的牡丹，西园牡丹则树龄较小。园外围以黄杨绿篱，既起防范作用，又是欣赏牡丹的极佳背景。

万花山牡丹园：位于陕西省延安市的万花山早在宋代就有牡丹栽培，万花山面积126hm²，牡丹园有12个当地牡丹品种，30000多株，集中分布于崔府君庙一带，这里苍松翠柏，郁郁葱葱，游览赏花，别具情趣。1939年和1940年毛泽东、周恩来等中共领导人曾两次来此观赏牡丹。

双塔寺牡丹园：位于山西省太原市郊双塔寺内，有明代品种紫霞仙10余株，树龄已有300多年，枝干苍老，生机勃勃，高达2m，花朵繁多。并有从洛阳、菏泽引进的100多个牡丹品种。花开时节，幽静的古寺和繁丽的牡丹花相辉映，别具雅趣。

此外，洛阳著名的牡丹园还有王城公园牡丹园、牡丹公园牡丹园、西苑公园牡丹园、国色牡丹园等，而在长江流域以北地区，几乎所有的植物园都设有规模大小不一的牡丹园或牡丹芍药园。

图4-5-22 南京花卉园牡丹岛

4.6 碧桃专类园

碧桃是桃树中观花品种的总称,但也常用来指其中的一个品种或一类品种,属于蔷薇科桃属(*Amygdalus*)。

【桃属概况】

桃属为落叶灌木或中小乔木。腋芽3枚并生,两侧为花芽,中间为叶芽,具顶芽;幼叶在芽里为对折状;叶柄或叶片基部边缘常有腺体。每花芽内1花,罕2花,先叶开放或花叶同放,花梗短;萼片、花瓣5枚,雄蕊多数,雌蕊1枚,子房有毛,1室具2胚珠。果实为核果,多肉质,成熟时不开裂或干燥开裂,具明显的纵沟,常被短柔毛。

桃属约40种,主要分布于我国西部、西北部至中亚细亚和地中海地区,但栽培品种广布于世界温带和亚热带地区。园林上常见栽培的主要有桃(*Amygdalus persica*)、山桃(*A. davidiana*)、榆叶梅(*A. triloba*)等。此外,桃属其他种类有甘肃桃(*A. kansuensis*)、陕甘山桃(*A. potaninii*)、光核桃(*A. mira*)、新疆桃(*A. ferganensis*)、扁桃(*A. communis*)、矮扁桃(*A. nana*)、蒙古扁桃(*A. mongolica*)、西康扁桃(*A. tangutica*)等,其中,扁桃又名巴旦杏,是著名的干果树种,其他种类栽培不普遍。

【常见的桃属种类】

1)桃 *Amygdalus persica* Linn.

落叶小乔木或大灌木,高约3~8m;树皮暗

图4-6-1 碧桃品种:'单粉'

图4-6-2 碧桃品种:'白碧'

图4-6-3 碧桃品种：'绯桃'

图4-6-4 碧桃品种：'菊花桃'

图4-6-5 碧桃品种：'绛桃'

图4-6-6 碧桃品种：'瑞仙桃'

图4-6-7 碧桃品种：'瑕玉寿星'

图4-6-8 碧桃品种：'玛瑙'

红褐色，平滑；树冠半球形；枝条平展或下垂。叶片卵状披针形或矩圆状披针形，长8~12cm，宽2~3cm，先端长渐尖，基部宽楔形，锯齿细钝或较粗，叶片基部有腺体。花单生，粉红色，径约2.5~3.5cm（观赏桃类花色丰富，有白色、粉红、红色等，直径可达5~7cm，多重瓣），花萼紫红色或绿色。果实卵形、椭圆形或扁球形，黄白色或带红晕，径约3~7cm，稀达12cm；果核椭圆形，有深沟纹和蜂窝状孔穴。花期4~5月；果6~10月成熟，因品种而异。

2）山桃 *Amygdalus davidiana* (Carr.) C. de Voss ex Henry

树冠球形或伞形，较开张。树皮暗紫红色，平滑，常具有横向环纹，老时呈纸质脱落。小枝褐色，细长直立。叶片卵状披针形，长6~12cm，宽2~4cm，先端长渐尖，基部宽楔形，边缘具细锐锯齿；质地较桃为薄，叶片基部有腺体或无。花单生，先叶开放，白色至淡粉红色，也有红花品种，径约2~3cm，花梗极短，花萼紫红色。花期3~4月；果期7~8月。

常见的变型有：

白花山桃（f. *alba*），花白色或淡绿色，开花早。红花山桃（f. *rubra*），花鲜玫瑰红色。

3）榆叶梅 *Amygdalus triloba* (Lindl.) Ricker

灌木，高2~5m；树皮紫褐色。小枝细，无毛或有柔毛。叶片宽椭圆形至倒卵形，长3~6cm，宽1.5~3cm，先端尖或常3浅裂，基部阔楔形，叶缘有粗重锯齿，两面多少有毛。花单生或2~3朵，粉红色，生于去年生枝上，径约2~3cm。核果球形，直径约1~1.5cm，红色；果肉薄，成熟时干燥开裂；种核球形，有皱纹。花期3~4月，果期6~7月。

常见的变种、变型有：

弯枝（var. *atropurpurea*），小枝紫红色，花多为重瓣，紫红色。重瓣榆叶梅（f. *plena*），花大，径3cm以上，深粉红，重瓣，花萼常10枚。

【碧桃品种概况】

根据果实品质和花叶的观赏特性，桃可

图4-6-9 碧桃品种：'三色'

分为食用桃和观赏桃两类。食用桃的类型和品种主要有'油'桃、'蟠'桃、'黏核'桃、'离核'桃等。观赏桃俗称碧桃，类型繁多，主要有：寿星桃、白桃、白碧桃、绛桃、绯桃、洒金碧桃、垂枝碧桃、紫叶桃等，过去一般作为变种或变型等植物分类学的等级。如寿星桃（*Amygdalus persica* var. *densa*），枝条节间极缩短；白桃（f. *alba*），花白色，单瓣；白碧桃（f. *albo-plena*），花白色，重瓣；碧桃（f. *duplex*），花粉红色，重瓣或半重瓣；绛桃（f. *camelliaeflora*），花深红色，重瓣；绯桃（f. *magnifica*），花瓣鲜红色，重瓣；洒金碧桃（f. *versicolor*），一树开两色花甚至一朵花或一个花瓣中两色；垂枝碧桃（f. *pendula*），枝条下垂，花有红、粉、白等色；紫叶桃（f. *atropurpurea*），叶片始终紫红色，上面多皱折，花粉红至深红色，单瓣或重瓣。

从品种分类的角度，按照枝条形态和叶色进行分类，观赏桃类可以分为直枝桃类、紫叶桃类、寿星桃类、帚桃类、垂枝桃类，另有桃和山桃的杂交品种也见栽培。类之下的型，可以按花色分为白、粉、红（绯）、洒金等型，也可以按花瓣数目和花型分类。

1）直枝桃类

小乔木或灌木，枝条直伸或斜出，不下垂；节

图4-6-10 碧桃品种：'红碧桃'

间正常，不缩短；成叶绿色，幼叶绿色或带红紫。包括白碧型、粉碧型、绯碧型、洒金型。

（1）白碧型：花单瓣或复瓣，白色或近于绿色，如'单白'、'白碧'桃、'白碧台阁'、'绿花'桃、'晚白'桃。

（2）粉碧型：花单瓣、复瓣或重瓣，呈或深或浅的粉红、粉紫色，如'单粉'、'羞红'、'六瓣'、'粉桃'、'杭粉'、'人面'桃、'复瓣碧'桃、'碧'桃、'粉紫台阁'、'醉芙蓉'、'菊花'桃。

（3）绯碧型：花复瓣或单瓣，红色，如'寒红'、'京舞子'、'绛'桃、'红碧'桃、'绯'桃。

（4）洒金型：花复瓣或重瓣，一树开两种不同颜色的花朵以及若干具有异色条纹的二色花，如'瑞仙'桃、'洒粉'桃、'洒红'桃、'玛瑙'、'日月'桃、'三色'。

2）紫叶桃类

与绿叶桃类的区别在于幼叶和成叶均紫红色。

有粉紫型、红紫型和集锦型等。

（1）粉紫型：花粉红色。如风荷紫。

（2）红紫型：花红色，花丝粉红色，复瓣，如'紫叶'桃。

（3）集锦型：花红色、粉色或红粉相间，复瓣，如'凝霞紫叶'等。

3）寿星桃类

低矮灌木，小枝直伸或斜出，节间极度缩短，花芽密生。有白寿型、粉寿型、红寿型和洒金寿星型。

（1）白寿型：花白色，单瓣或复瓣，如'单瓣寿白'、'寿白'、'双花寿白'。

（2）粉寿型：花粉红色，单瓣或复瓣，如'单瓣寿粉'、'寿粉'、'亮粉寿星'。

（3）红寿型：花红色，复瓣，如'寿红'、'大花寿红'。

（4）洒金寿星型：花白色、粉色或白粉相间，复瓣，如'瑕玉寿星'、'洒粉寿星'、'二乔寿星'。

4）帚桃类

小乔木状，树体通常比直枝桃类小。枝条直立，分枝角度很小，着生紧密。一型，即复帚型，有'照手'桃、'照手白'、'照手红'等品种，日本育成。

5）垂枝桃类

树体呈小乔木状，小枝拱形下垂，树冠伞形。可分为白垂型、粉垂型、红垂型和复色垂枝型。

（1）白垂型：花白色，单瓣或复瓣，如'绿萼垂枝'、'白枝垂'。

（2）粉垂型：花粉红色，单瓣或复瓣，如'单瓣垂枝'、'朱粉垂枝'、'淡紫垂枝'、'含笑垂枝'。

（3）红垂型：花亮红色，单瓣、复瓣或重瓣，如'红雨垂枝'、'红白垂枝'。

（4）复色垂枝型：花白、粉相间或红、粉相间，复瓣，如'鸳鸯垂枝'、'五宝垂枝'、'飞雨垂枝'等。

6）杂种山桃类

枝、芽、叶、花具有桃树和山桃的双重性状，树体高大，干皮和叶很像山桃。一型，即复瓣杂种山桃型，如'白花山碧'桃。

国外也培育了很多观赏桃品种，如日本的'照手白'、'照手红'、'红叶寿星'桃、'羽衣枝垂'、'残雪枝垂'、'京舞子'、'赤花蟠'桃、'矮生帚'桃、'云龙'桃等，美国的'Martha Jane'、'Tom Thumb'、'Bonfire'、'Lepre Chaun'、'White

图4-6-11 碧桃品种：'紫叶桃'

图4-6-12 碧桃品种：'垂枝桃'

Glory'、'Crimson Cascade'、'Pink Cascade'、'Bianco Pendulo'、'Bianco Doppio'、'Double Delight'、'Rosso Doppio'等。

【生态习性和繁殖栽培】

桃原产我国，至今许多地区仍有野生，而栽培区北起黑龙江的齐齐哈尔，南至广东，西至新疆于田和西藏拉萨，东到台湾。桃为阳性树种，喜光，不耐阴，光照不足花量明显减少。耐寒性强，花芽休眠期可耐-20℃以下低温，但萌芽期和开花期往往容易遭受晚霜危害；枝叶生长的最适温度为18～22℃，也能耐高温。喜肥沃而排水良好的土壤，pH值在4～7之间均可，以5～6为宜，不适于碱性土和黏性土。较耐干旱，极不耐涝，积水3～5天，轻则落叶，重则死亡。萌芽力和成枝力较弱，尤其是在干旱瘠薄土壤上更为明显。寿命较短。根系浅，不抗风。

播种或嫁接繁殖，播种主要用于培育砧木，种子需经层积处理（约100～120天），春季播种，南方可秋播。嫁接繁殖多用切接或盾状芽接，可以选用的砧木除了山桃或桃实生苗外，还可用杏、李、梅等。其中山桃适应性强，耐旱、耐寒力强，也耐碱，与桃嫁接亲和力强，成活率高，在东北和北方常用；李砧较耐湿，但嫁接后苗木生长缓慢，有矮化作用。通常采用枝接（切接或劈接）和芽接法。

图4-6-13 桃的同属植物榆叶梅

枝接一般于春季萌动前进行，南方多雨地区也可于秋季10月进行；芽接于7~9月进行。

桃树喜光，一般修剪成自然开心形。在幼树定植后，培养3大主枝交错互生，一般与主干呈30°~60°角，次年冬季短截各主枝，剪口留壮芽以培养主枝延长枝，扩大树冠，此后不断回缩修剪。由于桃树成枝力较弱，平时修剪宜轻，且以疏剪为主，掌握"强枝轻剪，弱枝重剪"的原则，病枯枝、徒长枝、竞争枝全部剪除。桃树的移植和定植多在早春或秋季落叶后进行，种植穴内施基肥，以后每年冬季施基肥一次，花前和生长最旺盛的6月份各追肥一次。桃树病虫害较多，有蚜虫、红蜘蛛、桃缩叶病、桃腐病等，应及时防治。

【栽培历史与花文化】

桃树品种繁多，树形多样，着花繁密，无论食用桃还是观赏桃，盛花期均烂漫芳菲、妩媚可爱，是园林中常见的花木和果木，久经栽培，约有3000多年的历史。《诗经·周南·桃夭》云："桃之夭夭，灼灼其华；之子于归，宜其室家"，将树叶繁茂、花色艳丽、结实累累的桃树比作年轻貌美的女子，歌颂青年女子出嫁后的幸福生活。据《西京杂记》记载，上林苑栽培的桃已经有"秦桃、缃核桃、金城桃、绮叶桃、紫文桃"等类别，但早期栽培的桃主要是供食用的果桃。唐朝种桃之风盛行，已经出现了专供观赏的重瓣类碧桃，陈景沂《全芳备祖》中记有'绛'桃、'绯'桃、'碧'桃、'百叶'桃、'人面'桃、'紫叶大'桃等品种，

唐朝诗人杨凭则有《千叶桃花》诗，"千叶桃花胜百花，孤荣春晚驻年华。若教避俗秦人见，知向河源旧侣夸。"五代王仁裕的《开元天宝遗事》也记述"明皇时禁苑中有千叶桃盛开。"宋朝观赏桃品种不断增多，《洛阳花木记》中记载了30个品种，如'二色'桃、'白'桃等，明朝则已经出现了寿星桃类（周文华《汝南圃史》）。

桃花低垂，蘸水而开，花影倒映，相互弄红，妙趣横生，我国古代描写桃花的诗词歌赋不胜枚举、俯拾即是。如南朝·梁·任昉《咏池边桃》云："已谢西王苑，复揖绥山枝。聊逢赏者爱，栖趾傍莲池。开红春灼灼，结实夏离离。"唐·白敏中有"千朵秾芳倚树斜，一枝枝缀乱云霞。凭君莫厌临风看，占断春光是此花。"白居易喜爱桃花，一生写过多首有关桃花的诗，如脍炙人口的《大林寺桃花》："人间四月芳菲尽，山寺桃花始盛开。常恨春归无觅处，不知转入此中来。"宋朝欧阳修有《四月九日幽谷见绯桃盛开》长诗，诗云：

图4-6-14 桥头水边孤植的粉桃

图4-6-15 山坡丛植的碧桃

第4章 常见植物专类园的建设

图4-6-16 南京白马公园的碧桃园

"经年种花满幽谷，花开不暇把一卮。人生此事尚难必，况欲功名书鼎彝。深红浅紫看虽好，颜色不耐东风吹。绯桃一树独后发，意若待我留芳菲。清香嫩蕊含不吐，日日怪我来何迟。无情草木不解语，向我有意偏依依。群芳落尽始烂漫，荣枯不与众艳随。含花意厚何以报，唯有醉倒花东西。盛开比落犹数日，清樽沿可三四携。"宋人吴淑还作《桃赋》，其文曰："果实多品，唯桃可佳，夭夭其色，灼灼其华。或成仙而益寿，或制鬼而祛邪，或美后妃之德，或报琼瑶之华……陟云台而临崖布

图4-6-17 济南植物园碧桃园

绮，游武陵而夹岸舒霞……"关于白色的桃花，清朝诗人王丹林有诗曰："相逢不信武陵村，合是孤峰旧托痕。流水有情空蘸影，春风无色最销魂。开当玉洞谁知路？吹落银墙不见痕。多恐赚他双舞燕，误猜梨院绕重门。"陈元龙也作《白桃花》："净洗铅华谢俗喧，妖红队里结琼根。梨云一片曾同梦，梅花三分与借魂。人面相看春有恨，渔舟重过月无痕。不逢幽赏谁知重，脉脉含情昼掩门。"

我国古代还将桃树尊为神树、圣树，传说东海有度索山，山有巨大桃树，屈曲盘旋三千里（东方朔《十洲记》）；桃还是长命百岁的象征，这与王母娘娘蟠桃园的传说有关，南朝·宋·王俭的《汉武故事》载："王母曰：此桃三千年开花，三千年结实。"《神农经》中也有"玉桃服之，长生不死"的记载。远在公元前1世纪左右的汉武帝时期（约公元前140～前88年），桃便从我国西北地区，经由丝绸之路传入波斯，并由此传入欧洲各国，16世纪传入美洲，如今在南北纬30°～45°之间均有桃的大量栽培，美国特拉华州更以其为州花。

除了专供观赏的碧桃以外，果桃类在开花时也极为烂漫，若为大面积则更为壮观。如山东肥城市

101

植物专类园

图4-6-18 北京植物园碧桃园（沈鹏提供）

图4-6-19 贵阳市花溪公园的碧桃园（欧静提供）

境内6600hm²桃花园是吉尼斯认定的世界最大的桃花园，春季桃花遍野，如火似霞，争奇斗艳，香飘万里，让人感觉如至幻境。

【植物配植】

将碧桃的各观赏品种栽植在一起，形成专类园——碧桃园，布置在公园或山谷、溪畔、坡地均宜，根据园内地形地貌的不同，各景点可名之以"桃花溪"（桃溪）、"桃花源"（桃源）、"桃花峰"（桃峰）、"桃花林"（桃林）、"桃花坞"（桃坞）等，则每逢清明时节，暖日烘晴，正夭桃盛放之时，红白相间，烂漫芳菲。

碧桃专类园的植物配植，整体上以群植为宜，以形成大面积壮观之景，按花色分片种植或各色混植均无不适。食用桃在花期也非常美丽，因此在专类园中可以结合生产，适当配植果用品种。专类园内的景点，如水边、庭院、草坪、墙角、亭边，一般丛植，可以参考我国古典园林中桃树的配植方法。古典园林中桃树常植于水边，并多采用桃柳间植的方式，以形成"桃红柳绿"的景色，若当晓烟初破、宿霜未收之时，早起观之，萦绕幽趣，正红桃与新柳相互映发，则更别有一番佳致。《花镜》云："桃花妖冶，宜别墅山隈，小桥溪畔，横参翠柳，斜映明霞。"杭州西湖白堤、苏堤即以桃柳间植，白堤"一株杨柳一株桃"，而苏堤也是"树树桃花间柳花"。而且苏堤的桃花很早已闻名，《四时幽赏录》记载："六桥桃花，人争艳赏。其幽趣数种，赏或未尽得也。"

株形而言，帚桃树形紧密，竖线条明显；寿星桃植株矮小，可用于基础栽植和地被栽植；垂枝桃有着如画的姿态，能带来良好的视觉效果，尤其适于水滨。山桃较桃树体高大，而且花期较早，适应性更强，在碧桃专类园中应用可延长花期，宜成片植于山坡，且由于山桃花色较浅，最好以常绿树作背景。榆叶梅的花期也早于一般的桃花品种，株形也自然，应大量采用。从花色上配植，桃花分为红色、粉色、粉紫、白色、洒金等几种，可分品种片植。在大面积的山地适宜栽植单瓣品种，更显野趣，又可结合生产。

大多数植物园如北京植物园、济南植物园、杭州植物园均有碧桃园。湖南桃源县的桃花源是武陵源风景区之一，也以桃花而闻名。

【常见的碧桃专类园】

北京市植物园碧桃园：占地面积约6.7hm^2，1983年建成，已收集花桃品种50多个6000多株，除了普通的直枝型、寿星型和垂枝型以外，还有引自日本的帚型桃。主要品种有'绯'桃、'单粉'桃、'白花山碧'桃、'绛'桃、'紫叶'桃、'风荷紫'、'二色'桃、'人面'桃、'洒红'桃、'五宝'桃、'碧'桃、'红白垂枝'、'鸳鸯垂枝'、'五宝垂枝'、'朱粉垂枝'、'寿粉'、'寿白'、'寿红'、'菊花'桃等，姿态各异，色彩绚丽。白的似凝脂，粉的如朝霞，单瓣的清秀可人，重瓣的雍容华丽。并植有花期最早的山桃以及与桃花同时开花的20多种花卉。还在桃花丛中配置歌咏桃花的诗词，既赏花又赏诗，增添了许多情趣。1989年开始举办相关的文化活动桃花节，此后每年4月都举办。桃花节期间，还利用插花手法制作大型景点，如"春之声"、"桃吟"、"春归"等，意境深邃，耐人寻味；并布置与桃花有关的人物造型，如"人面桃花"、"林黛玉重结桃花社"、"桃花源记"等。

湖南"桃花源"：湖南的"桃花源"以桃花闻名，种植的花桃和果桃品种逾百个，每年春天花开时节，桃红柳绿，繁花似锦。桃花源是东晋大诗人陶渊明描绘的人间仙境、世外桃源，至今已有1600多年的历史。桃花源在历史上就是中国古代四大道教圣地之一，1990年以来，桃花源景区修复开发了神话故乡桃仙岭、道教圣地桃源山、洞天福地桃花山、世外桃源秦人村等四大景区近百个景点，并且每年举办桃花源游园会，是湖南省"三节两会"的重要活动之一。1995年3月24日，江泽民主席视察桃花源并题词。

南京白马公园桃花园：近20hm^{2}的面积中有近万株桃花，品种也多达30多个，既有各种观赏碧桃，也有单瓣的果桃，花色丰富。园内水面环绕，令人感觉到仿佛进入了"桃花岛"。此外，南京栖霞山的桃花涧则因"桃花扇"的传奇故事而闻名，给这里的桃花更添了诗情画意，桃花在风中摇曳生姿，格外灿烂。

其他著名的赏桃胜地还有：广州白云区新市镇石马，种植有60hm^2、数十万株桃花；上海南汇县，植桃面积达2600hm^2，每年举办的上海南汇桃花节闻名遐迩，花红如海，人流似潮，盛极一时；位于兰州市郊的安宁桃园，植有桃树30余万株，桃花开时，树染胭脂，枝挂红霞，令游人流连忘返。其他如四川成都东门外的龙泉驿、南昌潮王洲上的三村桃花园、庐山花径都是著名的桃花景点，而在各地植物园中也多有碧桃园。

4.7 月季和蔷薇专类园

月季和蔷薇类属于蔷薇科蔷薇属（Rosa）。

【蔷薇属概况】

蔷薇属为落叶或常绿灌木，直立或攀缘，常具有皮刺或（和）刺毛。叶互生，奇数羽状复叶，稀单叶；托叶常与叶柄连合，稀分离。花两性，辐射对称，单生或形成花序；花托壶形，稀杯状，萼片和花瓣5枚，或重瓣，雄蕊多数，离心皮雌蕊多数，每心皮内具1枚垂悬胚珠，花柱分离或靠合，柱头头状，露出于花托口或伸出。聚合瘦果包藏于肉质或粉质花托内，称"蔷薇果"。

蔷薇属共约200~250种，广布于欧亚大陆、北非和北美洲温带至亚热带地区。我国产82种，各地均有，大多数供观赏。目前园林中常见栽培的主要有月季花、玫瑰、野蔷薇、木香、香水月季、黄蔷薇、黄刺玫、金樱子等。

【常见的蔷薇属种类】

1）月季花 *Rosa chinensis* Jacq.

半常绿或落叶灌木，高度因品种而异，通常高1~1.5m，部分大花品种可高达3m，也有枝条平卧和攀缘的品种。小枝散生粗壮而略带钩状的皮刺。羽状复叶，小叶3~5（7），广卵形至卵状矩圆形，长2~6cm，宽1~3cm，先端渐尖，基部宽楔形或近圆形，边缘有锐锯齿，两面无毛，上面暗绿色，有光泽；叶柄和叶轴散生皮刺或短腺毛。托叶附生于叶柄上，先端分裂成披针形裂片。花单生或数朵排成伞房状，大小和颜色因品种而异；萼片常羽裂。果实球形，直径约1~1.5cm，红色。花期4~10月；果期9~11月。原产中国，大约在1759年或1768年引入欧洲。

常见的变种有：

绿月季（var. *viridiflora*），花瓣变态成小叶状，绿色。紫月季（var. *semperflorens*），茎细，有刺或近无刺，小叶较薄，带紫色；花梗细长，花瓣深红色或桃红色。小月季（var. *minima*），矮小灌木，高常不及25cm；花朵小，玫瑰红色，径约3cm，单瓣或重瓣。

图4-7-1 月季（品种：'自由'）

图4-7-2 野蔷薇（荷花蔷薇）

图4-7-3 木香（重瓣黄木香）

2）野蔷薇 *Rosa multiflora* Thunb.

又名多花蔷薇。落叶藤本或灌木，茎枝常偃伏或攀缘，长可达6m。小枝有短粗而稍弯的皮刺。羽状复叶互生，小叶5~9（11），倒卵形至椭圆形，长1.5~5cm，宽0.8~2.8cm，叶缘有锯齿，两面或下面有柔毛；托叶呈篦齿状，贴生于叶柄两侧。花多朵成

图4-7-4 玫瑰

图4-7-5 黄刺玫

密集的圆锥状伞房花序；花白色或略带粉晕，芳香，径约2～3cm，萼片有毛，花后反折。果实近球形，径约6mm，红褐色。花期5～6月；果期10～11月。

常见的变种、变型有：

粉团蔷薇（var. *cathayensis*），花、叶较大，花粉红色或玫瑰红色，单瓣。七姊妹（var. *platyphylla*），又名十姊妹，花重瓣，直径达3cm，深红色，常6～10朵组成扁平的伞房花序。荷花蔷薇（var. *carnea*），与七姊妹相近，但花粉红色，直径可达4～6cm，花瓣大而开张。白玉堂（f. *albo-plena*），花白色，重瓣，直径2～3cm。

3）木香 *Rosa banksiae* Ait.

半常绿或落叶攀缘灌木，枝条绿色，长达6～10m，无刺或疏生皮刺。羽状复叶互生，小叶3～5枚，少为7枚，长椭圆形至椭圆状披针形，长2～6cm，宽8～18mm，叶缘有细锯齿；托叶条形，

与叶柄分离，早落。伞形花序，花白色，直径约2.5cm，单瓣或重瓣，浓香，萼片长卵形，全缘；花柱玫瑰紫色，故古人称之为"紫心白花"。果实近球形，径约3～5mm，红色。花期4～6月；果期10月。

常见的变种有：

黄木香（var. *lutescens*），花单瓣，黄色。重瓣黄木香（var. *lutea*），花重瓣，黄色，香气极淡。重瓣白木香（var. *albo-plena*），花重瓣，白色，芳香。

4）玫瑰 *Rosa rugosa* Thunb.

落叶灌木，高达2m。枝条开展，小枝圆柱形，常有皮刺和刺毛。羽状复叶有小叶5～9片，小叶卵圆形至椭圆形，长2～5cm，宽1～2.5cm，叶缘具钝锯齿，质地较厚；表面亮绿色，多皱，无毛；背面有柔毛和刺毛。花单生或数朵簇生，径约4～6cm，常为紫色，芳香。果实扁球形，径约2～3cm，熟时红色。花期5～6月；果期9～10月。原产中国、日本和朝鲜，至今在山东半岛和辽东半岛仍有野生。约1796年引入美国。

常见的变型有：

紫玫瑰（f. *typica*），花玫瑰紫色；红玫瑰（f. *rosea*），花玫瑰红色；白玫瑰（f. *alba*），花白色；重瓣紫玫瑰（f. *plena*），花玫瑰紫色，重瓣，香气浓郁，不结实；重瓣白玫瑰（f. *albo-plena*），花白色，重瓣。

5）黄刺玫 *Rosa xanthina* Lindl.

落叶灌木，高达3m。小枝褐色或褐红色，散

图4-7-6 金樱子

图4-7-7 丰花月季和蔷薇花架

图4-7-8 藤本月季与蔷薇的水边配植

生直刺,无刺毛。小叶7~13,近圆形或宽椭圆形,长0.8~2cm;托叶小,下部与叶柄连生,先端分裂成披针形裂片。花单生,黄色,重瓣或单瓣,径4.5~5cm。果近球形,红黄色,径约1cm。花期4~6月,果期7~8月。产东北、华北至西北,花期较长,花可提取芳香油。

6)黄蔷薇 *Rosa hugonis* Hemsl.

落叶灌木,高达2.5m;枝拱形,具直而扁平皮刺及刺毛。小叶5~13,椭圆形,长1~2cm。花单生枝顶,鲜黄色,单瓣,径约5cm;花柱离生,

蔷薇属(Rosa)其他常见种类一览表　　　　　　　　表4-7-1

中名、学名	分布区	观赏特性
伞花蔷薇 *R. maximowicziana*	产华北、东北南部。植物园中偶见栽培	落叶灌木高达2 m,枝蔓生或拱曲,被皮刺和刺毛。伞房花序,花白色或粉红色;果实红色,径约1 cm。花期6~7月;果期9~10月
茶蘑花 *R. rubus*	产华中、西南、华南,北达陕甘	落叶蔓生灌木长达6 m。伞房花序,花白色、芳香,径2.5~3 cm;果实深红色,径约0.8 cm。花期5~6月;果期8~10月
光叶蔷薇 *R. wichuraiana*	产华东至华南,各地常见栽培	半常绿灌木,匍匐或蔓延。伞房或圆锥花序,花白色、有香气,径4~5 cm;果实红色或紫色。花期6~7月;果期7~9月
香水月季 *R. × odorata*	原产中国,未发现野生种。各地常栽培	常绿或半常绿灌木,枝蔓生缠绕。花单生或2~3集生,芳香,径5~8 cm,白色、粉红或橘黄色;花期3~5月;果期8~9月
山木香 *R. cymosa*	产长江流域至华南、西南。未见栽培	常绿攀缘灌木,长达5 m。复伞房花序多花,花白色,径约2 cm;果实红色。花期4~5月;果期10~11月
金樱子 *R. laevigata*	产长江流域以南各地。常见栽培	常绿攀缘灌木,长达5 m。花单生于侧枝顶端,白色、芳香,径5~9 cm;果实长达2~4 cm,密生刺毛。花期4~6月;果期8~10月
刺玫蔷薇 *R. davurica*	产东北和华北等地。偶见栽培	落叶灌木,高达3 m。花单生或2~3朵集生,径约4 cm,粉红色;果近球形,红色,径1~1.5 cm。花期6~7月;果期8~9月
山刺玫 *R. davidii*	产华中、西南,北达陕甘和宁夏。有栽培	落叶灌木,高达3 m。伞形或伞房花序,花淡红色,径2~4 cm;果实卵形,长1.5~2 cm。花期6~7月;果期9月
美蔷薇 *R. bella*	产东北、华北	落叶灌木;花单生或2~3朵集生,径4~5 cm,粉红色、芳香;果实椭圆形,长1.5~2 cm。花期6月;果期8~9月
峨眉蔷薇 *R. omeiensis*	产华中至西南等地,北达陕西、甘肃	落叶灌木,皮刺甚肿大。花单生,径2.5~4 cm,花瓣4(5),白色。花期5~6月;果期7~9月
缫丝花 *R. roxburghii*	产长江流域至华南、西南。常见栽培	落叶或半常绿灌木;花单生或2朵,径4~6 cm,淡粉红色,单瓣或重瓣,微香。花期5~7月;果期9~10月
百叶蔷薇 *R. centifolia*	原产高加索,华北地区常见栽培	落叶灌木;花单生、下垂,径5~7 cm,粉红、鲜红或白色,重瓣。花期5~7月

柱头微突出。果扁球形，径约1.5cm，红褐色，萼宿存。花期4~6月，果期8~9月。产华北、西北至华中，生于阳坡灌丛中，耐旱性强。繁花似锦，花期长，红果累累，是优良的观花和观果灌木。

蔷薇属其他常见种类见表4-7-1。

【现代月季品种概况】

目前常见栽培的现代月季（Rosa × hybrida）主要指1867年以后育成的品种，实际上是原产中国的月季花和其他很多蔷薇属种类的杂交种，重要亲本有月季花、野蔷薇、香水月季（R. × odorata）、法国蔷薇（R. gallica）、大马士革蔷薇（R. damascena）、百叶蔷薇等。现代月季品种繁多，至少有3万个以上，常分为以下几类。

1）杂种茶香月季 Hybrid Tea Rose（HT）

或称杂种香水月季。是现代月季中最重要的一类，主要由香水月季和杂种长春月季经反复杂交、回交选育而成，在1867年首次出现（第一个品种是'法兰西'或称'天地开'），后经多次杂交选育，品种极多，应用最广。灌木，耐寒性较强，花多单生，大而重瓣，花蕾秀美、花色丰富、花梗挺直，有香味，花期长。既适于园林造景，也是著名的切花。著名品种有'和平'、'香云'、'超级明星'、'埃菲尔铁塔'、'X夫人'、'墨红'、'红衣主教'、'萨曼莎'、'婚礼粉'等。

2）多花姊妹月季 Floribunda Rose（Fl.）

或称丰花月季、聚花月季。植株较矮小，分枝细密；花朵较小（一般直径在5cm以下），但多花成簇、成团，单瓣或重瓣，不具有杂种茶香月季那种高耸的花心；四季开花，耐寒性与抗热性均较强。如'大教堂'、'红帽子'、'杏花村'、'曼海姆宫殿'、'冰山'、'伦巴'、'太阳火焰'、'无忧女'、'马戏团'、'鸡尾酒'等。

3）大花月季 Grandiflora Rose（Gr.）

又称壮花月季。最初于1946年，美国人W. E. Lammerts将杂种茶香月季的品种'Charlotte Armstrong'与丰花月季品种'Florodora'杂交，选育出花径达10cm以上的品种'伊丽莎白女王'，全美月季评选会（AARS）授予"大花月季"之名。花朵大，单花或一茎多花，四季开放，有的品种花径达13cm；生长势旺盛，植株高度多在1m以上。其他品种如'金刚钻'、'亚利桑那'、'醉蝴蝶'、'杏醉'、'雪峰'等。

4）微型月季 Miniature Rose（Min.）

主要亲本为小月季。植株矮小，一般高仅10~30（45）cm，叶片和花朵小，花径约1~3cm，常为重瓣，枝繁花密，玲珑可爱。适于盆栽。如'微型金丹'、'小假面舞会'、'太阳姑娘'等。

5）藤本月季 Climber & Rambler（Cl.）

是现代月季中具有攀缘习性的一类，大多为杂种茶香月季和丰花月季的突变体（具有连续开花的特性），少量是蔷薇、光叶蔷薇衍生的品种（一年一度开花），茎蔓细长、攀缘，可用于垂直绿化。常见栽培的品种有'至高无上'、'美人鱼'、'多特蒙德'、'花旗藤'、'怜悯'、'藤和平'、'藤墨红'、'晨曦'、'藤桂冠'、'安吉尔'、'光谱'等。如'花旗藤'藤长3~5m，一年开花一次，盛花期6~7月，花粉红色，单瓣；'怜悯'花色杏黄带粉色，花径达15cm，重瓣，有清香，三季开花。

此外，杂种长春月季Hybrida Perpetual Rose（HP），是现代月季和古代月季之间的一个纽带，或可认为是最早出现的现代月季类，1837年育成，当时有两个著名的品种'海林公主'和'阿贝特王子'，而品种最多时曾多达4000个，但在杂种茶香月季出现后便很少栽培，品种如'德国白'、'阳台梦'、'贾克将军'等。

图4-7-9 月季与宿根花卉搭配

【生态习性和繁殖栽培】

月季适应性较强，喜光，但侧方遮阴对开花最为有利；喜温暖气候，不耐严寒和高温，多数品种的最适宜生长温度为15～26℃，因此主要开花季节为春秋两季，夏季开花较少。气温低于5℃进入休眠，持续高于30℃以上也进入半休眠状态。在北方，当冬季绝对最低温度低于−16℃时应埋土越冬。对土壤要求不严，但以富含腐殖质而且排水良好的微酸性土壤（pH值6～6.5）最佳。

月季多用扦插或嫁接繁殖。大多数品种扦插容易成活，硬枝或嫩枝扦插均可，四季都可进行，以冬插应用较广，扦插基质以河沙与蛭石或泥炭与珍珠岩等份混合较为适宜。结合秋季修剪，将一年生枝剪成长10～15cm的插穗，带3～4个芽，用（500～3000）×10^{-6}的生根粉速沾后，插入温室或大棚，第二年春季4～5月可分栽。此外，5月中下旬用半木质化枝条扦插成活率也很高，一般2～3周即可生根。嫁接苗长势优于扦插苗，因此嫁接繁殖也常用。一般用野蔷薇或其变种白玉堂、粉团蔷薇等为砧木，多用芽接，长江流域在6～8月进行，接芽当年萌发并生长，北方可在9～10月间进行，接芽当年不萌发，否则容易受冻。枝接在春季进行，以切接应用较广。

月季新栽植株应重剪，以后每年初冬落叶后或早春发芽前重剪一次，修剪程度要根据所需的树形而定，一般品种每株宜留3～5个强壮的主枝，保留2～4个芽，弱、病、枯枝及过密枝则自基部疏

图4-7-10 蔷薇造景1（棚架）

图4-7-11 蔷薇造景2（花篱）

剪。株形低矮而开大花者宜低剪，即可在离地面30～45cm处重剪；株形较高而开花又多者，宜高剪，可在离地表75～120cm处适当轻剪；直立性强的品种还可修剪成单干的树状月季。生长季中，每次花后宜将花枝及时短截（留3～4个芽），注意勿留内向芽。月季施肥主要是在冬季修剪后施以基肥，以腐熟厩肥加过磷酸钙为宜，开沟施入，生长季节每30～40天施追肥一次，并结合施肥浇水。

【栽培历史与花文化】

月季花期甚长，可以说是"花亘四时，月一披秀，寒暑不改，似固常守"（北宋·宋祁《益部方物略记》），是我国十大传统名花之一。我国称牡丹为"花中之王"，国外则称月季为"花中皇后"，位列群芳之首。在我国古代，月季就是著名的园林造景材料，如宋代仅洛阳就有月季品种41个，如'银红牡丹'、'蓝田碧玉'等。古人对月

图4-7-12 木香造景（棚架）

季花贯四时的特点大加赞许,宋朝诗人徐积写《长春花》五首,如"曾陪桃李开时雨,仍伴梧桐落后风。费尽主人歌与酒,不教闲却卖花翁"、"雪圃未容梅独占,霜篱初约菊同开",杨万里则有"只道花无十日红,此花无日不春风。一尖已剥胭脂笔,四破犹包翡翠茸。别有香超桃李外,更同梅斗雪霜中。折来喜作新年看,忘却今晨是季冬",宋祁有"群花各分荣,此花冠时序"等,都形象地描绘了月季四季开花、争芳斗艳的特点。

在欧洲古代美丽的神话传说中,月季是与希腊爱神维纳斯同时诞生的,因而月季象征着爱情真挚、情浓、娇羞和艳丽,而且不同的花色还各有含义。如红月季代表热情与贞洁,象征热恋;粉红月季代表爱心与特别的关怀,也预示着初恋的开始;白月季代表尊敬和崇高,黄月季代表嫉妒和不贞,绿月季代表纯真和俭朴,橙红色的月季则象征着富有青春气息。

蔷薇花色丰富,有白、粉红、玫瑰红和深红等色,并有花朵排列和单瓣、重瓣的变化,《群芳谱》记有"朱千蔷薇、荷花蔷薇、刺玫堆、五色蔷薇、黄蔷薇、淡黄蔷薇、鹅黄蔷薇、白蔷薇,又有紫者、黑者、肉红者、粉红者、四出者、重瓣厚叠者、长沙千叶者……开时连春接夏,清馥可人,结屏最佳。"蔷薇春季4~5月开花,花团锦簇、芳香浓郁,随风而动,犹如花浪翻滚;果实入秋变红,经冬不凋,是我国著名的攀缘花木。早在汉朝武帝时代在宫苑内就有栽培,至五代、唐宋则庭院中广为应用。历代有不少咏颂蔷薇的诗词,如唐朝储光羲的《蔷薇》:"袅袅长数寻,青青不作林。一茎独秀当庭心,数枝分作满庭阴";唐朝元稹《蔷薇架》:"五色阶前架,一张笼上被。殷红稠垒花,半绿鲜明地";明朝顾璘的"百丈蔷薇枝,缭绕成洞房。密叶翠幄重,秾花红锦张";清朝叶申芗的"蔷薇开殿春风,满架花光艳浓"等。

木香藤蔓细长,枝皮青绿,春末夏初,或白花如雪,或灿若金星,香气扑鼻,我国自古在庭院中也广为应用。魏·吴普《神农本草经》中,已提到木香。唐朝邵楚苌《题木香亭》有"春日迟迟木香阁,窈窕佳人褰绣幕。淋漓玉露滴紫蕤,绵蛮黄鸟窥朱萼。

图4-7-13 玫瑰单丛配置

图4-7-14 月季按品种划分小区

横汉碧云歌处断,满地花钿舞时落。树影参差斜入檐,风动玲珑水晶箔";宋朝晁泳之《木香》:"朱帘高槛俯幽芳,露浥烟霏欲褪妆。月冷素娥偏有态,夜寒青女不禁香。纵教春事年年晚,要使诗人日日狂。替取秋兰纫佩好,忍随风雨受凄凉。"

玫瑰栽培历史悠久,既用于园林观赏,也利用其花作为香料和提取芳香油,《群芳谱》云"玫瑰一名徘徊花……娇艳芬馥,有香有色,堪茶入酒入蜜……"《西京杂记》中已提到玫瑰之名,"乐游苑中有自生玫瑰树。"唐朝徐夤有《司直巡官无诸移到玫瑰花》诗曰:"芳菲移自越王台,最似蔷薇好并

图4-7-15 北京植物园月季园

期曾流行于欧美，目前在这些国家和地区的公园里还广泛分布，如英国伦敦汉普顿宫的月季园，英国伦敦摄政公园的月季园，英国威斯利花园的月季园等。目前我国各地园林中也非常普遍。

在专类园的植物配植上，由于蔷薇属植物种类繁多、品种丰富，必须根据各种类和品种的生长习性及表现特点，才能营造出美丽的景观。一般而言，长势相同或相近的种和品种集中种植，方能保证株形的统一，而花色一致、花期相近的品种配植在一起，则可以造成较大的色块，形成一定的气势。就各类月季而言，杂种茶香月季具有鲜明的色彩、美丽的株形，是园林中最常用的造景材料，可构成小型庭园的主景或衬景，也是重要的切花材料。丰花月季植株低矮，花朵繁密，适于表现群体美，因此最宜成片种植以形成整体的景观效果，或沿道路、墙垣、花坛、草地列植或环植，形成花带、花篱。壮花月季株形高大，花朵硕大，可孤植、对植，在月季园内则可植于地势高处作为背景。藤本月季可用于垂直绿化，最适于种植在矮墙、栅栏附近形成花墙、花垣、花屏，部分长蔓的品种也可作棚架材料，形成花架、花洞等各种令人赏心悦目的景观。微型月季最适于盆栽，也可用作地被、花坛和草坪的镶边。玫瑰色艳花香，正所谓"清香疑紫玉，何必数蔷薇。"在专类园造景中，适于路边、房前等处丛植赏花，也可作花篱或结合生产于山坡成片种植。

野蔷薇最适于篱垣式和棚架式造景，装饰墙垣、栅栏和棚架，花开时节可形成"花"墙、"花"棚，与此相似的方式还有花格、花廊、花门、花亭等。西安兴庆宫公园南门内的曲廊花架左右环抱，呈中轴对称式布局，攀以蔷薇、木香，组成了半封闭空间，与端庄凝重的大门配合协调。如果经人工牵引、绑扎，使蔷薇沿庭院灯柱或专设的立柱攀缘而上，可形成花柱，也甚为美观。此外，蔷薇也可用于假山、坡地，或沿台坡边缘列植，使其细长的枝条下垂，美化坡壁并防止水土流失。如小溪两侧的山石间遍植蔷薇，花时灿若锦云，花后落英如雨，水面几乎完全为花瓣覆盖。作墙垣式应用时，可以将花色不同的蔷薇品种配

栽。秾艳尽怜胜彩绘，嘉名谁赠作玫瑰。春成锦绣风吹拆，天染琼瑶日照开。为报朱衣早邀客，莫教零落委苍苔。"说明玫瑰至少在唐朝已经作为观赏花木栽培。金樱子四季常绿，花朵大而芳香，秋季果实也较奇特，是蔷薇园中重要的篱垣材料，宋人谢迈《采金樱子》诗云："三月花如蘡薁香，雪中采实似金黄。煎成风味亦不浅，润色犹烦顾长康。"指的就是金樱子，杨万里也有"霜红半脸金樱子"的诗句。

【植物配植】

蔷薇属种类繁多，而现代月季更拥有大量品种，花色丰富，开花期长，是园林中应用最广泛的花灌木，适于各种应用方式，在花坛、花境、草地、园路、庭院各处应用均可。可以按几何图案布置成规则式的花坛，也可以根据地形变化，因地制宜布置自然式或混合式的庭院。若将各种或（和）品种配植在一起，形成蔷薇园或月季园，更能为园林增色。利用蔷薇属植物布置成月季或蔷薇专类花园，在20世纪中

植在一起，或与其他花色的藤本月季相配，既可分段栽植不同的品种，形成几个色彩相互镶嵌的图案，也可混植在一起，相互衬托或对比，形成"疏密浅深相间"的效果，如其前景为平整的绿草地，则在嫩绿芳草的映衬下，深浅相间，非常美艳。

木香的应用方式与蔷薇相似，适于庭前、入口、窗外或道旁作花架、花格、绿门、花亭、拱门、墙垣的绿化，也可植于池畔、假山石旁，尤其适于棚架式造景，形成花棚、花亭，在入口、庭前、窗外、道旁布置，当新芽数寸、缀满绿枝和花朵盛开之时，风吹成浪，花开时节则"满架平平如雪"。《群芳谱》云："木香条长有刺如蔷薇，高架万条，望如香雪。"

蔷薇、藤本月季和木香非缠绕性，攀缘能力较差，定植时，应设支架供其攀缘，并作适当牵引和绑扎，以便依附支架生长，避免凌乱。基部常易发生萌蘖，应当控制，只留3~4条作主蔓，其余除去。平常管理可粗放，不用修剪或在花后进行轻度短截和疏剪。当主蔓过老、下部空虚时，可利用基部萌条，培养新蔓，逐渐代替老蔓。

【常见的月季和蔷薇专类园】

北京植物园月季园：总面积约7hm²，建成于1993年，至2000年已收集月季品种约613个10万余株。月季园以展示不同类型的月季品种在不同环境中的配植形式为主，注重表现整体效果。园内轴线布局严整，除了月季品种展示外，中部是音乐喷泉广场，采用沉床式设计，轮廓为圆形，直径约40m，面积约1250m²，中间为暗设的喷泉，喷水可高达7m。沉床落差5m，上层最大直径约90m，周围缓坡台地上，是三层呈环状的由月季花形图案组成的月季栽植带，逐渐向底部过渡。设计中结合了喷泉、球根花境、荷花柱等西方古典园林的设计手法。沉床周边有造型别致的花架，采用新颖的布置手法，形成了良好的垂直绿化景观。此外，月季园内品种区和月季演化区形成了优美的花带、花团和花溪，展示了月季的发展演化历史，还布置有雕塑"花魂"，配植有不少彩叶植物，如金山绣线菊、金焰绣线菊、紫叶矮樱等。

南京玄武湖公园月季园：位于环洲，以古老的银杏为中心，周围设有环形花廊，种植了黄木香和白木香。整体布局采用规则式。花廊周围是规则式的几何形体的花坛，种植了各品种月季。花坛中间设置了钢制的花篮，栽植藤本月季。使花坛中的植物在立面上有高低层次的变化。园内周围设置了用假山石作境界的自然式种植坛，栽植丰花月季和其他常绿、落叶乔灌木。月季园周围用带有月季装饰图案的铁栏杆作边界，并栽植蔓性蔷薇。

厦门植物园蔷薇园：位于半岭之南侧，以蔷薇科植物为主，除了蔷薇属的种类以外，还收集桃、梅等其他种类和品种。建有露天音乐台，舞台部分仿玫瑰花瓣形，色彩素雅，是植物园中较为别致、风格特别的一个小品，既表达了蔷薇专类园的主题，也与周围环境十分融洽，不失为有益的探索与实践。南侧有为游客提供茶饮的服务点，屋顶平台与植物园主步游道平，成为一处路旁观景平台，下可俯视蔷薇园全貌，只见绿茵如毯，小溪蜿蜒其中，音乐台似花落大地，又似浮飘水上，格外醒目。蔷薇园是植物园面积较小专类园，蔷薇属植物也非该园优势种，但由于处山间小盆地，布局适当，却有以少胜多之美。

济南植物园月季园：沿水面四周布置，地形起伏，景色优美，除了展示月季品种外，还布置了大量的蔷薇棚架、藤本月季棚架以供游人休息遮阴。

沈阳植物园蔷薇园：位于园内中心区翠湖南部，占地面积为0.6hm²，现有蔷薇植物10余种，其中丰花月季、微型月季花期长达4个月之久，花色鲜艳丰富，极具观赏效果。

图4-7-16 济南植物园月季园

4.8 海棠专类园

海棠是蔷薇科苹果属（*Malus*）和木瓜属（*Chaenomeles*）部分植物的通称。

【常见的苹果属种类】

苹果属为落叶乔木或灌木，稀半常绿，通常不具刺。冬芽卵形，芽鳞覆瓦状排列。单叶对生，具锯齿或缺裂，在芽内席卷状或对折，有托叶。伞形总状花序，或近伞房、伞形，花瓣多为粉红色、红色或白色，雄蕊15~50枚，花药黄色；花柱3~5，基部连合；子房下位，3~5室，每室2胚珠。梨果，无石细胞或微有石细胞，内果皮软骨质。种子褐色。

共约35种，广泛分布于北半球温带，我国23种，多为观赏花木。常见栽培的有海棠花、西府海棠、垂丝海棠等，以及大量的观赏品种。

1）海棠花 *Malus spectabilis*（Ait.）Borkh.

落叶小乔木或大灌木，高4~8m；树形峭立，树冠倒卵形。叶片椭圆形至长椭圆形，长5~8cm，边缘有紧密的细锯齿。花在蕾期红艳，开放后淡粉红色，径约4~5cm，单瓣或重瓣，花梗长约2~3cm。果实近球形，黄色，径约2cm，基部不凹陷，花萼宿存，果味苦。花期3~5月；果9~10月成熟。华东、华北、东北南部各地习见栽培。

常见栽培的变种有：

红海棠（var. *riversii*），也称西府海棠，花粉红色，重瓣，花、叶较大。白海棠（var. *albiplena*），花白色或微有红晕，重瓣。

2）垂丝海棠 *Malus halliana* Koehne

小乔木，高约5m。树冠疏散、婆娑，枝条开展，幼时紫色。叶卵形或长卵形，长3.5~8cm，基部楔形，边缘有细锯齿或有时近全缘，质地较厚。幼叶、花梗、花萼均带紫色，花玫瑰红色，花柱4~5枚，花梗细长下垂，果实较小，径约6~8mm，紫色。《花镜》云："垂丝海棠重英向下，有若小莲。"

常见栽培的变种有：

重瓣垂丝海棠（var. *parkmanii*），花重瓣。白花垂丝海棠（var. *spontanea*），花白色，花叶均较小。

3）西府海棠 *Malus micromalus* Mak.

树冠紧抱，枝直立性强；小枝紫红色或暗紫色，幼时被短柔毛，后脱落。叶椭圆形至长椭圆形，长5~10cm，锯齿尖锐。花序有花4~7朵，集生于小枝顶端；花淡红色，初开时色浓如胭脂；萼筒外面和萼片均有白色绒毛，萼片与萼筒等长或稍长。果近球形，径1.5~2cm，红色，基部及先端均凹陷，萼片宿存或脱落。花期4~5月；果期9~10月。产辽宁南部、河北、山西、山东、陕西、甘肃、云南，各地有栽培。

苹果属其他常见种类见表4-8-1。另外，海棠类也有大量的园艺品种，至少有1700个以上，大多为国外选育，如道格海棠（*Malus* 'Dolgo'）、火焰海棠（'Flame'）、宝石海棠（'Jewlberry'）、绚丽海棠（'Radiant'）、红丽海棠（'Red Splender'）、紫叶海棠（'Red Silver'）等，近年来国内常有引种。

【常见的木瓜属种类】

木瓜属为落叶灌木或小乔木，偶半常绿，常有枝刺；冬芽小，芽鳞2。单叶，互生，常有锯齿，有托叶。花单生或簇生，先叶或叶后开放；萼片5；花瓣5，大型；雄蕊20或更多，花柱5，基部连合；子房下位，5室，每室胚珠多数，排成两列。梨果大，萼片脱落，花柱常宿存。种子多数，褐色，种皮革质。

该属共5种，我国产4种，并引进1种，分布于黄河流域以南至华南、西南各地，除了西藏木瓜（*C. tibetica* Yü）以外，均常见栽培，其中以贴梗海棠最为普遍。此外，在栽培条件下还出现了傲大贴梗海棠（*C.* ×*superba*）等杂交种，品种丰富。

1）贴梗海棠 *Chaenomeles speciosa*（Sweet）Nakai

又名皱皮木瓜。落叶灌木，高达2m。枝条开展，小枝圆柱形，常有刺。叶卵圆形至椭圆形，长3~9cm，宽1.5~5cm，先端急尖，叶缘具锐锯齿。

苹果属（Malus）其他常见种类一览表　　　　　表4-8-1

中名、学名	分布区	观赏特性
山荆子 M. baccata	产东北至黄河流域。北方常见栽培	乔木；花序无总梗；花白色。果实近球形，红色或黄色，径0.8～1cm，萼片脱落。花期4～6月；果期9～10月
毛山荆子 M. mandshurica	产东北至黄河流域。北方常见栽培	与山荆子相近，但幼枝密被柔毛，叶、花梗、萼筒被柔毛；果实椭圆形或倒卵形，红色。花期5～6月；果期8～9月
湖北海棠 M. hupehensis	产秦岭、淮河流域以南至华南、西南。常栽培	小乔木；伞房花序，花粉白或近白色；果实黄绿色带红晕，径约1cm，萼片脱落。花期4～5月；果期8～10月
楸子 M. prunifolia	产东北南部、黄河流域。北方常见栽培	小乔木；花序近伞形，花白色，含苞时粉红。果实红色，卵形，径2～2.5cm，萼片宿存。花期4～5月；果期8～9月
裂叶海棠 M. sieboldii	产辽宁以南、黄河流域至长江流域以南	小乔木；花淡粉红色。果实球形，红色，径6～8mm，萼片脱落。花期4～6月；果期9～10月
陇东海棠 M. kansuensis	产陕西、甘肃、河南、四川	小乔木或灌木。花白色。果实椭圆形，黄红色，径1～1.5cm，萼片脱落。花期5～6月；果期7～8月
河南海棠 M. honanensis	产陕西、甘肃、山西、河南、河北	小乔木；花淡粉红色，果实近球形，红黄色，径约8mm，萼片宿存。花期5月；果期8～9月
滇池海棠 M. yunnanensis	产云南、四川。缅甸也有分布	乔木；花白色。果实红色，径1～1.5cm，萼片宿存。花期5月；果期8～9月。秋叶红艳美观
尖嘴林檎 M. melliana	产长江中下游地区至华南、云南	乔木；花紫白色；果实球形，径1.5～2.5cm，萼片宿存。花期5月；果期8～9月
苹果 M. pumila	原产欧洲和亚洲中部，各地普遍栽培	乔木；花蕾期粉红或玫瑰红色，开后白色，径3～4cm；果大型，黄绿、黄至红色。花期4～5月；果期7～10月
花红 M. asiatica	华北、西北至长江流域、西南各地栽培	大灌木或小乔木；花白色；果径约4～6cm，黄色或红色，顶部不隆起，萼洼微突。花期4～5月；果期8～9月

花3～5朵簇生于二年生枝侧，先叶开放，鲜红色、粉红色或白色，因品种而异。果实球形或卵球形，径约2～4cm，常有3～5棱，熟时黄色或黄绿色，有稀疏斑点。花期4～5月；果期9～10月。原产我国黄河以南地区。有'多彩'（'Toyo Nishiki'）、'秀美'（'Moerloosei'）、'红艳'（'Hongyan'）、'红星'（'Hongxing'）等品种。

2）木瓜海棠 Chaenomeles cathayensis（Hemsl.）Schneid.

又名毛叶木瓜。灌木至小乔木，枝条直立而坚硬。叶质地较厚，椭圆形或披针形、倒卵状披针形，长5～11cm，宽2～4cm，锯齿细密，齿端呈刺芒状，下面幼时密被褐色绒毛。花簇生，花柱基部有较密柔毛。果卵形或长卵形，长8～12cm，黄色，有红晕。花期3～4月；果期9～10月。产秦岭至华南、西南，耐寒性较差。有'醉杨妃'（'Zui Yangfei'）、'罗扶'（'Luofu'）、'红霞'（'Hongxia'）、'金陵粉'（'Jinling Fen'）等品种。

3）日本贴梗海棠 Chaenomeles japonica Lindl.

又名倭海棠。植株低矮，高通常不及1m，下部匍匐性；小枝粗糙，2年生枝有疣状突起。叶广卵形至倒卵形，长3～5cm，具圆钝锯齿，齿尖向内；托叶肾形，有圆齿。花3～5朵簇生，砖红

图4-8-1 垂丝海棠

图4-8-2 西府海棠

图4-8-3 紫叶海棠

图4-8-4 湖北海棠

图4-8-5 海棠观果品种

图4-8-6 贴梗海棠

图4-8-7 贴梗海棠品种'多彩'

色，果实近球形，直径3～4cm，黄色。有白花、斑叶、平卧等类型。原产日本。我国各地庭园常见栽培，山东、江苏、浙江栽培较多。有'矮红'（'Pygmaeus'）、'单白'（'Chojubai White'）等品种。

4）木瓜 *Chaenomeles sinensis* Koehne

落叶小乔木，高达5～10m；树皮呈片状剥落；枝条细柔，短枝呈棘状。叶卵状椭圆形，长5～8cm，先端急尖，叶缘有芒状锯齿。花单生叶腋，粉红色，径约2.5～3cm。果实木质，椭

图4-8-8 木瓜海棠（花期、果期）

圆形，长达10～15cm，暗黄色，芳香。花期4～5月；果期8～10月。产于黄河以南至华南，各地习见栽培。

【生态习性和繁殖栽培】

海棠花大多原产我国，现广为栽培，对环境要求不严，但最适宜生长于排水良好的沙壤土。喜光；耐寒，其中垂丝海棠的耐寒性稍差，而山荆子、毛山荆子等极耐寒；多数种类耐干旱，忌水湿，但西府海棠稍耐盐碱和水湿。播种、分株、压条、扦插或嫁接繁殖，以嫁接繁殖应用较多。嫁接繁殖常用湖北海棠或山荆子实生苗作砧木，切接或芽接法均可，切接以3月下旬至4月初为宜，芽接一般在8月进行。选用当年播种苗为砧木，在距地面3～5cm处行丁字形芽接，接后2～3周即可检查成活与否，10月下旬可将接活的苗木于接芽上10cm处抹头，翌春移栽养护，3～4年可出圃定植。播种繁殖不易保持观赏品种的原有性状，而且开花较晚，一般需经7～8年后才能开花，所以，播种育苗一般仅用于培养砧木，在湖北海棠和山荆子中应用较多。分株繁殖在秋季或早春进行，秋季分株后假植，以促进伤口愈合，至翌春可定植。压条也在春季和秋季进行。

贴梗海棠原产我国黄河以南地区，喜光，耐寒。木瓜海棠耐寒性稍差；对土壤要求不严，喜生于深厚肥沃的沙质壤土，不耐积水，积水会引起烂根；耐修剪。木瓜产于黄河以南至华南，各地习见栽培，喜温暖，也较耐寒，在北京可露地越冬，适生于排水良好的土壤，不耐盐碱和低湿。可采用分株、扦插、压条或嫁接繁殖。分株以秋季为宜，将植株掘起分割，每丛带茎干1～3枝，分后假植，至次春定植，也可于早春结合移栽进行分株。一般3～4年可分株一次。压条多在早春进行，选择健壮长枝攀倒着地，压入土中5～6cm，约50天左右生根，秋后或翌春与母株割

图4-8-9 木瓜

图4-8-10 贴梗海棠长廊造型

离。扦插可采用硬枝扦插或嫩枝扦插，硬枝扦插与分株时间相同，选用一年生休眠枝的基部一段作插穗，成活率高；嫩枝扦插以6~8月为宜。大量繁育时，可采用播种繁殖。贴梗海棠移植可在秋季落叶后及春季萌芽前进行，整枝修剪在落叶后进行，掌握弱枝重剪、强枝轻剪的原则。另外，在开花后一般可剪去去年生枝条的上部，只留30cm左右，以促进分枝，增加来年的花量。

【栽培历史与花文化】

海棠类3~5月开花，花朵粉红、红色或白色，极为美丽，不少品种花色多变，如海棠花初开极红如胭脂点点，及开则渐成缬晕，至落则若宿妆淡粉；垂丝海棠花朵下垂，姿态潇洒，古人赞曰："脉脉似崔徽，朝朝长著地；谁能解倒悬，扶起云鬟坠。"此外，多数海棠类的果实色彩鲜艳，结实量大，秋季缀满枝头也甚美观。因而，海棠是我国久经栽培的传统花木。

古代，称海棠为花尊命、花命妇、花戚里，或称为名友、蜀客、花贵妃、花中神仙。《花经》评海棠花为六品四命，垂丝海棠为三品七命。《群芳谱》云："（海棠）有四种，皆木本。贴梗海棠，丛生，花如胭脂。垂丝海棠，树生，柔枝长蒂，花色浅红。又有枝梗略坚、花色稍红者，名西府海棠……海棠盛于蜀，而秦中次之。其株萧然出尘，俯视群芳，有超群绝类之势。而其花甚丰，其叶甚茂，其枝甚柔，望之绰约如处女，非若他花冶容不正者比。盖花之美者唯海棠，视之如浅绛，外英英数点，如深胭脂，此诗家所以难为状也。" 除了记载的苹果属的海棠外,也提到了木瓜属的海棠。

大约自南北朝以后,海棠的观赏价值逐渐被人们所重视。唐代把海棠作为重要的观赏花木栽培,传说宫苑中较多,唐明皇曾将杨贵妃比作海棠花。据《杨太真外传》记载:"上皇登沉香亭,召太真妃,于时卯醉未醒,命力士使侍儿扶掖而至,妃子醉晕残妆,鬓乱钗横,不能再拜,上皇笑曰,岂妃子醉,直海棠睡未足耳。"唐朝宰相李德裕在《平泉山居草木记》中也有"木之奇者,稽山之海棠……"的描述。四川的海棠在历史上久负盛名,被称为"天下奇绝",唐朝就已经闻名,薛能有诗曰:"四海应无蜀海棠,一时开处一城香。晴来使府低临槛,雨后人家散出墙。闲地细飘浮净藓,短亭深绽隔垂杨。从来看尽诗谁苦,不及欢游与画将。"

宋朝,海棠与牡丹同为著名花卉,在中原地区和江南均已经大量栽培。宋代沈立著有《海棠记》,被公认为中国最早有关海棠的专著,书中称其花"胭脂点点,于叶间或三曹或五曹,为丛而生。"苏轼极为喜爱海棠花,写过多首《海棠》诗,如"东风袅袅泛崇光,香雾空蒙月转廊。只恐夜深花睡去,高烧银烛照红妆",这是一首脍炙人口的名篇;又有"嫣然一笑竹篱间,桃李满山总粗俗"的诗句;又有咏西府海棠"朱唇得酒晕生脸,翠袖卷纱红映肉。林深雾暗晓光迟,日暖风轻春睡足"的诗句。江苏宜兴县闸口乡永定村,现仍存苏轼于北宋元丰六年(公元1083年)手植的海棠,已历900多年,原树高约3丈,1953年台风刮断,后萌新枝。梅尧臣也有《咏垂丝海棠》诗:"胭脂色欲滴,紫蜡蒂何长。"南宋时,陈思著有《海棠谱》,而陆游在84岁时作的《海棠歌》,则将他对海棠的感情描绘得淋漓尽致:"我初入蜀鬓未苍,南充樊亭看海棠。当时已谓目未睹,岂知更有碧鸡坊。碧鸡海棠天下绝,枝枝似染猩猩血。蜀姬艳妆肯让人,花前顿觉无颜色。扁舟东下八千里,桃李真成奴仆尔。若使海棠根可移,扬州芍药应羞死。风雨春残杜鹃哭,夜夜寒食梦还蜀。何从乞得不死方,更看千年未为足。"诗中提到的"碧鸡坊"在成都西南,以海棠而闻名。宋朝庆历(1041~1048年)中,沈立作《海棠百咏》,开首则有"岷蜀地千里,海棠花独妍;万株佳丽国,二月艳阳天。"此外,历史上还出现过有香味的海棠品种,如王十朋《点绛唇》词中:"丝蕊垂垂,嫣然一笑新妆就,锦亭前后,燕子来时候。谁恨无香,试把花枝嗅,风微透,细熏锦袖,不止嘉州有。"

木瓜属植物在我国的栽培历史也非常悠久。《诗经·卫风·木瓜》云:"投我以木瓜,报之以琼琚;匪报也,永以为好也!投我以木桃,报之以琼瑶;匪报也,永以为好也!投我以木李,报之以琼玖;匪报也,永以为好也!"其中木瓜即今日之

图4-8-11 紫叶海棠丛植草地

图4-8-12 南京莫愁湖公园海棠园

图4-8-13 南京花卉园的木瓜海棠园

图4-8-15 中国林业科学院的海棠园

图4-8-14 北京植物园海棠园

木瓜，木桃即贴梗海棠的果实，木李据说可能是榅桲之果实。宋朝梅尧臣有木瓜诗曰："大实木瓜熟，压枝常畏风；贴花先漏日，喷露渐成红。"范成大《题蜀果图》也有"沈沈黛色浓，糁糁金沙绚；却笑宣州房，竟作红妆面。"其中提到的宣州房指宣州的木瓜海棠。

【植物配植】

海棠在造景中，各种配植方式均可。苹果属的种类大多为小乔木，而木瓜属的种类大多为灌木，因此在公园和大型庭院中，将二者结合起来，通过多个种类和品种的搭配，形成海棠专类园是适宜的造景形式。专类园中的植物配植，则应根据具体情况而定，如建筑前或园路两侧的列植，入口处的对植。事实上，古代早有植海棠为行道树者，所谓"二千里地佳山水，无数海棠官道旁。"总体上，乔木类海棠宜孤植、丛植于堂前、栏外、水滨、草地、亭廊之侧。《花镜》云："海棠韵娇，宜雕墙峻宇，障以碧纱，烧以银烛，或凭栏，或倚枕其中。"拙政园的海棠春坞，不但院内植海棠，而且景窗桌椅装饰均为海棠纹样，庭院铺地也用青、红、白三色鹅卵石镶嵌成海棠花纹。水边植海棠，则另有一番风韵，刘子翚《海棠诗》"种处静宜临野水"和李定《海棠诗》"宜似佳人照碧池"均描绘了海棠的水边植。这些配植方式在专类园中均可应用。

贴梗海棠早春先叶开花，鲜艳美丽、锦绣烂漫，秋季硕果芳香金黄，是一种优良的观花兼观果的灌木，最适于草坪、庭院、树丛周围、池畔丛植，也可与松树、梅花等配植于山石间，如经整形也适于对植门前，还是绿篱或花坛的镶边材料，并可盆栽。贴梗海棠和木瓜海棠也有不少果用品种，但均称为"木瓜"，如著名的安徽宣城木瓜、浙江淳安木瓜、山东沂州木瓜等皆为贴梗海棠和木瓜海棠。宣城木瓜闻名四方，南宋诗人陆游咏颂道："宣城绣瓜有奇香，偶得并蒂置枕旁，亡根互用亦何常，我以鼻嗅代舌尝。"近年来，我国从日本引进了一批重瓣类的海棠品种，如'世界一'、'东洋锦'、'长寿冠'等，山东临沂、江苏南京、浙

图4-8-16 济南植物园海棠园

江杭州等地常见栽培。

【常见的海棠专类园】

北京植物园海棠栒子园：位于卧佛寺前中轴路西侧樱桃沟的入口处，西南接牡丹园，面积2.2hm^2，1992年建成开放。该园是以海棠为主的春季观花和秋季观果专类园，除了重点利用'凯尔斯'海棠、'钻石'海棠等从美国引种的海棠品种和湖北海棠、垂丝海棠等国产种类作造景材料外，还栽植了大量的栒子类，如匍匐栒子（Cotoneaster adpressa）、平枝栒子（C. horizontalis）、柳叶栒子（C. salicifolius）等，并配植了油松、银杏、栾树（Koelreuteria paniculata）、白皮松、元宝枫等乔木和矮紫杉（Taxus cuspidata var. nana）、铺地柏等常绿灌木。该园划分为4个观赏景区，即乞荫亭、花溪路、落霞坡和缀红坪。"乞荫亭"位于园东侧坡下海棠花丛中，以一木亭为中心，名字取自陆游诗"只恐风日损菲芳，乞借春荫护海棠"。"花溪路"是花丛中之路，园路铺装曲线流畅，与周围的海棠花融为于一体，宛若小溪流水，故有花溪之名。"落霞坡"是一道缓坡，春季满坡的海棠万花齐放，层层叠叠、红白相溶，若晚霞照耀。"缀红坪"以西山为背景，以雪松、栒子、草地景观为主景，在舒朗开阔的空间上，秋季一片片栒子形成一道柔美的林缘线，叶红若霞，果灿如火，点点布满其间。

南京莫愁湖公园海棠园：南京莫愁湖公园布置有小型的海棠专类园，以木瓜属的贴梗海棠、倭海棠、木瓜海棠、木瓜以及'世界一'、'东洋锦'、'长寿乐'、'长寿冠'、'银长寿'等品种为主，也包括苹果属的垂丝海棠、西府海棠、紫叶海棠、湖北海棠等种类和品种，初步形成了规模。如今每年举办"海棠花会"，届时邀请画家和书法家吟诗作画。此外，杭州植物园、宝鸡植物园等也有海棠园，如宝鸡植物园海棠园栽植2属7种海棠300余株。

4.9 樱花专类园

樱花属于蔷薇科樱属（*Cerasus*）。

【樱属概况】

樱属为落叶乔木或灌木；腋芽单生或3枚并生，具顶芽。幼叶在芽中呈对折状；叶柄顶端或叶片基部有腺体，托叶早落。花单生、伞形花序或伞房状总状花序，苞片常显著；花先叶开放或与叶同放，萼筒钟状或筒状；花萼、花瓣均5枚，多为白色、粉红或红色，雄蕊15~50枚，雌蕊1枚。核果球形或近球形，红色或黑色。

樱属约100种，分布于北半球温带和亚热带山地，我国西南是分布中心之一。樱属一般分为两个亚属：典型樱亚属多为乔木，花序为伞形或伞房总状，稀单生，花梗一般较长，冬芽长达3mm以上，腋芽常单生，常见的樱桃、观赏樱花类即属于此亚属；矮生樱亚属多为灌木，花多单生，稀2~3朵簇生，花梗短，冬芽小，腋芽通常3枚并生，中间为叶芽，两侧为花芽，常见的如郁李、麦李、欧李、毛樱桃等。

园林中常见栽培的樱花类有山樱花（*Cerasus serrulata*）、日本樱花（*C. yedoensis*）、日本晚樱（*C. lannesiana*）、钟花樱（*C. campanulata*）、日本早樱（*C. subhirtella*）、红花高盆樱（*C. cerasoides* var. *rubea*）、红山樱（*C. yamasacura*）等。此外，樱桃（*C. pseudocerasus*）是著名的果品，也供观赏；郁李（*C. japonica*）、麦李（*C. glandulosa*）等也是常见栽培的花灌木。

【常见的樱属种类】

1）山樱花 *Cerasus serrulata*（Lindl.）G.Don ex London

乔木，高10~25m，树皮平滑或有横裂皮孔。小枝光滑无毛。叶片卵形、椭圆状卵形或椭圆状披针形，长6~12cm，宽3~5cm，边缘有尖锐的单锯齿或重锯齿，齿尖刺芒状，基部常有2~4个腺体。伞形或短总状花序，通常由3~6朵花组成，单花直径2~5cm，白色至粉红色，栽培品种有深红、紫红、黄或淡绿等色；单瓣或重瓣；萼筒筒状，无毛。果实卵状球形，黑色，径约6~8mm，无明显腹缝沟。花期4~5月；果7~8月成熟。原产我国，广布。

常见栽培的变型有：

重瓣樱花（f. *albo-plena*），花白色，重瓣。重瓣红樱花（f. *rosea*），花粉红色，重

图4-9-1 日本樱花

图4-9-2 山樱花

图4-9-3 钟花樱

瓣，有正常心皮。垂枝樱花（f. *pendula*），枝条下垂，花粉红色，重瓣。红白樱花（f. *albo-rosea*），花重瓣，蕾期淡红色，开放后则变白，心皮叶状。

2）日本樱花 *Cerasus yedoensis*（Mats.）Yü et Li

又名东京樱花。与樱花相近，但树体稍小，萼筒圆筒形，萼片长圆状三角形，外被短毛；叶片下面沿叶脉和叶柄有短柔毛；果实球形或卵圆形，直径约1cm。花多为白色或淡粉色。花期较樱花为早，叶前开放或与叶同放。

日本晚樱（*Cerasus lannesiana*），为小乔木，小枝粗壮而开展，叶片多倒卵形，长5～10cm。花2～5朵排成伞房状花序；花大而芳香，单瓣或重瓣，常下垂，粉红色、白色或黄绿色，苞片叶状。其中花黄绿色的称为郁金樱（f. *grandiflora*）。

日本早樱（*Cerasus subhirtella*），枝条较细，幼枝密生白色平伏毛。叶片长卵圆形，长3～8cm。花2～5朵排成无总梗的伞形花序；花朵淡红色，径约2.5cm，萼筒膨大如壶状。有垂枝类型，即垂枝早樱（var. *pendula*），小枝下垂，叶缘具尖锯齿，常见栽培。

3）钟花樱 *Cerasus campanulata*（Maxim.）Yü et Li

又名福建山樱花。小乔木，高5～10m，叶卵形至长椭圆形，边缘密生重锯齿，两面无毛。伞形花序，先叶开放；萼筒钟管状；花冠不开展，径约1.5～2cm，花瓣5，紫红色。果实卵球形，红色，径5～6mm。花期2～4月；果期6月。产广东、广西、福建和台湾等省区。

红花高盆樱（*Cerasus cerasoides* var. *rubea*），又名云南樱花。高大乔木，花朵先叶开放，伞形总状花序，花2～4朵，深粉红色，花期2～3月。产云南，昆明常见栽培，有重瓣品种，花朵累累颇似北方的红色海棠花，因而当地有"西府海棠"之称。

红山樱（*Cerasus yamasacura*），乔木，高10～12m。叶片长椭圆形，边缘有锐锯齿。伞形花序，有花3～5朵，红色或白色。花叶同放，花期比日本樱花早，幼叶红色而显著。产日本，我国福建也有野生。其品种'雏菊'樱，花红色而小，形似雏菊。

4）樱桃 *Cerasus pseudocerasus*（Lindl.）G.Don.

落叶小乔木，叶卵形或椭圆状卵形，长

图4-9-4 樱花品种'御衣黄'

图4-9-5 樱花品种'普贤象'

图4-9-6 樱花品种'红枝垂'（王贤荣提供）

5~12cm，宽3~8cm，叶缘有尖锐重锯齿，齿尖和叶片基部常有腺体。伞房花序或近伞形，通常由3~6朵花组成，先叶开花；花白色至粉红色，单花直径1.5~2.5cm。果实近球形，径0.9~1.3cm，常鲜红色，表面平滑，有光泽。花期3~4月；果期5月。

5）郁李 *Cerasus japonica* Lois.

矮生樱类。小灌木，高约1.5m；枝条细密，红褐色；冬芽3枚并生。叶片卵形至卵状椭圆形，长4~7cm，宽2~2.5cm，先端长尾尖，基部圆形，有重锯齿。花2~3朵簇生，粉红色或近于白色，径约1.5cm，花梗长0.5~1cm。果实球形，径约1cm，深红色。花期3~4月；果期6~8月。常见栽培的品种有：重瓣郁李

图4-9-7 樱花品种'松月'

（'Multiplex'），花朵繁密，花瓣重叠紧密；红花重瓣郁李（'Rose-plena'），花朵玫瑰红色，重瓣。

图4-9-8 樱桃

麦李（*Cerasus glandulosa*），与郁李相近，但叶片卵状长椭圆形至椭圆状披针形，长5~8cm，先端急尖或圆钝；花粉红色或白色，径约2cm。花期3~4月。常见的栽培类型有：粉红重瓣麦李（f. *sinensis*），花重瓣，粉红色，花梗长1~1.5cm，有'小桃红'、'小桃粉'等品种；白花重瓣麦李（f. *albo-plena*），花重瓣，白色，有'小桃白'等品种。

毛樱桃（*Cerasus tomentosa*），幼枝密生绒毛；叶片倒卵形至椭圆状卵形，长5~7cm，叶缘有不整齐锯齿，表面皱，有柔毛，背面密生绒毛。花白色或淡粉色，径约1.5~2cm；花萼红色。花

图4-9-9 日本晚樱丛植

期4月；果期6~7月。

其他重要樱属植物见表4-9-1。

樱属（Cerasus）其他常见种类一览表 表4-9-1

中名、学名	分布区	观赏特性
黑樱桃 *C. maximowiczii*	产东北，日本、朝鲜、俄罗斯也产。庐山有栽培	小乔木；伞房花序，具绿色苞片，宿存；花5~10朵，白色；果实球形，黑色，径5~6 mm。花期6月；果期9月
大山樱 *C. sargentii*	原产日本，我国东北地区和北京等地有栽培	乔木；伞形花序，花2~4朵，红色，径3~4.5 cm，无芳香，先叶开放或与叶同放；果球形，径1~1.3 cm，紫黑色。各部有黏性
细花樱 *C. pusilliflora*	产云南。昆明等地有栽培	乔木；伞形总状花序，具花3~5朵，白色，先叶开放；核果红色，卵球形，径6~7 mm。花期2~3月；果期4~5月
崖樱桃 *C. scopulorum*	产华中至贵州，北达陕甘。陕南农村常见栽培	小乔木；伞形花序，花白色，先叶开放，花瓣先端2裂；果实卵球形，红色，长约1.2 cm。花期3月；果期5月
西南樱 *C. duclouxii*	产四川、云南。西南地区有栽培	小乔木；花序近伞形，花白色，花梗长仅3~4 mm；核果卵球形或椭圆形，径5~6 mm。花期3月；果期5月
冬樱花 *C. majestica*	产云南。昆明等地有栽培	乔木；花粉红色，与叶同放，花瓣先端凹缺；核果卵球形，紫黑色，径0.8~1.2 cm。花期12月至次年1月；果期4月
灌木樱 *C. fruticosa*	产新疆。产区有栽培	灌木，高仅1m左右；伞形花序，具花3~4朵，花叶同放；核果卵球形，红色，径约8 mm。花期4~5月；果期7月
华中樱 *C. conradinae*	产华中至西南	乔木；伞形花序，花白色或粉红色，先叶开放；果实红色，卵球形，径约7 mm。花期3月；果期4~5月
尾叶樱 *C. dielsiana*	产安徽、浙江、江西、湖北、四川等地	小乔木；花序近伞形，花白色或粉红色，先叶开放；萼片远较萼筒长；果实球形，红色，径8~9 mm。花期3~4月

【生态习性和繁殖栽培】

樱花类主产于我国和日本，种类繁多，习性不尽相同。大多数樱花喜光，略耐阴；喜温暖湿润气候，但也较耐寒、耐旱。对土壤要求不严，但不喜低湿和土壤黏重之地，不耐盐碱。浅根性。对烟尘的抗性不强，其中尤以日本樱花为甚。郁李、麦李、毛樱桃等矮生樱类大多分布广，自东北、华北至西南各地均产，适应性强。性喜光，耐寒、耐干旱瘠薄和轻度盐碱。

播种或嫁接繁殖，播种繁殖主要用于培育砧木和选育品种，种子有休眠期，必须沙藏以打破休眠。秋季果实成熟应及时采收，洗去果肉后混以湿沙贮藏，经常检查，防止过湿（引起种子霉烂）或过干（引起种子丧失发芽力），翌春播种。观赏品种的嫁接繁殖可用山樱花、尾叶樱或樱桃实生苗作砧木，也可用桃、杏为砧木，一般采用切接法（3月下旬至4月中旬），也可芽接（8月下旬），砧木以3年生苗为宜。此外，不少种类还可分蘖或压条

图4-9-10 无锡鼋头渚樱花园一角

图4-9-11 无锡鼋头渚樱花（王贤荣提供）

图4-9-12 南京玄武湖樱洲

图4-9-13 武汉磨山樱花园1

繁殖。

樱花移植和定植宜在秋季或早春进行，应带土球，并适当剪去部分枝条。幼树整枝可于春季花后进行，一般保留主干上的3～5个主枝，上下错落向四周展开，以利于通风透光。但大树以及粗大的枝条切忌擅自修剪，以免难以愈合，故日本有"樱花剪者为笨伯，不剪梅花亦笨伯"的谚语。植株高大的种类，如山樱花等也可不作专门修剪，仅在每年冬季修去病枯枝即可。大多数樱花种类发育旺盛，在生长过程中，基部萌生枝颇多，如不进行分蘖繁殖，应及时剪除，否则，既影响美观，也不利于生长。

【栽培历史与花文化】

樱花妩媚多姿，繁花似锦，既有梅花之幽香，又有桃花之艳丽，是重要的春季花木，可谓"三月春来开翠幕，枝枝花放起红云"。由于樱花和樱桃形态相似，古人常将二者相混，因而樱花栽培的确切历史已不可查考。然而，南朝诗人王僧达的"初樱动时艳，擅藻灼辉芳。缃叶未开蕾，红花已发光"和唐朝诗人白居易的"小园新种红樱树，闲绕花枝便当游"当指樱花，这是由于樱桃花为白色，而樱花有多种花色，包括红色；而刘禹锡的"樱桃千万枝，照耀如雪天"则无疑是真正的樱桃。至于"樱花"一词，最早见于李商隐的诗句"何处哀筝随急管，樱花永巷垂杨岸。"由于樱花类的寿命一般较短，所以古树不常见，但在云南，红花高盆樱和冬樱花的栽培历史很久，现昆明市区还有樱花大道，而丽江文峰寺、普济寺至今尚有树龄达200多年的红花高盆樱。

日本崇尚樱花由来已久，大约在9世纪的平安时代已经有了观樱的记载。日本人民把烂漫的樱花和壮丽的富士山看做勤劳、勇敢和智慧的象征，他们酷爱樱花，犹如我国人民酷爱梅花一样，因而将樱花作为国花。日本四岛遍植樱花，每年春寒料峭之时，从南部的冲绳岛到北方的北海道，大片大片的樱花先后绽放，各地举办的别具特色的"樱花节"已经成了盛大的节日。樱花节期间举国若狂，除了白天赏樱以外，还有观"夜樱"的，当夜色的帷幕徐徐降临，千盏灯火通明照耀，火树银花，那一簇簇、一片片被称为"樱花王"的染井吉野樱，显得更为美丽动人。与樱花相关的文化活动也有花市、小吃、灯会、绘画、民谣、舞蹈表演等。我国清朝诗人黄遵宪有描写日本人民赏樱盛况的诗："墨江泼绿水微波，万花掩映江之沱。倾城看花奈花何，人人同唱樱花歌。"周恩来总理早年在日本时也写有"樱花红陌上，柳叶绿池边"的诗句。

樱桃在我国古称"含桃"，《礼记·月令》有"仲夏之月羞以含桃，先荐寝庙"的记载，可见在3000年以前，我国已经将樱桃作为珍果栽培了。樱桃既是著名的果品，也是早春观花、晚春和初夏的观果树种，3月开花，花朵雪白或带红晕，"万木皆未秀，一林先含春"（唐·孟郊），5月果实便成熟，果实鲜红，花果兼供观赏，叶荫浓密，婆娑生姿，诚如《花经》所云："为树则多荫，百果则先熟。"唐太宗有诗赞曰："华林满芳景，洛阳偏阳春。朱颜含远日，翠色影长津。乔柯啭娇鸟，低枝映美人。昔作园中实，今为席上珍。"

【植物配植】

樱花专类园建设中，最宜根据花色成片种植或群植成林，则花时缤纷艳丽、花团锦簇，自远处望，或纯白一色，犹如凝雪，或红透天边，宛如朝霞；其红花种类，更宜以常绿的松柏片林为背景，红绿对比，相得益彰。因种类和品种繁多，形态和观赏特性各异，造景中应根据各自特点区别对待。树体高大的种类，如山樱花、红山樱等，在专类园中可孤植或几株丛植于草地、房前，既供赏花，又可遮阴；树体较小的种类如日本晚樱，则最宜群植成片，可配植在水边、山坡等各处，或列植为园路

图4-9-14 武汉磨山樱花园2（张伟提供）（左上）

图4-9-15 洛阳西苑公园的樱花（刘龙昌提供）（右上）

图4-9-16 杭州太子湾樱花林（胡绍庆提供）（左下）

树。北京玉渊潭、青岛中山公园、南京玄武湖、昆明圆通山、杭州太子湾等地以樱花闻名，其中昆明圆通山的樱花是当地著名的红花高盆樱，而青岛中山公园的樱花则分别为日本樱花和日本晚樱，在当地有"单樱"和"双樱"之称。此外，钟花樱花姿娇柔、花色艳丽，别具风韵，特别适于中式庭院的水边、假山边配植。樱桃适于一般庭院中种植，也可应用于专类园中，宜于山谷、坡地丛植或群植，应选择优良品种，并注意配植授粉树。

郁李、麦李和毛樱桃等均为低矮灌木，早春繁花粉白，夏季红果鲜艳，各地园林中甚为常见，宜成片植于草坪、路旁、溪畔、林缘等处，以形成整体景观效果，也可作基础种植材料，或数株点缀于假山石间。唐朝诗人白居易的"树小花鲜妍，香繁条软弱，高低二三尺，重叠千万萼，朝艳蔼霏霏，夕凋纷漠漠，辞枝朱粉细，覆地红绡薄"和宋朝诗人梅尧臣"前时樱桃过，今日雀李新。掬条红蓓蕾，婀娜含雨匀"写的就是郁李或麦李。而《群芳谱》中记载了郁李的重瓣品种，云："树高五六尺，花千叶，雪白、粉红二色，如纸剪成，甚可观。"

【常见的樱花专类园】

无锡太湖鼋头渚风景区樱花园：自1986年开始建设"中日樱花友谊林"，现风景区内广植樱花，面积达10hm^2，收集樱花品种30余个，有1万多株，品种由初期的以日本晚樱为主转以日本代表品种染井吉野樱为主。每年4月樱花开放之时，江、浙、沪一带的游人络绎不绝，横云山庄内的长春桥头，满目樱花如白雪覆盖枝头，似薄云漂浮堤桥。

北京玉渊潭公园樱花园：占地25hm^2，富自然野趣。园中主要种植来自日本的樱花品种，约9个品种3000多株，是华北地区最大的樱花专类园之一。早樱类的种类和品种有大山樱、'彼岸'樱、染井吉野樱等，晚樱类的品种有'八重红大岛'樱、'关山'、'一叶'等以及少见的绿色品种'郁金'等。从早樱盛开到晚樱凋落，整个观赏期约1个月。

沈阳植物园樱花园：位于植物园西部，占地3.9hm^2，有樱花1000余株，主要栽植大山樱等日本种类和品种，园内建筑也采用日式风格，是极具休憩、观赏功能的专类园，该园每年8月还举办大丽花展。

湖南省森林植物园樱花园：分为红色系重瓣区，白花系重瓣区（包括绿花、白花系），垂枝樱、特型樱区，湖南乡土樱花区和樱花资源区5个区。现保存了染井吉野樱、山樱花、大岛樱（*C. donarium* var. *spontanea*）等8种樱花，已形成以樱花路为主的颇具影响的季节性景观。每到春季，樱花烂漫，满天纷飞。

此外，青岛中山公园的樱花在当地也颇闻名，当年日本殖民者统治青岛时从日本引入了大量的樱花，青岛的气候与日本有很多相似之处，很适合樱花生长，新中国成立后又加以养护和引种，园内现有樱花2万多株。武汉东湖磨山、南京玄武湖公园也有樱花专类园（区），而杭州植物园则将樱花和碧桃配植在一起，形成樱花碧桃园。

4.10 丁香专类园

丁香是木犀科丁香属（*Syringa*）植物的总称。

【丁香属概况】

丁香属为落叶灌木或小乔木，一般高3～5m；冬芽卵形。单叶对生，全缘或少有分裂，罕为羽状复叶。花两性，每三朵小花组成一聚伞花序，再排成大型的圆锥花序，由顶芽或侧芽抽生。圆锥花序长7～8cm至30cm以上，呈塔形、柱形或球形，有时下垂。萼钟形，4裂或截形；花冠漏斗状，具深浅不同的4裂片，白色、紫色、红紫色或蓝紫色，少为淡红色，也有花朵淡黄色的品种；雄蕊2，着生于花冠筒中部至喉部或伸出筒外；子房2室。蒴果，长圆形，微扁平。

共约27种，主要分布于亚洲东部、中部、西部和欧洲东南部，为旧世界温带分布型（臧淑英，2000）。我国产22种，其中18种为我国特有种；欧洲产3种，亚洲其他国家产6种。我国丁香属分布广泛，北起黑龙江，南到云南，东自吉林、辽宁，西至四川、西藏的15个省区有丁香属植物的自然分布，其中以川藏和西北地区种类最为丰富，各有13种和12种。

【常见的丁香属种类和品种】

1）紫丁香 *Syringa oblata* Lindl.

又名华北紫丁香。落叶灌木或小乔木，高可达4～6m。枝条粗壮，无毛。叶片菱状广卵形，对生，通常宽大于长，约5～10cm，两面无毛，先端尖，基部心形或截形，全缘。圆锥花序由侧芽抽出，长6～15cm；花叶同放，花紫色或蓝紫色，花冠筒细长，长1～1.5cm，先端4裂。蒴果长圆形，顶端尖，平滑。花期4～5月。广布于东北、华北、西北至四川，现国内外普遍栽培。

常见的变种、品种有：

白丁香（var. *alba*），花白色，叶片较小，背面微有柔毛。佛手丁香（var. *plena*），花白色，重瓣。紫萼丁香（var. *giraldii*），花序轴和花萼蓝紫色，叶片背面有微柔毛。'紫云'，花冠径约2cm，裂片粉紫色，2层，筒部蓝紫色。'罗兰紫'，花冠裂片2～3层，盛开时紫罗兰色。'长筒白'，花单瓣，白色，筒部细长。'香雪'，花白色，具2～3层花瓣。'晚花紫'，花冠紫色，艳丽，花期较晚。

2）欧洲丁香 *Syringa vulgaris* Linn.

灌木或小乔木，高2～3m，最高可达7m。花序自侧芽抽出，紧密，长6～12cm；花淡蓝紫色，有白、粉红和近黄色的品种；花冠直径1.5cm，花冠管长1cm；花药黄色。花期4月中下旬，夏季有二次开花现象。分布于欧洲东部，是欧洲栽培最普遍的丁香之一，我国东北、北京和南京等地有引种。

国内见于栽培的品种有：'刚果'（'Congo'），花紫红色，大型，径达2.5cm。'康德塞特'（'Condorcet'），花蓝紫色，重瓣，花序径达22cm。'奈特'（'Night'），花单瓣，近于黑紫色，有特殊香味。'卢贝总统'（'President Loubet'），花重瓣，大型，紫色，花冠径达2.5 cm。

3）暴马丁香 *Syringa amurensis* Rupr.

落叶乔木，一般高4～8m，最高达15m；树皮及枝皮孔明显。叶片卵形至卵圆形，长5～10cm，宽3～7cm，薄纸质，叶面皱折。花序由侧芽抽出，大而疏散，长20～25cm，花冠白色或黄白色，径约4～5mm，深裂，花冠筒短；雄蕊长而伸出，花丝长度几乎为花冠裂片的2倍。果长1～2cm，先端钝，光滑或有疣状突起，经冬不落。花期5～6月；果期8～10月。产东北、华北和西北等地，日本和朝鲜也有分布。本种乔木性较强，可作其他丁香的乔化砧，以提高绿化效果。花期晚，在丁香园中有延长观花期的效果。

我国丁香属其他种类见表4-10-1。丁香类的观赏品种目前约有1000个以上，主要分布于欧洲和北美洲，我国引种栽培的还较少。

【生态习性和繁殖栽培】

丁香类植物主要产于温带，耐寒性强，喜夏季

我国丁香属（Syringa）其他种类一览表　　　　　表4-10-1

中名、学名	分布区	观赏特性
藏南丁香 S. tibetica	产西藏（吉隆）。未见栽培	高2.5~3 m；叶长圆形，背面苍白色。花序由顶芽抽出，长7~9.5 cm，宽3.5~5 cm；花白色；花冠管长5 mm；花药伸出筒外。花期6月
云南丁香 S. yunnanensis	产云南、四川、西藏	高2~3 m。花序自顶芽抽出，长7~11 cm；花白色、粉红、粉紫色，芳香；花冠管长6~8 mm；花药不伸出。花期4月下旬至5月上旬
辽东丁香 S. wolfii	产我国东北和华北。朝鲜有分布	高4~5 m。花序自顶芽抽出，直立，长20~30 cm；花紫、淡紫、紫红色，芳香；花冠漏斗状，长达1~1.5 cm。花期5月
西蜀丁香 S. komarowii	产云南、四川、甘肃、陕西	高3~5 m；叶卵状长椭圆形至椭圆状披针形。花序自顶芽抽出，微下垂，长6~12 cm；花紫红或淡紫色，里面近白色。花期5月上中旬
垂丝丁香 S. reflexa	产四川、湖北等地	高3~4 m；叶卵状长椭圆形。花序下垂，长10~18 cm；出自顶芽；花粉紫或粉红色，里面白色。花期4月下旬至5月上旬
红丁香 S. villosa	产辽宁、河北、陕西、山西	高3~4 m；叶宽椭圆形至椭圆形。花序出自顶芽，长8~18 cm，密集；花堇紫色、粉红色至白色；花冠管近柱状。花期5月上中旬
毛丁香 S. tomentella	产云南、四川等地	高约3 m。花序疏松，出自顶芽；花淡紫或近白色，花冠管长约1 cm，稍呈漏斗状。花期5月上中旬
四川丁香 S. sweginzowii	四川、湖北、陕西、青海、甘肃	高3~5 m。花序自顶芽或侧芽抽出，长9~20 cm；花淡红色；花冠管近圆柱形，长8~10 mm。花期5月中旬
关东丁香 S. patula	产辽宁、吉林；朝鲜	高约3 m。花序由侧芽抽出，长6~16 cm；花白色或淡紫色；花冠管细长；花药淡紫色。花期4月中下旬
光萼丁香 S. julianae	产河南、湖北、陕西等地	高1.5~4 m。花序长6~10 cm；花淡紫色；花冠管长6~8 mm，略呈漏斗状；花药紫色。花期5~6月
小叶丁香 S. microphylla	产华北、西北、华中以及辽宁等地	高约2.5 m。花序疏松，自侧芽抽出，长4~12 cm；花淡紫色或白色；花冠管细长，长约1 cm；花药黑紫色。每年开花两次，春季4月下旬至5月上旬；夏秋7月下旬至8月上旬
巧铃花 S. pubescens	产华北、西北、河南、辽宁	高1~3 m。花序自侧芽抽出，长5~10 cm；花紫色或淡紫色；花冠管近柱形，长1~1.5 cm；花药紫色。花期4~5月
蓝丁香 S. meyeri	产辽宁	高0.8~1.5 m。花序自侧芽抽出，紧密，长5~12 cm；花蓝紫色，有白花品种；花药紫色。花期4~5月
皱叶丁香 S. mairei	产云南、西藏	高约3 m，叶面皱。花序自侧芽抽出，长7~21 cm；花近无梗，白色；花冠管长6 mm；花药黄色。花期6~7月
松林丁香 S. pinetorum	产云南	高1~3 m。花序由侧芽抽出，长5~11 cm；花淡紫或白色；花冠管长8~9 mm；花药黄色。花期5~6月
山丁香 S. potaninii	产云南、四川、甘肃	高约2 m。叶片草质，卵形、倒卵形至椭圆形。花序由侧芽抽出，密生柔毛；花药黄色
朝鲜丁香 S. dilatata	产青海；朝鲜有分布	高3~4 m。花序疏松，由侧芽抽出，长达12~20 cm；花紫色或白色；花冠管长达2 cm。花期4月
华丁香 S. protolaciniata	产甘肃、青海	高0.5~3 m。花序发自侧芽，长2~10 cm，常多对排列在枝条顶部，形成顶生的圆锥花丛；花淡紫色或紫色，花冠管长0.7~1.2 cm；花药黄绿色。花期4~6月
羽叶丁香 S. pinnatifolia	产内蒙古、青海、陕西、四川	高达3 m。花序侧生，长4~7 cm；花白色或淡粉红色；花冠管细长，长约1 cm；花药黄色。花期4~5月
北京丁香 S. pekinensis	产华北、西北	高达5 m。花序长8~15 cm；花白色，辐状，直径5~6 mm；花冠管短，花丝细长，约与花冠裂片等长。花期5~6月
什锦丁香 S. × chinensis	天然杂交种。原产欧洲，国内常栽培	高3~6 m。花序发自侧芽，直立，长8~17 cm，有时长达30 cm；花淡紫、紫红、粉红或白色，有重瓣品种，花冠径达1.5~2 cm，管长1~2 cm，柱形。花期4~5月。花叶丁香和欧洲丁香的杂交种
花叶丁香 S. × persica	杂交种。国内各地常见栽培	高约2 m，叶椭圆形至披针形，边缘略内卷，全缘或出现羽状分裂。花序发自侧芽，长4~8（15）cm；花淡紫色，有白花变种，径约8 mm，管长1 cm，柱形；花药黄色。花期4~5月
匈牙利丁香 S. josikaea	原产欧洲。我国引种栽培	高达5 m；叶宽椭圆形至卵形。花序从顶芽抽出，长10~22 cm；花紫色或淡紫色，有白花、黄紫色花、红紫色花和粉红色花的品种；花冠漏斗状，长1~1.5 cm。花期5月

凉爽的气候，多数种类能耐-20℃低温，有些种类可耐-30℃低温，忌夏季持续高温高湿。喜光，但也较耐阴，在阴处开花较稀少。喜湿润肥沃、排水良好的土壤，对土壤酸碱度要求不甚严格，除了强酸、强碱性土壤外均可，也耐干旱瘠薄，怕涝。

播种、嫁接、分株、扦插、压条繁殖均可。种子采收后一般有一段休眠期，可将选好的种子在0~7℃条件下冷藏或沙藏1~2个月，打破休眠。春季3月下旬至4月播种，条播，行距10cm，20天左右可出苗。幼苗具1~2对叶片和3~5对叶片时间苗两次，翌春以15cm×30cm株行距换畦移栽。扦插以休眠枝或半木质化的枝条为插穗均可，但生根率较低，用$50×10^{-6}$吲哚丁酸或3A-4促根粉处理后，可使生根率显著提高。丁香在长江以南地区至华南、东南沿海远不如北方生长好，可采用嫁接繁殖，以女贞、小叶女贞为砧木，行芽接（T字

图4-10-3　蓝丁香

形）、枝接或靠接。

丁香一般作灌木栽培，当幼树的中心主枝达到一定高度时，根据需要剪截，留4~5个强壮枝作主枝培养，使其上下错落分布，间距10~15cm。次年短截主枝先端，剪口下留1下芽或侧芽，并剥除另一对生芽。当主枝延长到一定程度，相互间隔较大时，宜留强壮分枝作侧枝培养。丁香树势强健，平时不需特殊管理，每年于早春或晚秋剪除病枯枝、过密枝和徒长枝即可，但应合理保留更新枝，以防树冠下部空虚。丁香忌大肥，栽培中一般2~3年施一次肥，如施肥过多反而不易形成花芽。当植株过老、生长衰弱时，可强度截干更新。

【栽培历史与花文化】

丁香枝叶繁茂，花美而香，素雅洁净、幽香宜人，是爱情和幸福的象征，其花朵虽小，但花序硕大，"一树百枝千万结"，是著名的春季花木。在云南，德昂族和傣族人民，每逢春暖花开之际，都要举行一次传统的"采花节"。身着节日盛装的青年男女，争相上山采摘丁香花，赠送给自己的恋人，表示对爱情的坚贞不渝。目前，我国哈尔滨市、呼和浩特和西宁以丁香为市花。

丁香在我国至少有1300多年的栽培历史，可追溯至唐代。唐朝诗人杜甫（712~770年）有《丁香花》诗云："丁香体柔弱，乱结枝犹垫。细叶带

图4-10-1　紫丁香

图4-10-2　白丁香

图4-10-4 红丁香

图4-10-5 欧洲丁香'Candeur'

图4-10-6 欧洲丁香'Nigricans'

图4-10-7 巧铃花

图4-10-8 暴马丁香

图4-10-9 丁香孤植

浮毛，疏花披素艳。深栽小斋后，庶使幽人占。晚堕兰麝中，休怀粉身念。"说明当时已将丁香植于庭院中观赏。陆龟蒙和李商隐也都有描写丁香花、借花抒情的诗句。宋朝周师厚的《洛阳花木记》（1082年）则明确记载了当时的洛阳有丁香花栽培。丁香之名，盖因其花细小而香，可由明朝高濂《草花谱》（1591年）的记载得到证实："紫丁香花，木本，花为细小丁，香而瓣色紫……"。

明清时期，北京法源寺的丁香甚负盛名。法源寺庭园深邃，广植花木，其中以丁香最为著名，大殿前后和寺院两旁满是丁香，盛花时节，游人如潮，号称"丁香之会"，"红蕊珠攒晓露团，朱霞白雪簇雕鞍"反映了当时的盛况。清朝邹升恒也有《丁香和韵》诗，描绘了当时的情景："春空烟锁缀星星，两树琼枝占一庭。交网月穿珠络索，小铃风动玉冬丁。傍檐结密人难拆，拂座香多酒易醒。只恐天花散无迹，拟将湘管写娉婷。"

丁香（主要是暴马丁香）还和佛教有关。相传佛教创始人释迦牟尼曾在菩提树下坐禅而觉悟成佛，创立了佛教。从此，菩提树就被视为神圣之木，广植于佛教寺院之中。但在我国北方，真正的菩提树无法生长，甘肃、青海等各地的佛教弟子就选用暴马丁香代替菩提树，人们称暴马丁香为"西海菩提树"。至今，青海省乐都县以南的瞿昙寺里还保留着一株暴马丁香古树，是明朝洪武年间修建寺院时栽植的，距今已有600多年的历史。

在国外，欧洲丁香的栽培历史最悠久，早在16世纪中叶（约1563年）已在奥地利引种栽培，而花叶丁香1620年前后在波斯也有栽培，匈牙利丁香也于1827年左右在欧洲栽培。我国原产的丁香属植物大多于19世纪末至20世纪初被引种到国外，如垂丝丁香、西蜀丁香、毛丁香、四川丁香、关东丁香等，目前在欧美园林中已经普遍栽培。而很多种类在我国仍栽培很少，甚至仍然完全处于野生状态。

【植物配植】

丁香属植物种类丰富，花色淡雅而美丽，从早春到初夏都有各种丁香花竞相开放，建立丁香专类园是可行的。20世纪初，美国阿诺德树木园在广泛收集我国丁香属种类的基础上，率先建立起颇具特色的丁香专类园，其中收集和培育的丁香观赏品种就有500个以上，明尼苏达树木园也有丁香园，收集有25种、70个品种和若干杂种；此后，欧洲一些国家的植物园、树木园也相继建立起丁香专类园。

在我国，由于丁香属植物主要分布于温带和亚热带的中高海拔地区，因此最适于东北、华北、西北至淮河流域和西南山地建设专类园。中国科学院植物研究所北京植物园的丁香专类园现已经收集丁香属植物种类、变种和品种60多个，是我国最大的

图4-10-10 英国邱园的丁香区

专类园。哈尔滨市则在园林中大量应用丁香造景，汇集20多种，因此哈尔滨有"丁香城"之称，尤其是哈尔滨森林公园，大门内路旁高高的丁香林带景色秀丽、花香宜人。

丁香属大多数种类为灌木和小乔木，花朵紫色、紫红色或蓝紫色，少数为白色、淡红色或淡黄色，因而观赏特性相对比较单一。在专类园建设中，除了广泛收集不同的种类和品种，以增加景观变化和延长观赏期以外，丁香园内还应配植一些高大的乔木树种和花灌木、草花类，乔木树种适宜的如松类、云杉类、冷杉类等针叶树和槭树、黄栌等秋色叶树种，花灌木和草花种类繁多，但花期应与丁香错开，以夏秋开花的为宜，如紫薇、木槿、金丝桃（*Hypericum monogynum*）、菊花等。丁香的配植，在山坡和开阔地宜群植，在建筑附近、亭廊周围或草坪中宜丛植、孤植，专类园的道路也可选用植株较高大的为园路树，如暴马丁香、紫丁香等。小叶丁香、北京丁香、暴马丁香等种类花期较晚，在专类园中宜集中配植在一起，可使专类园的群体花期延长。

【常见的丁香专类园】

我国自20世纪50年代开始了对丁香属植物资源的引种驯化和系统研究，并在此基础上，中国科学院植物研究所的北京植物园与北京市植物园合作，建立了我国第一个丁香专类园。该园与碧桃

图4-10-11 北京法源寺丁香园

园结合,但以植物分割成相对独立的两个空间,已收集20余种1000余株丁香,每年四五月间观赏期长达一个多月。园区以西山为背景,西借香炉峰之高远,东有小金山之婉约,北纳寿安山之雄浑,采用疏林草地的手法,中心为视野开阔的大草坪,四周地形略有起伏,以疏林形式配植了油松、法桐、毛白杨等树种,并有白桦、椴树等树丛或孤立树,在林间、路旁则组团式种植了大片的丁香或碧桃。

此后,中国科学院植物研究所北京植物园也建立了丁香专类园,现已收集丁香属植物60多个种、变种和品种,基本汇集了丁香属的全部种类,包括原产国外的种类以及不少栽培品种,如欧洲丁香和紫萼丁香的杂交品种波峰(Syringa vulgaris × S. oblata var. giraldii 'Buffon')、欧洲丁香的品种'刚果'、'康德塞特'、'奈特'、'卢贝总统'等。中国科学院北京植物园的专家在资源广泛收集的基础上还从事育种工作,先后培育了'紫云'、'罗蓝紫'、'香雪'、'春阁'、'长筒白'、'晚花紫'、'四季蓝'等品种。

此外,沈阳植物园、呼和浩特植物园、银川植物园、西宁植物园和黑龙江伊春树木园也建有丁香专类园,如沈阳植物园的丁香园占地面积2.4hm^2,现已搜集丁香植物24种。

4.11 木兰专类园

木兰通常泛指木兰科植物。

【木兰科概况】

木兰科为常绿或落叶,乔木或灌木。单叶互生,通常全缘,很少分裂;托叶大,包被幼芽,脱落后在小枝上留有环状托叶痕,或同时在叶柄上也留有疤痕。花大,通常两性,单生枝顶或叶腋;花被片2至多轮,每轮3(4)片,分离,有时外轮较小而萼片状;雄蕊多数,分离,螺旋状排列在隆起花托的下部,花丝短;离心皮雌蕊多数,螺旋状排列在花托上部。聚合果,小果多为蓇葖,木质、革质,稀肉质,分离,或因发育长大而部分结合,成熟时通常2瓣裂,稀完全合生,干后近基部横裂脱落,稀为翅状小坚果。

共约14~15属,250~300种,分布于亚洲东部和南部、北美洲东南部、大小安的列斯群岛至巴西东部。我国约产11属107种,云南与桂粤交界的南岭一带种类最多,是现代分布中心,仅云南省就有58种。木兰科植物是我国中亚热带和南亚热带常绿阔叶林的重要组成树种,也是重要的庭园观赏花木,许多属种已在园林中广泛应用,有些栽培历史极为悠久。重要的观赏类包括木兰属(*Magnolia*)、含笑属(*Michelia*)、木莲属(*Manglietia*)、拟单性木兰属(*Parakmeria*)、观光木属(*Tsoongiodendron*)、鹅掌楸属(*Liriodendron*)等,国产其他属还有盖裂木属(*Tlauma*)、华盖木属(*Manglietiastrum*)、长蕊木兰属(*Alcimandra*)、单性木兰属(*Kmeria*)、合果木属(*Paramichelia*)等。

【常见的木兰属种类】

木兰属(*Magnolia*)为常绿或落叶的乔木或大灌木;托叶与叶柄多少合生,叶柄有托叶痕;花单生枝顶,花被片9~21,有时外轮萼片状;每心皮有胚珠2枚。约90种,分布于我国、日本、马来群岛和中北美。我国约30种,引入数种,目前园林中常见栽培的有以下几种。

1)白玉兰 *Magnolia denudata* **Desr.**

又名玉兰。落叶乔木,高达20m,最高可达40m;树冠幼时狭卵形,成年则为宽卵形至松散的球形。花芽大而显著,密毛。叶片倒卵状长椭圆形,长10~15cm,先端突尖。花单生枝顶,形大,径约12~15cm,纯白色,芳香,花被片不分化,共9片,肉质。聚合蓇葖果圆柱形,长8~12cm,种子有红色假种皮,成熟时悬挂于丝状种柄上。花期3~4月(黄河至长江流域),叶前开放;果9~10月成熟。

常见栽培的品种有:

紫花玉兰('Purpurescens'),又名应春花。花背面紫红色,里面淡红色,浓淡有致,美丽动人,花期较晚。本品种易与紫玉兰相混淆,但树体较高大,花被片宽大,9枚,不分化为花萼和花瓣。重瓣玉兰('Plena'),花被片12~18枚。

2)二乔玉兰 *Magnolia × soulangeana* **Soul-Bod.**

落叶小乔木或大灌木,高6~10m。叶片倒卵形,下面多少有细毛。花大,钟状,径约10cm,芳香;花萼3,呈花瓣状,长约为花瓣的1/2或近于等长,或有时小型、绿色;花瓣6片,长倒卵形,先端钝圆或尖,基部较狭,外面基部为淡紫红色,上部及边缘多为白色,里面为白色。聚合蓇葖果,圆筒形,种子有红色假种皮。

二乔玉兰是白玉兰和紫玉兰的杂交种,由Soulange-Bodin于1820~1840年间杂交育成,性

图4-11-1 白玉兰

图4-11-2 白玉兰品种紫花玉兰

图4-11-3 二乔玉兰

图4-11-4 天目木兰

图4-11-5 天女花

状介于二亲本之间，而且变异较大，当时约有17个品种。常春二乔玉兰（'Semperflorens'）每年开花3～4次。

3）紫玉兰 *Magnolia liliflora* Desr.

又名辛夷、木笔、木兰。落叶大灌木，高达3～5m。小枝紫褐色，无毛。叶片椭圆形或倒卵状长椭圆形，长10～18cm，先端渐尖，基部楔形，全缘。花大，单生枝顶，花瓣6，外面紫色，内面浅紫色或近于白色；花萼3，黄绿色，长约为花瓣的1/3，早落。花期3～4月，先叶开放；果9～10月成熟。

4）广玉兰 *Magnolia grandiflora* Linn.

又名荷花玉兰、洋玉兰。常绿乔木，高达30m。树冠阔圆锥形。小枝、芽和叶片下面均有锈色柔毛。叶倒卵状椭圆形，长12～20cm，革质，表面有光泽，叶缘微波状。花白色，极大，径达20～25cm，有芳香，花瓣6～9枚；萼片3枚；花丝紫色。聚合蓇葖果圆柱状卵形，长7～10cm；种子红色。花期5～8月；果10月成熟。

近年来，我国木兰属的育种工作也发展很快，各地培育了大量的观赏品种，主要属于白玉兰、二乔玉兰和紫玉兰种系内，如西安植物园的'长安玉灯'，浙江嵊州的'红运'玉兰、'丹馨'玉兰、'飞黄'玉兰、'长花'玉兰、'红元宝'木兰，浙江富阳的'春江花月'等。

其他常见的木兰属植物见表4-11-1。

【常见的含笑属种类】

含笑属（*Michelia*）为常绿乔木或灌木；托叶与叶柄贴生或分离；花单生叶腋，花被片6～21，3或6片1轮，雌蕊群有柄；聚合果通常部分蓇葖不发育。约60种，分布于亚洲热带至亚热带地区。我国约35种，主产于西南部至东部，也从国外引入数种。目前园林中常见栽培的有以下几种。

1）含笑 *Michelia figo* (Lour.) Spreng.

常绿灌木，一般高2～3m，芽、幼枝和叶柄均密被黄褐色绒毛。叶革质，倒卵状椭圆形，长4～9cm，宽1.8～3.5cm，短钝尖，基部楔形，上面亮绿色，下面无毛；托叶痕达叶柄顶端。花梗

图4-11-6 紫玉兰

图4-11-7 星花木兰(王富献提供)

图4-11-8 广玉兰

图4-11-9 山玉兰

图4-11-10 含笑

图4-11-11 云南含笑

图4-11-12 深山含笑

图4-11-13 乳源木莲

长1~2cm，密被毛；花极香，淡黄色或乳白色，花被片6，边缘略呈紫红色，肉质，长1~2cm；雌蕊群无毛。聚合果长2~3.5cm；蓇葖扁圆。花期4~6月；果期9月。

2）深山含笑 *Michelia maudiae* Dunn

常绿乔木，高达20m，幼枝、芽和叶下面被白粉。叶革质，长圆状椭圆形或倒卵状椭圆形，长8~16cm，宽3.5~8cm，钝尖，侧脉7~12对，网脉在两面明显；叶柄长1~3cm，无托叶痕。花白色，芳香；花被片9，外轮倒卵形，长5~7cm，内两轮较狭窄。聚合果长10~12cm，蓇葖卵球形，先端具短尖头，果瓣有稀疏斑点。花期3月；果期

木兰属（*Magnolia*）其他常见种类一览表　　　　　　　　表4-11-1

中名、学名	分布区	观赏特性
夜合花 *M. coco*	产华南、福建、浙江。常栽培	常绿灌木，高2~4 m；花下垂，径3~4 cm，花被片9枚，外轮绿白色，内两轮乳白色或微黄色，夜间极香。花期6~7月
山玉兰（优昙花） *M. delavayi*	产云南、四川、贵州。西南常栽培	常绿乔木；花朵大而乳白色，径约15~20 cm，花被片9~10枚。花期4~6月；果期8~10月
望春玉兰 *M. biondii*	产甘肃、陕西、湖北、河南、湖南等	乔木；花芳香，径6~8 cm，花被片9枚，外轮了、萼片状，内两轮近匙形，白色，外面基部带紫红色。花期3月；果期9月
武当木兰 *M. sprengeri*	产四川、湖北、河南、甘肃、陕西	乔木，花径约15~17 cm，花被片12~14枚，外面玫瑰红色，内面颜色较淡。花期3~4月；果期8~9月
天目木兰 *M. amoena*	产华东。杭州、南京栽培	乔木；花淡红色或红色，径约6 cm，芳香，花被片9枚，狭长。花期4~5月；果期9~10月
天女花 *M. sieboldii*	星散分布于辽宁、安徽、江西、广西	花在新枝上与叶对生，常下垂，径7~10 cm；花被片9，外轮淡粉红色，其余白色，雄蕊紫红色。花期5~6月；果期8~9月
西康玉兰 *M. wilsonii*	产四川、云南等地。西南有栽培	落叶小乔木；花白色芳香，径约8~12 cm，下垂，花被片9（12）枚。花期5~6月；果期9~10月
黄山木兰 *M. cylindrica*	产安徽、浙江、江西、福建。有栽培	小乔木；花被片9枚，外轮萼片状，内两轮白色，基部带红色，长达10 cm，宽达4.5 cm。花期5~6月；果期8~9月
滇藏玉兰 *M. campbellii*	产西藏、云南。国外早有引种	落叶乔木；花深红、淡红或白色，径15~25 cm，花被片12~16。花期3~5月；果期9~10月。国外曾用本种与白玉兰进行杂交育种
厚朴 *M. officinalis*	产秦岭以南各地。各地常见栽培	落叶乔木，小枝粗壮；花白色，径10~15 cm，芳香，花被片9~12枚。花期5月；果期9~10月
星花木兰 *M. stellata*	原产日本，华东常见栽培	灌木，小枝曲折。花近白色，径约8 cm，芳香；花被片12~18枚，较狭窄。花期3~4月

9~10月。

其他常见的含笑属植物见表4-11-2。此外，苦梓含笑（*Michelia balansae*）、多花含笑（*M. floribunda*）、亮叶含笑（*M. fulgens*）、壮丽含笑（*M. lacei*）、醉香含笑（*M. macclurei*）等也有栽培。

【常见的木莲属种类】

木莲属（*Manglietia*）为常绿乔木；托叶下部一侧贴生于叶柄，小枝和叶柄内侧均有托叶痕；花单生枝顶，花被片通常9，稀6或12；每心皮有胚珠4至多枚。约30种，分布于亚洲热带和亚热带。我国有20余种，产长江流域以南各地。目前园林中常见栽培的主要是木莲。

木莲 *Manglietia fordiana* (Hemsl.) Oliv.

常绿乔木，高达20m；嫩枝有褐色绢毛，皮孔和环状托叶痕明显。叶厚革质，长椭圆状披针形，长8~17cm，宽2.5~5.5cm，先端尖，基部楔形，背面灰绿色，常有白粉；叶柄红褐色。花单生枝顶，白色；花被片9，外轮较大而薄，椭圆形，长6~7cm，宽3~4cm。聚合蓇葖果卵形，长4~5cm，蓇葖肉质，深红色，成熟后木质，紫色。花期5月；果期10月。

木莲属的其他重要种还有：

乳源木莲（*M. yuyuanensis*）：小乔木；花白色，花被片9，外轮略带绿色，长4cm，宽2cm，内轮长2.5cm，宽2cm。产广东、湖南、江西、安徽、浙江。

红花木莲（*M. iinsignis*）：花朵大，花被片9~12，外轮腹面红色，内轮白色而带乳黄色。果实紫红色。花期5月；果期9~10月。产西藏、云

含笑属（*Michelia*）其他常见种类一览表　　　　表4-11-2

中名、学名	分布区	观赏特性
阔瓣含笑 *M. platypetala*	产贵州、湖北、湖南、广西、广东。常栽培	乔木；花白色，花被片9枚，外轮倒卵状椭圆形或椭圆形，长5～7 cm，宽2～2.5 cm。花期3～4月；果期8～9月
乐昌含笑 *M. chapensis*	产江西、湖南、广西、广东。近年常栽培	乔木；花被片6枚，外轮倒卵状椭圆形，长3 cm，内轮稍狭。花期3～4月；果期8～9月
黄心夜合 *M. martinii*	产河南南部、湖北、四川、云南、贵州	乔木；花黄色，芳香，花被片6～8枚，外轮长4～4.5 cm，宽2～2.4 cm。花期2～3月；果期8～9月
金叶含笑 *M. foveolata*	产湖南、江西、贵州、广东、广西、云南	乔木，幼枝叶密被锈色绒毛。花芳香，花被片9～12枚，乳白并略带黄绿色，基部紫色，外轮卵形，长6～7 cm。花期3～5月
峨眉含笑 *M. wilsonii*	产四川中西部。华东有栽培	乔木；花淡黄色，芳香，直径5～6 cm，花被片9～12枚，长4～5 cm，宽1～2.5 cm。花期4～5月；果期8～9月
川含笑 *M. szechuanica*	产云南、四川、贵州、湖北	乔木；花带黄色，花被片9，狭倒卵形，长2～2.5 cm。花期4月；果期9月
云南含笑 *M. yunnanensis*	产云南。云南西部有栽培	灌木；花白色，极芳香，花被片6～12 (17) 枚，倒卵形，长3～3.5 cm，宽1～1.5 cm。花期3～4月；果期8～9月
紫花含笑 *M. crassipes*	产湖南、广西	灌木、小乔木；花紫红色或黑紫色，极芳香，花被片6枚，长椭圆形，长1.8～2 cm，宽6～8 mm。花期4～5月；果期8～9月
白兰花 *M. alba*	原产印度尼西亚。华南常栽培；长江流域盆栽	乔木；花白色或略带黄色，极香；花被片10～14枚，披针形，长3～4 cm，宽3～5 mm。花期4～10月
黄兰 *M. champaca*	产西藏、云南。常见栽培	乔木；花橙黄色，花被片15～20枚，披针形，长3～4 cm，宽4～5 mm。花期6～7月；果期9～10月

毛桃木莲（*M. moto*）：花乳白色，芳香，花被片9，外轮长圆形，长达7.5cm，果实红色。花期5～6月；果期9月。产湖南、广西、广东。

巴东木莲（*M. patungensis*）：花白色，径约8.5cm，花被片9，外轮窄长圆形，长4cm，宽1.5cm，内两轮宽达3cm。花期6月。产湖北、四川。

大果木莲（*M. grandis*）：果实长20～30cm，宽10～15cm，成熟时红色，远看如红花满树。还有四川木莲（*M. szechuanica*）、滇桂木莲（*M. forrestii*）、桂南木莲（*M.chingii*）等。

除了以上3属以外，木兰科其他重要属种还有：

乐东拟单性木兰 *Parakmeria lotungensis* (Chun et C. Tsoong) Law，产广东、海南；

峨眉拟单性木兰 *P. omeiensis* Cheng，产四川；

云南拟单性木兰 *P. yunnanensis* Hu，产云南；

盖裂木 *Tlauma hodgsoni* Hook.f. et Thoms.，产西藏；

华盖木 *Manglietiastrum sinicum* Law，产云南；

长蕊木兰 *Alcimandra cathcardii* (Hook.f. et Thoms.) Dandy，产西藏、云南；

单性木兰 *Kmeria septentrionalis* Dandy，产广西；

合果木 *Paramichelia baillonii* (Pierre) Hu，产云南；

观光木 *Tsoongiodendron odorum* Chun，产福建、江西、广东、海南、广西、云南；

鹅掌楸 *Liriodendron chinense* (Hemsl.) Sarg.，产华东、华中至西南；

北美鹅掌楸 *L. tulipifera* Linn.，原产北美洲，我国各地栽培。

【生态习性和繁殖栽培】

木兰科种类繁多，地理分布、生态习性和繁殖栽培方式各异。耐寒性较强的有白玉兰、紫玉兰、二乔玉兰、望春花、天女花等落叶的木兰属植物，在黄河流域可露地越冬，常绿种类中耐寒性稍强的有广玉兰，在华北南部可露地生长，但含笑属和木莲属以及其他常绿种类均不能在华北露地栽培；原产华南和西南地区的许多种类在长江中下游地区往往难以适应夏季的高温干旱或者冬季常发生冻害。

以对土壤的要求而言，黄心夜合、山玉兰、乐昌含笑、紫花含笑、巴东木莲等可适应pH值7～8的中性和偏碱性土壤，而金叶含笑、红花木莲、乳源木莲等喜酸性土，对碱性非常敏感。

现以白玉兰、广玉兰、含笑等常见种类为例说明。白玉兰喜光，稍耐阴；喜温暖气候，但耐寒性颇强，可耐-20℃低温，在北京以南各地均可正常生长，二乔玉兰的耐寒性尤强于白玉兰和紫玉兰。喜肥沃、湿润而排水良好的弱酸性土壤，但也能生长于中性至微碱性土中（pH值7～8）。根肉质，不耐水淹，耐旱性也一般。抗二氧化硫污染。白玉兰不耐移植，在北方不宜在晚秋或冬季移栽，一般以春季开花前或花谢后而尚未展叶时进行为佳，应带土球。对已经定植的白玉兰，在开花前和开花后应施以速效肥，并在秋季落叶后施基肥。由于白玉兰的愈伤能力较差，多不进行修剪。广玉兰喜温暖湿润气候，也有一定的耐寒力，能耐短期的-19℃低温；较喜阳光，也能耐阴；喜肥沃湿润、富含腐殖质而排水良好的酸性至中性土壤，在石灰性土壤和排水不良的黏性土或碱性土上生长不良；不耐干旱。抗污染。长江以北地区，幼树及大树栽植当年冬季都应当对树干缚草防寒。

含笑喜温暖湿润，不耐寒；喜半阴环境，不耐烈日；不耐干旱瘠薄，要求排水良好、肥沃疏松的酸性壤土。对氯气有较强的抗性。深山含笑、阔瓣含笑等分布于长江流域至华南，西至贵州。喜温暖湿润气候；要求阳光充足的环境，但幼苗期需荫蔽。喜生于深厚、疏松、肥沃而湿润的酸性土中。根系发达，萌芽力强。白兰花喜日照充足、暖热湿润和通风良好的环境，怕寒冷，冬季温度低于5℃时易发生寒害。根系肉质而肥嫩，既不耐旱也不耐涝。喜富含腐殖质、排水良好、疏松肥沃的酸性沙质壤土。对二氧化硫、氯气等有毒气体比较敏感，抗性差。

图4-11-14 紫玉兰丛植

图4-11-15 玉兰孤植

图4-11-16 南京花卉园的木兰园

木兰科植物的繁殖，主要有播种、扦插、压条和嫁接法。播种繁殖应用广泛，如深山含笑、乐昌含笑、黄心夜合、金叶含笑、拟单性木兰、木莲、厚朴等普遍采用，种子含油量高，易丧失发芽力，采集后应尽早播种。不少种类的2年生播种苗可高达1~1.5m左右，地径达2~3cm，3~4年生苗木可出圃定植。嫁接繁殖应用也多，而且对于一些耐寒性差的种类而言，选用紫玉兰或白玉兰为砧木嫁接，可提高抗寒性。压条繁殖在白兰花、含笑、紫玉兰、黄兰等种类中采用，低矮者可就地压条，高大者可采用高压法。扦插繁殖应用不多，主要原因是大部分种类不易生根，成活率较低，但在含笑、白兰等种类中可用，硬枝扦插或嫩枝扦插均可。此外，有些萌蘖性强的种类如紫玉兰、星花木兰、含笑也可采用分蘖繁殖。

【栽培历史与花文化】

木兰科植物在我国栽培历史极为悠久。屈原《离骚》中已多次提到木兰，如"朝饮木兰之坠露兮，夕餐秋菊之落英"、"朝搴阰之木兰兮，夕揽中洲之宿莽。"至汉朝，扬雄（公元前53年~公元18年）《蜀都赋》中有"被以樱梅，树以木兰"之句，则表明当时已经将木兰科植物用于观赏和绿化了；长沙马王堆一号汉墓中也发现有保存完好的药物"辛夷"，经鉴定是玉兰的花蕾。而据南朝·梁（502~557年）任昉《述异记》的记载："木兰洲在浔阳江中，多木兰树。昔吴王阖闾（约公元前515年）植木兰于此，用构宫殿"，说明春秋时期在华东（浔阳即今江西九江）已经有木兰类（可能为白玉兰）的栽培。

所有这些表明，木兰科植物在我国古代栽培历史久远而且普遍。至今，各地尚保存有不少古树，如西安有据称2000年树龄的古玉兰；江苏连云港云台山有白玉兰古树多株，最大的高达16.5m，胸围3.5m，约800年，花开时节似万千乳鸽栖息枝头，随风摇曳，暗香浮动；陕西勉县诸葛亮庙中则有三株武当木兰古树。

木兰科种类繁多，在我国古代，栽培最普遍、历史最悠久的种类主要有白玉兰、紫玉兰、含笑等，西南地区还有山玉兰、西康玉兰等。白玉兰和紫玉兰在唐朝已传入日本，1780~1790年间又传入英国。20世纪初，我国大量的木兰种类被引种到欧美，如光叶木兰、西康玉兰、滇藏玉兰、圆叶玉兰、凹叶木兰（*Magnolia sargentiana*）、武当木兰等。

白玉兰树体高大，亭亭玉立，花大而洁白、芳香，开花时堆云积玉，宛若琼岛，有"玉树"之称，为我国传统名花。白玉兰花期早，在黄河流域至长江中下游地区2月下旬或3月上中旬即进入盛花期，因而是著名的早春花木，由于开花时无叶，花感甚强，故《学圃馀疏》赞曰："玉兰早于辛夷……千干万蕊，不叶而花，当其盛时，可称玉树，树有极大者，笼盖一庭。"玉兰之名出现的时间较晚，据《群芳谱》，盖因其花"色白微碧，香味似兰"而得名。而在明朝以前，紫玉兰和白玉兰有时都被称为"辛夷"或"木兰"，如陆龟蒙的《辛夷花》诗："堪将乱蕊添云肆，若得千株便雪宫"，描绘的实际上是白玉兰。明朝王谷祥有《玉兰》诗："皎皎玉兰花，不受缁尘垢。莫漫比辛夷，白贲谁能偶。"文征明也有《玉兰》诗，将玉兰人格化，视玉兰为清丽如玉的仙子和绝代佳人，其诗曰："绰约新妆玉有辉，素娥千队雪成围。我知姑射真仙子，天遣霓裳试羽衣。景落空阶初月冷，香生别院晚风微。玉环飞燕原相敌，笑比江梅不恨肥。"

图4-11-17 杭州植物园的木兰园

紫玉兰也是早春著名花木，花瓣外紫内白，"外斓斓似凝紫，内英英而积雪"，为庭园珍贵花木之一，北京潭柘寺毗卢阁前有300多年生的古紫玉兰。唐朝诗人王维在辋川的别墅有辛夷坞，即以紫玉兰取胜，王维诗《辛夷坞》曰："木末芙蓉花，山中发红萼。涧户寂无人，纷纷开且落。"白居易的"紫粉笔含尖火焰，红胭脂染小莲花"指的也是紫玉兰。而白居易的另一首写紫玉兰的诗——《题令狐家木兰花》则更加构思奇特，想象力丰富，由木兰花想到了古代代父从军的巾帼英雄花木兰，其诗云："腻如玉指涂朱粉，光似金刀剪紫霞；从此时时春梦里，应添一树女郎花。"此外，陈继儒也有"春雨湿窗纱，辛夷弄影斜。曾窥江梦彩，笔笔忽生花"的诗句。而天女花花梗细长，花朵随风飘摆如天女散花，有"高山仙女"之称，常见于山地风景区中。

图4-11-18 贵阳市花溪公园的木兰园

含笑树形、叶形俱美，花朵香气浓郁，是热带和亚热带园林中重要的花灌木，江南各地常见应用，《草花谱》曰："含笑，花开不满，若含笑然。"宋时世人颇为喜爱含笑，李纲《含笑花赋》云："南方花木之美者，莫若含笑，绿叶素荣，其香郁然。是花也，方蒙恩而入幸，价重一时。"而杨万里的"菖蒲节序芰荷时，翠羽衣裳白玉肌。暗折花房须日暮，遥将香气报人知。半开微吐长怀宝，欲说还休竟俛眉"和邓润甫的"自有嫣然态，

图4-11-19 华南植物园的木兰园

图4-11-20 济南植物园的木兰园

风前欲笑人。涓涓朝泣露,盎盎夜生春"则描绘了含笑的妩媚动人和花香宜人。古代栽培的含笑可能不止一种,杨万里诗"秋来二笑再芬芳,紫笑何如白笑强"和无名氏的"大笑何如小笑香,紫花那似白花妆"可佐证之。近年来,随着园林事业的发展,不少一直处于野生状态的含笑属种类已经引入园林,如黄心夜合、四川含笑、金叶含笑、乐昌含笑、紫花含笑等。

木莲类植物树干通直圆满,树形美观,花朵艳丽而清香,也是美丽的园林树木。唐朝白居易作《木莲诗》,其序云:"木莲树生巴峡山谷间,巴民亦呼为黄心树,大者高五丈,涉冬不凋,身如青杨有白文,叶如桂,厚大无脊,花如莲,香色艳腻皆同,独房蕊有异,四月初始开,自开至谢,仅二十日。"诗云:"如折芙蓉栽旱地,似抛芍药挂高枝。"说明当时人们已经认识了木莲。《酉阳杂俎》亦有"木莲花叶似辛夷,花类莲花,花色相傍"的记载。

云南是我国木兰科植物的分布中心,不但种类繁多而且不少种类为特产,山玉兰常见于各地寺院,如洱源标楞寺有近500年生的古树;西康玉兰又名龙女花(云南大理),据《大理府志》记载,"龙女花"早在明朝已从点苍山引入大理古寺庙栽培,感通寺内曾有古树,现昆明园林科研所曾有引种,而欧洲和北美洲也早有引种栽培;滇藏玉兰在大理又称"木莲花",永平县金光寺有高达35m的古树。此外,木兰属的滇藏玉兰、馨香木兰(*Magnolia odoratissima*)等也早有栽培。对于含笑属而言,黄兰(又名黄缅桂),其花朵小巧玲珑,芳香异常,是傣家妇女喜爱的芳香饰品,常插于头上;云南含笑在丽江农家常栽培,《滇海虞衡志》载:"含笑花土名羊皮袋,花如山栀子,开时满树,香满一院,耐二月之久。"

【植物配植】

图4-11-21 杭州植物园的木兰山茶园(胡绍庆提供)

木兰科种类繁多,适于建设专类园,将各种花色、花期,各种树形的木兰类植物配植在一起,效果颇佳,但不同的种类配植方式不尽相同。总体上,木兰专类园的植物配植,除了体现科学性,适应现代生态园林建设的需要,以丛植和大片群植为主以外,也应参考我国古典园林的植物配植方式,以表现出优美的园林意境。

在我国古典园林中,白玉兰常沿建筑前列植或在入口处对植,登楼俯视,令人意远,也常孤植、丛植于庭前、岩际、路旁、栏周、亭侧或常绿树前,或亭亭玉立,或玉圃琼林。李贤《大明一统志》云:"南湖建烟雨楼,楼前玉兰花莹洁倩丽,与翠柏相掩映,挺出楼外,亦是奇观";《长物志》也有:"玉兰,宜种厅事前。对列数株,花时如玉圃琼林,最称绝胜"王世贞《弇山园记》记载:"弇山之阳,旷朗为平台,可以收全月,左右各植玉兰五株,花时交映,如雪山琼岛。"这些配植手法均值得我们在木兰专类园建设中学习。

广玉兰、山玉兰、木莲以及金叶含笑、乐昌含笑等不少常绿乔木类树体高大,适宜孤植于草坪、水滨,列植于路旁或对植于门前;在开旷环境如广场、大草坪,也适宜丛植、群植,则绿荫遍地、幽然可爱。以其枝叶茂密,叶色浓绿,也是优良的背景树,可植为雕塑、铜像、红枫等色叶树种的背景。尤其是山玉兰,更是珍贵的常绿花木,叶片大而光亮翠绿,花朵大而花姿秀美,而且因其花"青白无俗艳"而还被尊为"佛家花",在西南的庙宇中广植,昆明昙华寺、洱源标楞寺、丽江玉峰寺等庙宇中至今尚存数百年的古树,《徐霞客游记》中所记载的昆明曹溪寺"优昙花"即此。四川成都植物园引种的山玉兰也生长良好,华东栽培较少。

紫玉兰、星花木兰、含笑、夜合花、云南含笑等灌木类,株形低矮,特别适于庭院之窗前、草地边缘、池畔丛植或孤植赏花,落叶种类尤适合与翠竹、青松配植，以取色彩调和之效。我国古代即常将紫玉兰植于庭院，并特称"木兰院"。耐阴的种类如含笑适于配植在疏林下或建筑物阴面。

【常见的木兰专类园】

北京植物园木兰园：1957年始建，1959年建成，面积0.84hm^2，先后收集木兰科植物14种100多株，如黄山木兰、望春玉兰、二乔玉兰、宝华玉兰（*Magnolia zenii*）、紫玉兰等。4月初，木兰盛开，玉树银花，似碧玉雕成。木兰园采取规则式的设计手法，布局整齐，园路十字对称，中心一长方形水池，东西主轴线上置两个带状花坛。沿绿篱以十字对称的种植手法分隔空间，白玉兰、紫玉兰散植在绿篱后的草坪上，草坪上还栽植了华北落叶松（*Larix principis-rupprechtii*）、白皮松等针叶树，以增加秋季和冬季景观。木兰园北部，以高约5m的挡土墙为屏障，形成了背风向阳的生态环境，靠山坡栽植了大叶黄杨、广玉兰、蚊母树等几种常绿阔叶树。考虑到北方适宜的木兰科种类较少，为了避免景观单一，在木兰园的南半部草地上，栽植了多种花灌木和彩叶植物，如红王子锦带花（*Weigela florida* 'Red Prince'）、茶条槭（*Acer ginnala*）、西洋山梅花（*Philadelphus coronarius*）、金叶风箱果（*Physocarpus opulifolium* 'Lutens'）等。整个木兰园形成了以木兰科植物为主体，并配植有多种花木和彩叶植物的景观。

上海卢湾区的玉兰园：始建于2001年，位于上海市中心的重庆南路与南昌路口，面积3400m^2。园内以木兰科植物为主体树种，运用地形、木栈道、石汀步等造景元素，营造出别具一格的园林景观。目前，园内的木兰种类和品种达31个，包括木兰属植物17种、含笑属植物8种、拟单性木兰属植物3种、木莲属植物2种、观光木属1种。除了常见的白玉兰、紫玉兰、二乔玉兰、'红运'玉兰外，还栽种了天目木兰、星花木兰、宝华玉兰、'飞黄'玉兰、'长花'玉兰、'阔瓣'玉兰、'多瓣'玉兰、'丹馨'玉兰等种类和品种。每年2~3月份园内玉兰陆续开放，花期到4月，景观效果极佳。

此外，华南植物园的木兰园占地12hm^2，以植物系统分类、引种驯化等科学研究为重点，收集、栽培木兰科植物11属约130种，是世界上收集木兰科植物最多的基地。湖南省森林植物园木兰园占地3.56hm^2，展示木兰科作为最古老被子植物的花果形态及色、香、味、形俱全的观赏植物景观，现有木兰科植物50余种，主要有白玉兰、醉香含笑、木莲、含笑、深山含笑等。昆明植物园木兰园虽然占地只有1.3hm^2，但已收集木兰科植物10属90多种，也是国内收集木兰科种类较多的专类园，包括不少珍贵稀有种，如红花木莲、西康玉兰、山玉兰、黄花含笑（*Michelia xanthantha*）、云南含笑等。昆明园林植物园的木兰园占地2hm^2，收集木兰科植物7属40多种，包括香木莲（*Manglietia aromatica*）、华盖木、观光木、红花木莲等珍稀种类。浙江富阳亚热带林业研究所树木园也有木兰园，而青岛植物园、杭州植物园和合肥植物园等将木兰和山茶配植在一起，建立了山茶木兰园或木兰山茶园。

4.12 竹子专类园

竹类植物隶属于禾本科竹亚科。

【禾本科竹亚科概况】

常绿乔木或灌木,枝叶秀丽,幽雅别致,四季常青,具有高尚的气质,自古以来在我国园林中广泛栽培。竹子种类繁多,全球约49属850种(一说70属1200余种),主要分布于亚洲、美洲和非洲受季风气候影响的热带和亚热带地区,少数种类在亚洲能够分布到温带乃至亚寒带(北界为北纬51°的库页岛),垂直分布从沿海平原直到高山雪线。在人类居住的各大洲中,只有欧洲没有自然分布的竹种,而亚洲种类最多,南美洲次之,非洲较少,北美洲和大洋洲贫乏。

图4-12-1 毛竹

图4-12-2 龟甲竹

图4-12-3 湘妃竹

图4-12-4 黄皮刚竹

图4-12-5 方竹

图4-12-6 花吊丝竹

图4-12-7 巨龙竹

图4-12-8 慈竹

我国是世界上竹类资源最丰富的国家，不但属种繁多、竹林面积大，而且竹子类型多样，既有主产热带的丛生竹类，也有主产亚热带和温带的散生竹类，分布很广，北起黄河流域，南到海南岛，东起台湾，西至西藏东南的25个省区都有竹子自然分布或栽培，许多栽培历史悠久的竹种具有丰富的种内变异，观赏价值很高。

根据地下茎的类型，可以将竹类植物分为单轴型和合轴型两大类。

1）单轴型

有真正的地下茎，地下茎的顶芽在地下扩展，不出土，侧芽出土成竹，竹竿在地面上散生或呈小丛。有两种类型：

（1）单轴散生型：地下茎圆筒形或近圆筒形，细长横走，称为竹鞭。竹鞭有隆起的节，节上生根，每节着生一芽，交互排列。芽发育成竹笋，出土成竹，或抽发成新的竹鞭，在土壤中蔓延。地上的竹竿常稀疏散生。如刚竹属（*Phyllostachys*）、酸竹属（*Acidosasa*）、业平竹属（*Semiarundinaria*）、短穗竹属（*Brachystachyum*）等。

（2）复轴混生型：有真正的地下茎，兼有散生型和丛生型的繁殖特点，既有细长横走的竹鞭，又有密集的秆基，前者竹竿在地面散生，后者竹竿在地面丛生。如井冈寒竹属（*Glidocalamus*）、箬竹属（*Indocalamus*）、筇竹属（*Qiongzhuea*）、倭竹属（*Shibataea*）、矢竹属（*Pseudosasa*）以及青篱竹属（*Arundinaria*）和方竹属（*Chimonobambusa*）的部分种类等。

2）合轴型

合轴型的地下茎顶芽直接出土成竹，或秆柄在地延伸一段距离后再出土成竹，竹竿在地面上丛生或散生。有以下两种类型：

（1）合轴丛生型：地下茎不为细长横走的竹鞭，而是粗大短缩、节密根多、状似烟斗的秆基。秆基上具有2~4对大型芽，每节着生一个，交互排列。顶芽出土成竹，新竹一般靠近老秆，新竹竿基的芽次年又发育成竹，如此则形成密

图4-12-9 粉箪竹

图4-12-10 琼竹

图4-12-11 金镶玉竹

集丛生的竹丛。如箣竹属（*Bambusa*）、牡竹属（*Dendrocalamus*）、悬竹属（*Ampelecalamus*）、泰竹属（*Thyrsostachys*）等。

（2）合轴散生型：秆基的大型芽萌发时，秆柄在地下延伸一段距离，然后出土成竹，竹竿在地面上散生。延伸的秆柄形成"假竹鞭"，虽然有节，但节上无芽，也不生根。如箭竹属（*Sinarundinaria*）、筱竹属（*Thamnocalamus*）。

【单轴型竹类】

1）刚竹属 *Phyllostachys*

乔木或灌木状；地下茎为单轴散生型。秆散生，圆筒形，节间在分枝侧有沟槽；每节2分枝。秆箨早落；箨叶披针形。每小枝有1至数叶，叶片具小横脉。假花序由多数小穗组成，基部有叶片状佛焰苞；小穗轴逐节折断；雄蕊3。

刚竹属是最重要的单轴散生型竹类，50余种，主产亚洲东部。我国为分布中心，约有50种，分布于黄河流域以南各地，北达东北南部。

（1）毛竹 *Phyllostachys heterocycla* (Carr.) Mitford. 'Pubescens'

高大乔木型竹类，秆高10～25m，径达12～20cm。下部节间较短，中部以上节间可长达20～30cm。分枝以下秆环不明显，仅箨环隆起。新秆绿色，密被细柔毛，有白粉；老秆灰绿色，无毛，白粉脱落而在节下逐渐变黑色。笋棕黄色；箨鞘厚革质，有褐色斑纹，背面密生棕紫色小刺毛；箨舌呈尖拱状；箨叶三角形或披针形，绿色，初直立，后反曲；箨耳小，肩毛发达。叶2列状排列，每小枝2～3叶，较小，披针形，长4～11cm，宽5～12mm。笋期4～5月。

常见的栽培类型有：

龟甲竹（*Phyllostachys heterocycla*），又名龙鳞竹，竹竿粗5～8cm，下部或中部以下节间极度缩短、肿胀交错成斜面，呈龟甲状，极为奇特。花毛竹（f. *huamozhu*），竹竿黄色，有宽窄不等的绿色条纹。金丝毛竹（f. *gracilis*），竹竿较小，秆高不过8m，径不及4cm，黄色。绿槽毛竹（f. *viridisulcata*），竹竿黄色，分枝一侧沟槽绿色。黄槽毛竹（f. *luteosulcata*），竹竿绿色，分枝一侧的沟槽黄色。梅花竹（'Obtusangula'），秆高4～6m，有纵向沟槽5～7条。圣音竹（'Tubaeformis'），竹竿向基部逐渐增大呈喇叭状，节间也逐渐缩短，形似葫芦。

（2）刚竹 *Phyllostachys sulphurea* (Carr.) A. et C. Riv. 'Viridis'

乔木型竹类，秆高10～15m，径约8～10cm。

新秆鲜绿色，有少量白粉；分枝以下秆环平，仅箨环隆起。箨鞘乳黄色，有大小不等的褐斑及绿色脉纹，无箨耳和肩毛；箨舌绿黄色；箨叶带状披针形，绿色。小枝有2~6叶，带状披针形。笋期5月。原产我国，主要分布于黄河以南至长江流域各地。

常见栽培的变型有：

黄槽刚竹（f. *houzeau*），又名碧玉间黄金竹、绿皮黄筋竹。秆绿色，有宽窄不等的黄色纵条纹，沟槽黄色。黄皮刚竹（f. *youngii*），秆及分枝金黄色，有时有1~2条细长的绿色条纹。

(3) 淡竹 *Phyllostachys glauca* McCl.

新秆被雾状白粉，蓝绿色至黄绿色，秆环和箨环均隆起。箨鞘淡红褐色或淡绿褐色，有显著的紫脉纹，有稀疏斑点；无箨耳和肩毛；箨舌平截，紫褐色。分布于黄河以南至长江流域各地。

常见栽培的变型有：

筠竹（f. *youzhu*），又名花斑竹，较矮小，竹竿上有紫褐色斑点或斑块，且多相重叠。

(4) 桂竹 *Phyllostachys bambusoides* Sieb. et Zucc.

新秆绿色，无白粉，老时呈黄色；秆环和箨环均隆起。秆箨黄褐色，有黑褐色斑点，疏生硬毛。箨耳较小，矩圆形或镰形，有长而弯的繸毛。出笋较晚，有"麦黄竹"之称，笋期5月中下旬至6月下旬。

常见栽培的变型有：

斑竹（f. *tanakae*），又名湘妃竹。绿色竹竿上布满大小不等的紫褐色斑块与斑点，分枝亦有紫褐色斑点，边缘不清晰，呈水渍状。黄槽桂竹（f. *mixta*），竹竿绿色并具有紫色斑点，分枝一侧沟槽黄色。

(5) 紫竹 *Phyllostachys nigra* (Lodd. ex Lindl.) Munro

秆高3~8m，径约2~4cm，新秆绿色，老秆则变为棕紫色以至紫黑色。秆环和箨环均隆起。箨鞘淡玫瑰紫色，背部密生毛，无斑点；箨耳发达，镰形、紫色；箨舌长而隆起；箨叶三角状披针形，绿色至淡紫色。笋期4月下旬至5月中旬。

图4-12-12 竹子的配置：竹径

图4-12-13 竹子的配置：竹林

图4-12-14 竹子与景门的搭配

图4-12-15 鹅毛竹作地被应用

图4-12-16 凤尾竹竹篱

图4-12-17 掩映于竹林中的竹材建筑

变种毛金竹(var. *henonis*)，与紫竹区别在于秆较粗大，绿色至灰绿色，不变紫，秆壁较厚，可达5mm。箨鞘淡玫瑰红色，色泽美丽。

(6) 黄槽竹*Phyllostachys aureosulcata* McCl.

秆高5~8m，径2~4cm，中部节间最长达40m；新秆绿色，略带白粉和稀疏短毛，老秆黄绿色，无毛，分枝一侧出现黄色条纹，凹槽黄色；秆环略隆起，与箨环同高。笋淡黄色；箨鞘具淡绿色、淡红色或淡黄色条纹，无斑点，无毛，有白粉。笋期4月下旬至5月。

常见栽培的变型有：

金镶玉竹(f. *spectabilis*)，秆金黄色，分枝一侧有绿色条纹，沟槽绿色；叶绿色，有时有黄色条纹。黄皮京竹(f. *aureocaulis*)，秆全部(包括沟槽)金黄色。

此外，园林中常见栽培的其他刚竹属植物尚有：罗汉竹(*Phyllostachys aurea*)、早园竹(*P. propinqua*)、金竹(*P. sulphurea*)、红壳竹(*P. iridescens*)、安吉金竹(*P. parvifolia*)、早竹(*P. violascens*)及变型黄条早竹(f. *notata*)、乌哺鸡竹(*P. vivax*)及变型黄秆乌哺鸡竹(f. *aureocaulis*)、石绿竹(*P. arcane*)及变型黄槽石绿竹(f. *luteosulcata*)、曲秆竹(*P. flexuosa*)、水竹(*P. heteroclada*)等。

2) 青篱竹属 *Arundinaria*

中小型竹；地下茎为单轴散生或复轴混生型。秆在地面上散生或呈小丛；圆筒形，有时分枝处稍具沟槽；箨鞘基部常残留于箨环，在箨环上留有一圈木栓层；中部每节3分枝，下部偶见1分枝，上部可5~7分枝。秆箨早落。雄蕊3枚。

约70种，产东亚和北美。我国约36种，广布于亚热带地区。

(1) 苦竹*Arundinaria amara* Keng

秆高3~8m，径2~5cm；节间圆筒形，在分枝一侧稍扁平；箨环隆起呈木栓质。新秆灰绿色，密被白粉。箨鞘绿色，有棕色或白色刺毛，边缘密生金黄色纤毛；箨耳细小，深褐色；箨舌平截；箨叶细长，披针形。每节3分枝，秆上部5～7分枝；每小枝2～4叶。叶披针形，长10～20cm，宽1.8～3.2cm，质坚韧，表面深绿色，背面淡绿色。笋期5～6月。

产长江流域至福建等地。变种垂枝苦竹（var. *pendulifolius*），枝叶下垂，更为秀丽，产杭州。

（2）大明竹 *Arundinaria gramineus* Bean

秆高3～5m，径5～15mm，地下茎复轴型，秆通常呈稠密丛生状。秆幼时绿黄色，无毛，布满绿色小点，渐转暗绿色。秆环略隆起，箨环平；分枝紧贴主秆。箨鞘绿色至黄绿色；箨耳缺，箨舌截形或微凹。秆箨宿存。叶片狭长，狭披针形至宽线形，两面无毛，叶密集上举。

原产日本，南京、杭州等地栽培。变型螺节竹（f. *monstrispiralis*），秆异型，单轴型竹鞭上的秆正常，合轴型竹鞭上的秆奇特，呈螺旋形等畸形。产日本，华东栽培。

（3）菲白竹 *Arundinaria fortunei* （Van Hontte） Riv

矮小型灌木竹类，高0.2～1.5m，径约1～3mm；地下茎为复轴型。秆丛生，圆筒形，每节1～3分枝；每小枝着生叶片4～7枚，叶片披针形至狭披针形，长6～15cm，宽0.8～1.5cm，绿色，并具有白色或淡黄色条纹，特别美丽，尤其以新叶为甚。笋期5月。原产日本，广泛栽培，我国南京、杭州等地引种。

此外，翠竹（*Arundinaria pygmaea*），秆高20～40cm，径1～2mm，秆箨和节间无毛，节部密被柔毛和短毛。叶绿色，线状披针形，排成紧密的两列，长4～7cm，宽0.7～1cm。菲黄竹

图4-12-18 昆明世博园——竹园入口

图4-12-19 昆明世博园——竹园远眺

图4-12-20 杭州云栖竹径

(*Arundinaria auricoma*)，与菲白竹相近，但新叶黄色，具绿色条纹，新秆节间被毛。

其他常见的尚有：茶秆竹（*Arundinaria amabilis*）、斑苦竹（*A. longinternodia*）、小箬竹（*A. funghomii*）、箬竹（*A. hindsii*）、肿节竹（*A. oedogonata*）、少穗竹（*A. sulcata*）、巴山木竹（*A. fargesii*）、硫球大明竹（*A. linearis*）、女竹（*A. simonii*）、实心苦竹（*A. solida*）等。

3）方竹属 *Chimonobambusa*

灌木或小乔木状，地下茎单轴散生或复轴混生型。秆在地面上散生，有时下部或中部以下方形或近方形；分枝一侧扁平或具沟槽，中下部数节具一圈瘤状气根。每节常3分枝，或上部分枝稍多。秆箨宿存或迟落，箨鞘纸质，三角形；箨耳缺；箨叶细小。花枝紧密簇生，颖1~3片；雄蕊3；花柱2，分离；柱头羽毛状。

约10余种，产亚洲。我国均有分布，产华东、华南及西南。

（1）方竹 *Chimonobambusa quadrangularis* (Fenzi) Mak.

秆高3~8m，径1~4cm，表面浓绿色、粗糙，上部圆而下部节间呈四方形；节间长20~25cm，秆环甚隆起，下部节上有刺状气生根一环。箨鞘厚纸质，外面无毛，具有多数紫色小斑点；箨叶极小或退化，箨耳不发育，箨舌也不明显。叶3~5片着生于小枝上，狭披针形，长10~30cm，宽1~2.5cm，叶脉粗糙。若条件适合，常四季出笋，故有"四季竹"之称。

分布于华东、华南等地，北达秦岭南坡，常生于低海拔山坡，国内外有栽培。

（2）寒竹 *Chimonobambusa marmorea* (Mitford) Makino

秆高1~3m，径1~1.5cm，节间圆筒形，带紫褐色，粗秆者基部节具气生根。秆箨纸质，宿存，长于节间。箨鞘外面无毛或基部具淡黄色刚毛，间有灰白色圆斑；箨耳无；箨舌低平；箨片短锥形。末级小枝具3~4叶，叶片狭披针形。笋期10~11月。

产广西、福建等地，为传统观赏竹，适于庭园小片种植，或植于林下，也是制作竹类盆景的好材料。

此外，龙拐竹（*Chimonobambusa szechuanensis* var. *flexuosa* Hsueh et C.Li），竹竿节间呈"之"形肿胀，秆中下部2~10节极为缩短肿胀而交互弓曲，呈一串"S"形的畸形节间。形态优于罗汉竹。其他种类尚有大叶方竹（*Chimonobambusa grandifolia*）、合江方竹（*C. hejiangensis*）、毛环方竹（*C. hirtinoda*）、乳纹方竹（*C. lactistriata*）、刺黑竹（*C. neipurpurea*）、金佛山方竹（*C. utilis*）等。

4）箬竹属 *Indocalamus*

灌木状竹。地下茎复轴混生型。秆呈小丛状，圆筒形，节间细长；每节常1分枝，枝条直立，与主秆近等粗，或秆上部的节分枝数达3个。叶片大型，宽通常在2.5cm以上，纵脉多条，小横脉明显。圆锥花序，生于具叶小枝顶端；小穗具柄，具数小花，鳞被3；雄蕊3。

约20余种，分布于亚洲东部。我国全产，主要分布于长江流域以南各地。

阔叶箬竹 *Indocalamus latifolius*（Keng）McCl.

灌木状小型竹类。秆高约1~1.5m，下部直径5~8mm，节间长5~20cm。秆圆筒形，分枝一侧微扁，每节1~3分枝，秆中部常1分枝，分枝与秆近等粗。秆箨宿存，质地坚硬，箨鞘有粗糙的棕紫色小刺毛，边缘内卷；箨耳和叶耳均不明显，箨舌平截，高不过1mm，鞘口有长1~3mm的流苏状须毛；箨叶小。小枝有1~3叶，叶片长椭圆形，长10~30cm，宽1~4.5cm，表面无毛，背面灰白色，略有毛。笋期5~6月。分布于华东、华中至秦岭一带。喜温暖湿润气候，但耐寒性较强，在北京等地可露地越冬，仅叶片稍有枯黄。

长耳箬竹（*Indocalamus longiauritus* Hand.-Mazz.）又名箬叶竹。与上种极相似，但其叶片长10~35cm，宽1.5~6cm；箨耳和叶耳显著。分布于华中至西南，耐寒性稍差。其他尚有美丽箬竹（*I. decorus*）、棕巴箬竹（*I. herklotsii*）、华东箬竹（*I. migoi*）、矮箬竹（*I. pedalis*）、胜利箬竹（*I. victorialis*）等。箬竹类植株低矮，叶片宽大，在园林中适于疏林下、河

表10 其他常见的散生竹类一览表　　　　表4-12-1

中名、学名	分布区	观赏特性
鹅毛竹 *Shibataea chinensis*	产江苏、浙江、福建、江西、安徽等地。常栽培	秆高0.6~1 m，径约2~3 mm，节间长7~15 cm，几乎实心；主秆每节分枝3~6个，一次性；前叶细长，长3~5 cm，存在于秆与分枝的腋间，呈白色膜质而纵裂为纤维状。叶1~2枚生于小枝顶端
筇竹 *Qiongzhuea tumidinoda*	产于云南、贵州、四川的中山地带	为灌木状竹类，秆高2~5 m，直径1~3 cm；节膨大，略向一侧偏斜。每节分枝3个，有时因次生枝发生可增多；小枝纤细。叶2~4片。我国特产的珍贵竹种，形态奇特，观赏价值和工艺价值高
短穗竹 *Brachystachyum densiflorum*	华东特产，产江苏、浙江和安徽	秆高3~4 m，幼秆有倒生白色细毛，分枝一侧节间下部有沟槽；秆环隆起，箨环下有白粉。每节分枝3个，长短近相等，小枝有叶2~5片，长卵状披针形，长5~18 cm，宽1~2 cm。笋期5~6月
井冈寒竹 *Glidocalamus stellatus*	产江西、湖南	灌木竹；秆直立，高2 m，径约0.8 cm；节间圆筒形，无沟槽，幼秆绿色，无毛；节下有白粉，秆环平而箨环略隆起。每节分枝数7~12，纤细簇生；小枝短，仅2~3节，常具1叶。叶片披针形至阔披针形
黎竹 *Acidosasa venusa*	产湖南、广东等地	秆高1~2 m，径0.8 cm，新秆间有长柔毛，节下具白粉圈。每节3分枝，平展。叶片椭圆状披针形，长9~20 cm，宽1.7~2.6 cm
铁竹 *Ferrocalamus strictus*	产云南	秆高5~10 m，径2~5 cm；间长60~80 cm，节内长2~3 cm。每节1分枝，上举；秆环在分枝以上膨大呈花瓶状。叶片长35cm，宽6~9 cm
橄榄竹 *Indosasa gigantea*	产浙江、福建等地	秆高8~17 m，径达10 cm，新秆深绿色，密被白粉。箨舌基部与箨鞘间被流苏状长毛。中部每节3分枝，每小枝3~7叶，叶披针形。笋期3~4月
中华大节竹 *Indosasa sinica*	产广西、贵州、云南等地	秆高10 m，径6 cm，新秆密被白粉。秆环甚隆起呈膝状。中部每节3分枝，平展；每分枝3~9枚叶，叶带状披针形，长12~22 cm，宽1.5~3 cm
算盘竹 *Indosasa glabrata*	产广西	秆高3~5 m，径2 cm，节间长20~30 cm，初绿色，后变黄绿色。秆环隆起而肿胀
江南竹 *Sinobambusa farinosa*	产广东、江西、福建、浙江、广西	秆高7 m，径2~4 cm；新笋粉白色；节隆起，节下白色。3分枝，平展，分枝一侧扁平
红花竹 *Oligostachyum nuspicula*	产海南	秆高4 m，径2~3 cm。分枝3~5，簇生，中间者较长。叶线状披针形，长5~14 cm，宽5~9 mm。花淡红色，甚醒目，为优良的观花竹

边、路旁、石间、台坡、庭院等各处片植点缀，或用于作地被植物，均颇具野趣。

此外，我国其他著名的单轴型竹还有倭竹属、箬竹属、井冈寒竹属、短穗竹属、酸竹属、铁竹属、大节竹属、唐竹属等。其他常见的散生竹种类见表4-12-1。

【合轴型竹类】

1）簕竹属 *Bambusa*

乔木或灌木型竹类；地下茎为合轴丛生型。秆丛生，圆筒形，秆壁厚或近于实心，秆环平；每节分枝多数，簇生，主枝1~3，粗壮，基部常膨大，小枝有时硬化成刺。秆箨较迟落。小穗簇生，雄蕊6；子房常具柄。

约100余种，分布于亚洲东部和中部、马来半岛和澳大利亚。我国约60种，主产华南和西南。通常夏秋发笋，长成新秆后，于翌年分枝展叶，入冬时，新秆尚未完全木质化，因而耐寒性较差。

（1）孝顺竹 *Bambusa multiplex* (Lour.) Raeuschel ex J.A.Schult

丛生竹，秆高3~7m，径约1~3cm，青绿色，幼时节间上部有棕色小刺毛。箨鞘厚纸质，绿色，无毛；箨耳缺或细小；箨舌弧形；箨叶长三角形，淡黄绿色并略带红晕。分枝低，每小枝有叶片5~10枚，排成两列，宛如羽状；叶片披针形，长4~14cm，宽5~20mm，表面深绿色，背面有细毛；叶鞘黄绿色，无毛；叶耳镰刀状，边缘具有淡黄色缝毛。笋期6~9月。

分布于华南、西南等地，各地常见栽培，是丛生竹类中耐寒性最强的种类之一，在南京可生长良好。常见的观赏品种有：

花孝顺竹（'Alphonso-karri'），又名小琴丝竹，竹竿鲜黄色，尤其以新秆最为显著，间有宽窄不等的绿色纵条纹。凤尾竹（'Fernleaf'）小枝稍下垂，其叶9~13片，叶片小型而别致，披针形至线状披针形，长3.5~6cm，宽4~7mm，排列成羽毛状。

（2）粉箪竹 *Bambusa chungii* McCl.

丛生型，秆直立，高达12~18m，径6~8cm；节间长50~100cm，圆筒形；新秆密生白色蜡粉，无毛。秆环平；箨环隆起成一木栓质圈，其上有倒生的棕色刚毛。箨鞘黄色，远较节间短，薄而硬，背面基部密生刺毛；箨耳长而狭；箨叶淡绿色，强烈外卷，卵状披针形，边缘内卷，腹面密生刺毛，背面无毛；箨舌远较箨叶基部为宽，高仅1~1.5mm。分枝点高，每节多分枝，粗细相近。叶片长达20cm，线状披针形，不具小横脉。节间修长，幼秆密生白色蜡粉而呈粉白色，竹竿亭亭玉立，竹丛姿态优美，华南地区和长江流域如湖北、湖南、江西常见栽培。

箪竹（*Bambusa cerosissima* McClure），秆高3~7（15）m，径约5cm，顶端下垂，幼秆密被白粉，节间长30~60cm。每节分枝多数且近相等。箨鞘坚硬，鲜时绿黄色，被白粉，背面遍生淡色细短毛；箨落后箨环上有一圈较宽的木栓质环；箨耳长而狭窄；箨叶反转，卵状披针形，近基部有刺毛。分布福建、湖南及华南各地。

（3）龙头竹 *Bambusa vulgaris* Schrad.

秆高6~15m，黄绿色，节间圆柱形，节部显著隆起。箨鞘背部密被暗棕色短硬毛，易脱落；箨耳发达，暗棕色，边缘有缝毛；箨舌先端条裂；箨叶直立，卵状三角形，腹面具暗棕色短硬毛。产华南、西南等地，常栽培。

常见栽培的品种有：

黄金间碧玉竹（'Vittata'），又名挂绿竹。竹竿黄色，具绿色条纹；秆高8~10m，径7~10cm，节间长达45cm；箨鞘初黄色，间有绿色条纹。

大佛肚竹（'Wamin'），与龙头竹不同处在于秆较矮，高仅2~5m，秆及大多数枝条节间短缩肿胀呈佛肚状。秆形奇异，是著名的观赏竹种之一。宜植于庭园池边、亭际、窗前、山石间，或成片种植。

（4）佛肚竹 *Bambusa ventricosa* McCl.

中小型灌木竹，秆一般高约2.5m，径粗1.5cm，在华南可高达5m，径粗5~10cm。竹竿二型；正常秆节间为圆筒形；畸形秆低矮，节间甚短，显著膨大成瓶状。箨鞘无毛，初为深绿色，老时变为橘红色，先端较宽；箨耳发达，圆形、倒卵形或镰刀形；箨舌短，不明显；箨叶卵状披针形，上部有小刺毛；箨耳和肩毛发达。分枝多，小枝具叶7～13片；叶片卵状披针形至长圆状披针形，长12～21cm，宽1.6～3.3cm，背面微被柔毛。

广东特产，现华南各地园林中常见栽培，北方也多有盆栽。

（5）青皮竹 *Bambusa textiles* McCl.

丛生竹，秆高6～10m，径3～6cm，节间长达35～50cm，竹壁较薄，新竹被白粉和毛。箨鞘厚革质，坚硬而光亮，外面近基部被褐色脱落性糙毛；箨耳小，长椭圆形，两侧不等大，具有屈曲的继毛；箨舌高2mm，边缘具细齿和小纤毛。出枝较高，分枝密集丛生，每小枝有叶8～14枚，长10～25cm。笋期5～9月。产我国南亚热带至热带，好生于土壤疏松、湿润、肥沃的环境。

常见栽培的变型、品种有：

紫秆竹（f. *purpurascens*），秆具紫色条纹，乃至全秆变为紫色，产广东肇庆。紫线青皮竹（'Taculata'），秆和箨基部具有紫色条纹，产华南。

（6）车筒竹 *Bambusa sinospinosa* McCl.

秆高10～20m，径7～14cm，秆壁甚厚，节间长20～35cm，光滑无毛。箨环密生暗褐色刺毛，基部各节上的次生枝常硬化锐刺，且相互交织成为密刺丛。箨鞘褐红色，厚革质，迟落；箨耳近等大，卵状长圆形；箨舌高2～5mm，边缘齿裂且具流苏状；箨叶卵形，直立或反折，背面无毛，腹面连同箨耳均密被黑棕色细刺毛。每小枝6～8枚叶片，线状披针形，长6～12cm，宽0.6～2.0cm，背面近基部被柔毛。

分布于华南和西南地区，多为人工栽培，常生于向阳山坡以及河流沿岸。

2）牡竹属 *Dendrocalamus*

乔木型竹，稀半攀缘性。地下茎合轴丛生；

图4-12-21 华南植物园竹园一角

秆丛生，幼时常被白蜡粉，尾梢常下垂；每节多分枝，无刺；秆箨的箨片常外反，箨耳不发达。小穗轴不具关节，鳞被缺，雄蕊6，花丝分离或合生成薄管。

约40种，分布于亚洲热带和亚热带地区。我国29种，产西南部和华南。

（1）吊丝竹 *Dendrocalamus minor* (McClure) Chia et H.L.Fung

秆高6～8m，径3～6cm，顶端呈弓形弯曲下垂，节间长30～40cm，幼秆被白粉，尤以鞘包裹处更显著，无毛；节稍隆起，幼秆基部数节于秆环和箨环下方各有一黄棕色毯状毛环。箨鞘青绿色，干后为枯草色，背面贴生棕色刺毛，以中下部较多，边缘上部有细毛；箨耳极微小，毛细弱，易脱落；箨舌高3～6mm，顶端平截，边缘被流苏状毛，腹面基部及边缘有细刺毛。叶片矩圆状披针形。

原产广东、广西、贵州等地，云南和浙江南部有引种栽培。变种花吊丝竹（var. *amoenus*），竹竿节间浅黄色，间有5～8条深绿色条纹。

（2）慈竹 *Dendrocalamus affinis* Rendle

秆高7～10m，径4～6cm；节间长30～60cm，贴生长约2mm的灰褐色脱落性小刺毛；箨环明显，在秆基数节者其上下各有宽5～8mm的一圈紧贴白色绒毛。箨鞘革质，背面贴生棕黑色刺毛，先端稍呈山字形；箨耳不明显，狭小，呈皱折状；箨舌高4～5mm，中央凸起成弓形，边缘具流苏状纤毛；箨叶直立或外翻，披针形，先端渐尖，基部收缩成圆形，腹面密生、背面中部疏生白色小刺毛。笋期6～9月。

分布于长江流域至华南、西南，北达甘肃和陕西南部，多生于平地和低山丘陵。竹竿顶端细长作弧形或下垂，如钓丝状，竹丛优美，风姿卓雅，适于沿江湖、河岸栽植，庭园中可植于池旁、窗前、屋后等处。

常见的观赏品种有：

大琴丝竹（'Flavidorivens'），竹秆节间有淡黄

图4-12-22 浙江安吉竹种园（季春峰提供）

色间深绿色纵条纹。金丝慈竹（'Viridiflavus'），节间分枝一侧具有黄色条纹。黄毛竹（'Chrysotrichus'），幼秆节间密被锈色刺毛，间有白粉。绿秆花慈竹（'Striatus'），竹竿节间有淡黄色条纹，叶片有时也有淡黄色条纹。

（3）麻竹 Dendrocalamus latiflorus Munro 秆高20～25m，径15～30cm；节间长40～60cm，新秆被薄白粉，无毛；叶片宽披针形或长椭圆形，长15～35（50）cm，宽4～7（13）cm。笋期7～10月，以8～9月最盛。分布于华南至西南，生于平地、山坡和河岸，常栽培。

本属其他著名的有：龙竹（Dendrocalamus giganteus），秆高达20～30m，直径20～30cm，梢端柔垂，云南等地栽培。巨龙竹（D. sinicus），又名歪脚龙竹，高达30m，是我国大陆最大的竹种，似龙竹，但竹竿基部数节常一面肿胀而使各节斜交，产于云南，在耿马、勐海、勐腊等地，常植于村落边。黄竹（D. membranaceus），产于云南，金平有大量栽培，品种花秆黄竹（'Striatus'）秆之节间具有黄色条纹，西双版纳栽培。

此外，泰竹属（Thyrsostachys）的泰竹（Thyrsostachys siamensis），竹竿密集丛生，高7～13m，径3～5cm，秆壁厚，近实心，分枝多数而纤细，秆箨宿存，紧包竹竿，分布于云南西双版纳，广东、广西、福建有栽培，在缅甸，佛教寺院周围广植。大泰竹（T. oliveri），叶片较大，长达15～18cm，宽达1.2～1.8mm。

【生态习性和繁殖栽培】

竹子种类繁多，生态习性也差别较大，散生竹有较强的耐寒性，尤其是刚竹属的不少种类可耐−20～−18℃的低温，如桂竹、刚竹、淡竹、水竹、早园竹、罗汉竹、黄槽竹、紫竹等，部分青篱竹属的种类也较耐寒；但丛生竹不耐寒，在南京、上海等长江下游地区只有孝顺竹等少数种类可露地越冬。以毛竹为例说明。毛竹原产我国，在秦岭至南岭间的亚热带地区普遍栽培，以福建、浙江、江西和湖南最多。耐寒性稍差，在年平均温度15～20℃，年降水量800～1000mm的地区生长最好，但可耐−16.7℃的短期低温；喜空气湿度大；喜肥沃深厚而排水良好的酸性沙质壤土，在干燥的沙荒石砾地、盐碱地、排水不良的低洼地均不利生长。毛竹竹鞭的生长靠鞭梢，在疏松、肥沃土壤中，一年间鞭梢的钻行生长可达3～4m；竹鞭寿命可长达10年以上。从竹笋出土到新竹长成约需2个月的时间，新竹长成后，干、形生长结束，高度、粗度和体积不再有明显的变化。新竹第2年春季换叶，以后一般2年换叶1次。竹类植物的生长发育周期长，正常情况下可达30～50年，一般在开花结实后整片竹林全部死亡。开花前出现反常预兆，如出笋显著减退，竹叶全部脱落或换生变形的新叶。

竹子的繁殖栽培，因竹种的不同而异。一般丛生竹类的竹蔸、竹枝、竹竿上的芽，都具有繁殖能力，可采用移竹、埋蔸、埋秆、插枝等方法繁殖；散生竹类的竹竿和枝条没有繁殖能力，只有竹蔸或竹鞭上的芽才能发育成新的竹鞭和竹子，故常采用

移竹、移鞭等方法繁殖。

1）散生竹类的繁殖

移竹繁殖：选择1~2年生、生长健壮、竹竿低矮、带有鲜黄竹鞭且鞭芽饱满的母竹，挖掘前先判断竹鞭的走向（竹子最下一盘枝条的方向与竹鞭的方向大致平行），在距母竹30~80cm处，截断竹鞭。一般毛竹留来鞭30~40cm，去鞭70~80cm，其他中型竹留来鞭20~30cm，去鞭50~60cm。挖掘时不要动摇竹竿，用利刀截去上部竹竿，仅保留5~7挡竹枝，带些宿土植于预先挖好的穴中，使鞭根舒展与土密接，入土深度比母竹原来的入土部分深3~5cm。植后及时浇透水，设立支架以防止风吹摇动根部。另外，还可不带竹竿或将母竹在离地面15~30cm处截断，仅留很短的竹竿，用竹蔸栽植。

移鞭繁殖：选择2~4年生、生长健壮、黄色、鞭芽饱满的竹鞭，在出笋前1个月左右挖出，切成60~100cm的鞭段，多带宿土，保护好根芽，栽种于长80~120cm，宽40~50cm，深30~40cm的沟内，将竹鞭平卧，覆土10~15cm厚，略高出地面，上盖草防止水分蒸发。一般在当年夏季可长出细小新竹，为防止新竹枯萎，可剪去1/3竹梢，保留6~7盘枝叶。

2）丛生竹类的繁殖

移竹法（分蔸栽植）：选择枝叶茂盛、秆基芽眼肥大充实的1~2年生竹竿，在外围25~30cm处，扒开土壤，由远及近，逐渐挖深，找出其秆柄，用利凿切断其秆柄，连蔸带土掘起。一般粗大竹竿，用单株，小型竹类，可以3~5秆成丛挖起，留2~3盘枝，从节间中部斜形切断，使切口呈马耳形，种植于预先挖好的穴中。

埋蔸、埋秆、埋节法：丛生竹的蔸、秆、节上的芽具有繁殖能力。选择强壮竹蔸，在其上留竹竿长30~40cm，斜埋于种植穴中，覆土15~20cm。在埋蔸时截下的竹竿，剪去各节的侧枝，仅留主枝的1~2节，作为埋秆或埋节的材料。埋时沟深20~30cm，秆基部略低，梢部略高，微斜卧沟中，覆土10~15cm，略高出地面，然后盖草保湿。为了促使各节隐芽发笋生根，可在各节上方8~10cm处，锯两个环，深达竹青部分。

枝条繁殖：丛生竹竿每节簇生多数枝条，其主枝及侧枝都有隐芽，能萌发生根成小竹。从2~3年生竹竿上，选择隐芽饱满的1~2年生主枝或侧枝，适当保留枝叶，以30°~40°角斜埋土中，并使枝芽向两侧，最下一节入土3~6cm，露出最上一节的枝叶，然后覆草、淋水。

【观赏价值与花文化】

竹类植物的观赏价值主要表现在竹竿、竹叶和竹笋等几方面。同一般的园林树木相比，竹类植物的形态和色彩均有独到之处。以竹竿高度而言，毛竹、龙竹、巨龙竹等大型竹类可高达25~30m，刚竹、桂竹、麻竹、车筒竹等也高达10m以上；黄槽竹、方竹、吊丝竹、青皮竹、金丝毛竹、梅花竹、茶秆竹、唐竹、慈竹等中型竹类一般高5~9m；佛肚竹、井冈寒竹、大明竹、巴山木竹、凤尾竹、黎竹、大节竹等小型竹类一般高2~5m；而倭竹、鹅毛竹、箬竹、长耳箬竹、菲黄竹、菲白竹、翠竹等地被竹类高常1m左右或仅20cm。

竹竿大多呈圆筒形，竹节均匀、垂直伸长，但不少观赏竹竿形特别或具有畸形秆，风姿独特，在园林中可增添景趣。竹竿呈四方形的有方竹、毛环方竹等，而梅花竹的秆有纵向沟槽5~7条，断面犹如梅开五福。竹竿节部强烈隆起的有筇竹、细秆筇竹、大节竹、球节苦竹、高节竹等，有的成算盘珠状。竹竿节间甚短，显著膨大成瓶状的有佛肚竹和大佛肚竹等，而龟甲竹下部诸节极度缩短、肿胀交错呈龟甲状，极为奇特，圣音竹的竹竿向基部逐渐增大呈喇叭状，节间也逐渐缩短，形似葫芦；其他如鼓节竹、螺节竹、辣韭矢竹、曲秆竹、龙拐竹、罗汉竹、巨龙竹、倭形竹等均具有特异的竹竿，观赏价值甚高。

就竹竿的色彩而言，多数竹类终年碧绿，也有不少竹种则具有紫、黄、白等其他颜色。竹竿粉白色（新秆具白粉）的有粉箪竹、箪竹、粉麻竹、华丝竹、美丽箬竹、中华大节竹等；竹竿紫黑色、紫褐色的有紫竹、箭竹、矮箭竹（紫绿色）、紫秆竹、刺黑竹、筇竹、业平竹（老秆紫褐色）、陵水紫竹等；竹竿黄色或金黄色的有美竹、佛肚竹、黄皮京竹、湖北华箬竹、橄榄竹、安吉金竹、少穗竹等。竹竿绿色或黄色而具有异色条纹或斑点的竹种则有：竹竿黄色，具绿色条纹或分枝一侧沟槽绿色的如花毛竹、绿槽毛竹、花孝顺竹、花黔竹、金镶玉竹、青丝金竹、黄皮刚竹、黄金间碧玉竹、青丝黄竹、花吊丝竹、大琴丝竹、绿槽毛竹、黄秆乌哺鸡竹、花秆早竹等；竹竿绿色并具黄色条纹或分枝一侧沟槽呈黄色的有绿皮黄筋刚竹、黄条早竹、花秆黄竹、绿秆花慈竹、黄槽毛竹、黄槽刚竹、黄槽竹、黄槽石绿竹、金丝慈竹、黄纹竹、花巨竹、长舌巨竹等；竹竿绿色并具紫色斑点或条纹的有斑竹、黄槽桂竹、筇竹、紫蒲头石竹、紫线青皮竹等，而撑篙竹的竹竿基部数节具有白色条纹。这些竹种的竹竿或绿或黄或紫或斑驳，加上全株姿态优美，因而是著名的赏秆类观赏竹。

鹅毛竹、凤尾竹等叶姿优美，是著名的赏叶竹，此外还有不少种类的叶片具有异色条纹，如菲白竹、白条赤竹、白纹女竹、白条叶苦竹等叶片绿色具有白色条纹，黄条金刚竹、金镶玉竹、翡翠倭竹的叶片绿色而有黄色条纹，菲黄竹新叶黄色有绿色条纹等。竹笋的形态、大小、色彩也差很多，有些竹类竹笋色彩鲜艳，在笋期极为醒目，也构成优美景观，如红哺鸡竹、毛金竹和安吉金竹在出笋时一片紫红或玫瑰红色，甚为壮观，江南竹的新笋则呈粉白色；而竹笋形状最为奇特的当属花竹，其笋如矛枪状，极为美观，故又有"枪刀竹"之称。此外，产于热带的梨竹果实形大如梨，红花竹花色鲜艳，在竹类植物中均极为特别，是著名赏果和赏花类观赏竹。

竹类植物是我国传统观赏植物之一，已有3000余年的栽培历史，《诗经》、《尔雅》、《山海经》等古书中均有竹子的记载。古往今来，我国人民视竹子为圣洁高雅、刚强正直的象征，对它给予极高的评价。竹子之神妙，在于其虚心劲节、筠色润贞，异于寻常草木，遭风雪而不凋，历四时而常茂，风来自成清籁，雨打更发幽韵。自古高人逸士，赞美竹子的诗词歌赋不胜枚举，如唐代许浑的《江南竹诗》中有"江南潇洒地，本自与君宜"的诗句，称竹为"君"，示与竹为友之意；苏东坡更有"宁可食无肉，不可居无竹"的名句，将他对竹子的感情描绘得淋漓尽致；王子猷则"尝暂寄人空宅，便令种竹"，并说"何可一日无此君"（《世说新语》）。唐代文人刘言夫在《植竹记》中则总结了竹子的"刚、柔、忠、义、谦、恒"六点美德："劲本坚节，不受雪霜，刚也；绿叶萋萋，翠筠浮浮，柔也；虚心而直，无所隐蔽，忠也；不孤根而挺耸，必相依以擢秀，义也；虽春阳气王，终不与众木斗荣，谦也；四时一贯，容衰不殊，恒也。"更如晋朝稽康、阮籍、山涛、向秀、刘伶、阮咸、王戎之辈，常作竹林游，世称"竹林七贤"。

竹子姿态挺秀、神韵潇洒、风雅宜人，虽严寒而不凋，素与松、梅并称"岁寒三友"，而且与梅、兰、菊并称"四君子"，成为君子贤人等理想化人格的化身。至于一些形、色特别的竹类，古人也注意到，并常有以景抒情的诗词，如关于湘妃竹就有高骈的《湘浦曲》："虞帝南巡去不还，二妃幽怨水云间。当时血泪知多少？直到而今竹尚斑"，施肩吾的《湘竹词》："万古湘江竹，无穷奈怨何。年年长春笋，只是泪痕多"，杜牧的《斑竹筒簟》"血染斑斑成锦纹，昔年遗恨至今存。分

图4-12-23 北京紫竹院公园"江南竹韵"入口

明知是湘妃泣，何忍将身卧泪痕"等。筇竹也是一种奇特的竹子，原产于四川的古代民族邛都夷居住的地区（现在的四川西部），起初被称为邛竹。《史记·大宛列传》和《汉书·张骞传》都有相同的记载："臣在大夏见邛竹杖，蜀布……大夏国人曰，吾贾人往市之身毒国。"大夏和身毒国分别为现在的阿富汗北部和印度。可见，远在西汉以前，我国西南地区与印度、中亚等地已经有交通和商贸往来。筇竹与佛教也有关系，因此又被称作罗汉竹，而且昆明西北的玉案山上，有一座建于宋末元初的古寺，名曰筇竹寺。而方竹竹竿呈四方形，下部节上具刺瘤，甚奇特，出笋期长，是著名的观赏竹类，《花镜》云："方竹产于澄州、桃源、杭州，今江南俱有。体方有如削成，而劲挺堪为柱杖，亦异品也。"因此，中国竹文化博大精深、源远流长。

【植物配植】

古往今来，竹类植物以潇洒美丽的姿态和高雅圣洁的品格深受我国人民喜爱，其用于园林造景的历史几乎同步于我国园林的起源和发展历史。早在周代我国园林发端之时，竹子即被植于苑囿之中。《穆天子传》载："天子西征，至于玄池，乃树之竹，是曰竹林。"《拾遗记》载："始皇起虚明台，穷四方之珍，得云岗素竹。"至汉朝，皇家园林中已有大量竹子栽培，甘泉宫中并设有竹宫。唐宋时期，写意山水园和自然山水园均进入兴旺阶段，竹子之栽培愈加普及，唐代白居易在《池上篇》所总结的"十亩之宅，五亩之园；有水一池，有竹千竿"是唐宋宅园的基本模式，其简朴如此，因"水能性淡为我友，竹解心虚即我师。"《洛阳名园记》中记载的富郑公园、苗帅园、董氏西园均有大量竹子造景，如苗帅园"竹万余竿，皆大满二三围，疏筠琅玕，如碧玉椽"；富郑公园则"直北走土筼洞，自此入大竹中。凡谓之洞者，皆斩竹丈许，引流穿之，而径其上横为洞，一曰土筼，纵为洞，二曰水筼，曰石筼，曰榭筼。历四洞之北，有亭五，错列竹中，曰丛玉，曰披风，曰漪岚，曰夹竹，曰兼山。"明清时期的江南园林中几乎"无园不竹"，如扬州个园因竹而名，《个园记》云："主人性爱竹，盖以竹本固，君子见其本，则思树德之先沃其根。竹心虚，君子观其心，则思应用之务宏其量。"因此，运用竹类植物造景，是我国园林艺术中的传统手法之一，而今我国很多风景名胜区、城市公园常用竹类植物造景，形成令人流连的迷人景色。

在风景区和大型公园中，可充分利用竹子种类繁多的特点，通过引种，以竹类植物为主要造景材料建设竹子专类园。竹子专类布置在北宋的艮岳中即有，张淏《艮岳记》载："景龙江北岸，万竹苍翠蓊郁，仰不见天，有胜云庵、蹑云台、消闲馆、飞岑亭，无杂花异木，四面皆竹也。"

竹子专类园在造景中，应结合地形变化，依传统的造园手法，形成高低错落、曲直有致的景色。如竹子沿道路两侧栽植可形成竹径，巧妙利用自然地形的起伏变化，具有曲径通幽之效，各种竹子可尽情向游人展示优美独特的动人丰姿，微风吹过，则"夹道万竿成绿海，风来凤尾罗拜忙"。庭园植竹，则宜在山石之侧、亭廊附近、厅堂周围、景门入口、池旁水边小片点缀，均竹影斑驳、叶声飒飒，并取清凉之效。如明朝文征明《弇山园记》云："入门而有亭翼然，前列美竹，左右及后三方悉环之，数其名，将十种。亭之饰皆碧，以承竹

图4-12-24 北京紫竹院公园"竹"雕

图4-12-25 北京紫竹院公园坐凳、指示牌采用仿竹结构

此外,根据不同竹种形态的差别还可进行其他搭配。如以中小型竹种按绿篱设计要求植于小道两旁、景点周围或庭前阶下,形成竹篱,作境界或专供观赏,亦颇具特色。竹篱一般为自然式,如孝顺竹、紫竹、疏节竹、慈竹均可构成中高篱,不加修剪,任其自然生长,极富野趣;部分矮小的丛生竹类构成的矮篱视需要可进行必要的修剪整形,如凤尾竹、菲白竹、华箬竹、箭竹等,而凤尾竹甚至可修剪成球形作园林点缀。低矮的地被竹类是优良的地被植物,如箬竹、阔叶箬竹、鹅毛竹、菲白竹、赤竹、翠竹、日本矮竹等,尤其适于林内树下、假山石间、坡地等不适于种植草坪的地方,可构成自然之野趣,并丰富绿化层次。

我国幅员辽阔,各地自然条件差别很大,在竹种选择上应非常慎重,散生竹类的耐寒性一般很强,不少种类可在温带生长,如刚竹、淡竹、桂竹、紫竹、罗汉竹、早园竹、黄槽竹等均可耐-20~-18℃低温,能够在华北地区安然越冬;毛竹、乌哺鸡竹、早竹等单轴散生型竹类,以及苦竹、箬竹、鹅毛竹等复轴混生型竹类在华北南部也早已引种成功。而大多数丛生竹尤其是乔木型丛生竹只能在热带和中、南亚热带露地生长,在北方往往只能温室盆栽。

【常见的竹子专类园】

成都望江楼公园:望江楼公园为一著名竹子专类园,纵目所及,只见幽篁森森、翠纷溶溶,仿佛置身于竹的海洋,该园现有国内外竹子近200种,如麻竹、观音竹、紫竹、大明竹、倭竹、苦竹、箬竹、粉箪竹等,并经过精心培植,巧妙布局。园内著名的景点有望江楼(又名崇丽阁)、吟诗楼、薛涛井等,唐朝著名女诗人薛涛的墓也建在望江楼公园。

昆明世博园竹园:占地$0.87hm^2$,主要景点有巨竹奇观、岁寒三友、竹苑春秋、傣家竹楼等。全园栽培竹子41属318种,是目前竹种最多的专类园,包括了不少珍稀的种类,如开红花的针麻竹,完全实心的梨藤竹,竹竿有芳香油的香竹,我国最高大的巨龙竹,叶子长达60cm、宽达20cm的铁竹等,并将富有傣族风格的竹楼、竹亭、竹廊、竹水榭巧妙

图4-12-26 扬州个园

图4-12-27 苏州沧浪亭竹园一角

竹园占地2.5hm^2，共收集竹类植物100余种，以观赏竹类为多，如佛肚竹、大琴丝竹、凤尾竹、罗汉竹、斑竹、黄金间碧玉竹、粉箪竹、凤凰竹等，园内建有"君安"仿竹亭。福建来舟珍稀树木园竹种区占地3.3hm^2，至1990年已收集竹类184种，其中尤以刚竹属的种类最全。浙江竹类植物园（杭州）占地2.4hm^2，1982年始建，已收集南方各省区和国外竹种约25属222种，著名的如酸竹属、方竹属、茶秆竹属、刚竹属等。

我国自然风景区以竹子而闻名的有蜀南竹海、贵州竹海、井冈山毛竹林等。蜀南竹海位于四川长宁和江安两县毗邻处，方圆40km；贵州竹海国家森林公园则位于赤水市，有竹林11000hm^{2}以上，遍布群山峻岭，登上"观海楼"凭栏眺望，眼前是一望无际的茫茫竹海，山风吹过，竹涛阵阵，碧波涟漪，令人心旷神怡；井冈山也以毛竹林闻名全国，中山和低山的沟谷、山坡，满眼是绿色竹子。此外，湖南洞庭湖君山岛，岛中72峰，峰峰有竹，千姿百态，异竹丛生，如罗汉竹、湘妃竹、实心竹、梅花竹等，并形成斑竹岭、罗汉竹山、方竹山等景点；浙江杭州的云栖竹径则由绵延的毛竹构成，幽篁夹道，倍觉宜人，可谓"一径万竿绿参天"，人如在画中行，除了毛竹外，还植有方竹、短穗竹、箬竹等多种竹子。此外，我国四大名园之一的扬州个园，则是古典园林式的竹子专类园。

地布置在竹林中，时隐时现。远远望去，掩映在山水之间的带状竹园宛如一幅徐徐展开的水墨画。

北京紫竹院公园：虽然地处温带，但经多年引种驯化，已经种植竹子近百种（和品种）约100万株，栽植面积达4.5hm^2，营造了几十处竹子景观，如筠石苑、江南竹韵、八宜轩、箫声醉月等，成为北方最著名的竹子专类园。

长江以南各地的植物园一般都设有竹类植物园（区）。华南植物园竹园占地15hm^2，收集各种材用、笋用、编织用等竹亚科植物，以箣竹属等丛生竹为主，拥有近220种（含变种）。武汉植物园

4.13 棕榈专类园

【棕榈科概况】

棕榈科为常绿乔木、灌木或木质藤本，茎单一或丛生，通常不分枝。叶大型，常螺旋状聚生于茎顶而形成"棕榈型"树冠，稀排成2列，或在藤本中散生；大多为羽状复叶，少数为掌状叶；叶柄基部常扩大成纤维质的叶鞘，全部或部分包裹着茎干。花小，常辐射对称，两性或单性，雌雄同株或异株，常组成大型的圆锥状肉穗花序，具佛焰苞。花萼、花瓣各3，乳白色、略带淡绿色或淡黄色，稀紫红色或橙黄色，合生或离生；雄蕊6，2轮；心皮3，各式合生或少数离生。果实为核果、浆果，稀紧密排列成头状的聚花果。

棕榈植物是单子叶植物纲中一个非常特殊的类群，大约起源于白垩纪。目前，全世界约有190~230属，2000~3000种，主要分布于热带亚洲和热带美洲，少数产于非洲和大洋洲，欧洲仅产1种。分布纬度为南北纬37°之间，但仅有少数种类产于温带和北亚热带，如欧洲棕产于北纬44°的欧洲，尼卡椰子广泛分布于南纬42°的新西兰格雷茅斯地区（刘海桑，2002）。

棕榈科一般分为6个亚科，即贝叶棕亚科，包括欧洲棕属（*Chamaerops*）、琼棕属（*Chuniophoenix*）、贝叶棕属（*Corypha*）、石山棕属（*Guihaia*）、蒲葵属（*Livistona*）、刺葵属（*Phoenix*）、棕竹属（*Rhapis*）、菜棕属（*Sabal*）、棕榈属（*Trachycarpus*）、裙棕属（*Washingtonia*）等；省藤亚科，包括省藤属（*Calamus*）、黄藤属（*Daemonorops*）、西谷椰属（*Metroxylon*）、金刺椰属（*Pigafetta*）、酒椰子属（*Raphia*）等；水椰亚科，包括水椰属（*Nypa*）；蜡椰亚科，包括蜡椰属（*Ceroxylon*）、袖珍椰属（*Chamaedorea*）、酒瓶椰属（*Hyophorbe*）、樱桃椰属（*Pseudophoenix*）、国王椰属（*Ravenea*）等；槟榔亚科，包括假槟榔属（*Archontophoenix*）、槟榔属（*Areca*）、桄榔属（*Arenga*）、帝王椰属（*Attalea*）、鱼尾葵属（*Caryota*）、椰子属（*Cocos*）、油棕属（*Elaeis*）、窗孔椰属（*Reinhardtis*）、王棕属（*Roystonea*）、变性椰属（*Wettinia*）等；象牙椰亚科，包括多蕊象牙椰属（*Ammandra*）、象牙椰属（*Phytelephas*）等。

我国原产的棕榈科植物约18~20属，90~100种，主产于华南，但除了鱼尾葵（*Caryota ochlandra*）、蒲葵（*Livistona chinensis*）、棕榈和棕竹（*Rhapis excelsa*）等少数种类外，大多数种类尚未得到开发利用，如琼棕（*Chuniophoenix hainanensis*）、高山蒲葵（*Livistona altissima*）、省藤属、山槟榔属（*Pinanga*）、轴榈属（*Licuala*）。目前我国园林中应用较普遍的很多是由国外引进的，早已引种成功并广为栽培的就至少有10属50多种，如大王椰子（*Roystonea regia*）、菜王椰（*R. oleracea*）、贝叶棕（*Corypha umbraculifera*）、圆叶蒲葵（*Livistona rotundifolia*）、加那利海枣（*Phoenix canariensis*）、假槟榔（*Archontophoenix alexandrae*）等引进较早的种类和俾斯麦棕（*Bismarckia nobilis*）、布迪椰子（*Butia capitata*）、豪威椰子（*Howea belmoreana*）、黄脉葵（*Latania verschaffeltii*）和青棕属（*Ptychosoerma*）等近期引进的种类。据不完全统计，我国已引种栽培的棕榈植物至少有94属320多种。

【观赏棕榈的主要种类】

1）棕榈属 *Trachycarpus*

中小型，茎单干或丛生；掌状叶，叶面戟突显著，裂片单折，先端二叉状。雌雄异株，萼、瓣各3；果实扁肾形。

约6种，产印度东北部、泰国北部和中国。常见栽培的为棕榈。

棕榈 *Trachycarpus fortunei* (Hook.f.) H.Wendl.

常绿乔木，高达10m，干径达25cm。树干圆柱形，密被棕褐色纤维状的老叶鞘基。叶簇生干顶，圆扇形，径约50~70cm，掌状深裂达

图4-13-1 鱼尾葵列植

图4-13-2 大王椰子丛植

图4-13-3 砂糖椰子

图4-13-4 桄榔

中下部；裂片多而狭长，顶端浅2裂；叶柄长40~100cm，两侧有细齿。雌雄异株，肉穗花序圆锥形，粗大而多分枝，腋生；佛焰苞革质，外被锈色绒毛。花小而黄色。核果肾状球形，径约1cm，蓝黑色，略被白粉。花期4～5月；果期9～10月。

此外，山棕榈（*Trachycarpus martianus*）高达15m，枯叶自然脱落，有少量叶基宿存；花白色。产喜马拉雅山区，生长缓慢。龙棕（*T. nanus*）为灌木，高常不及1m，具地下茎，可盆栽。产云南。

2）蒲葵属 *Livistona*

茎单干型；掌状叶，叶柄常具齿或刺。花序分枝可达五回，两性花。

约28种，产澳大利亚、东南亚、华南、喜马拉雅山区至非洲红海角和邻近的阿拉伯地区，以澳大利亚为分布中心。常见栽培的为蒲葵。

蒲葵 *Livistona chinensis* R.Br. 常绿乔木，高达10～20m，胸径达15～30cm；树冠圆球形，冠幅可达8m。叶阔肾状扇形，宽约1.5～1.8m，长1.2～1.5m，掌状浅裂或深裂；裂片条状披针形，顶端长渐尖，再深2裂，下垂；叶柄长1m以上，两侧有钩刺；叶鞘褐色，纤维甚多。肉穗花序排成圆锥花序式，腋生，长达1m，分枝多而疏散；总苞1，革质，圆筒形，苞片多数，管状。花形小，黄绿色，两性，通常4朵集生，花冠深裂。核果椭圆形至近圆形，长1.8～2cm，状如橄榄，成熟时亮紫黑色，略被白粉。花期3～4月；果期9～10月。

此外，圆叶蒲葵（*Livistona rotundifolia*）掌状叶浅裂，直径约1.5m，裂片不下垂，花序长达1.5m。此外，尚有大叶蒲葵（*L. saribus*）、密叶蒲葵（*L. muelleri*）、澳大利亚蒲葵（*L. australis*）、垂裂蒲葵（*L. decipiens*）、裂叶蒲葵（*L. drudei*）、红叶蒲葵（*L. mariae*）等。

3）刺葵属 *Phoenix*

茎单干或丛生；叶一回羽状分裂，羽片内向折叠，基部的羽片退化为刺，叶基宿存；雌雄异株，花序生于叶间；果实椭球形，黄色、橙黄色至紫黑色。

约17种，产东南亚、南亚至阿拉伯半岛和非洲，华南有分布。常见栽培的有以下几种。

（1）长叶刺葵 *Phoenix canariensis* Hort. ex Chabaud.

又名加那利海枣。常绿乔木，茎单生、直立，高达20m，直径可达50～70cm，具有紧密排列的扁菱形叶痕而较为平整。叶长达5～6m，一回羽状分裂；羽片芽时内向折叠，可达400个，绿色而坚韧，排列较整齐，基部的羽片退化为刺状。雌雄异株；花序长达2m，生于叶间，分枝。果实长约2.5cm，黄色。花期4月。

（2）枣椰 *Phoenix dactylifera* Linn.

又名海枣、伊拉克海枣。高达20～30m，直径一般不超过50cm；茎单生，较粗糙，基部常有萌蘖丛生。叶长达6m，浅蓝灰色，裂片2～3枚聚

图4-13-5 蒲葵

图4-13-6 刺葵

生，条状披针形，在叶轴两侧常呈V字形上翘，基部裂片退化成坚硬锐刺。果序长达2m，直立，扁平，淡橙黄色，被蜡粉，状如扁担。果实长达7.5cm，宽1.7～2.1cm，深橙红色，味极甜。原产伊拉克至撒哈拉沙漠等中东和北非地区，我国两广、福建、云南有栽培。适合高温干燥的大陆性气候，耐寒性也颇强。

（3）软叶刺葵 *Phoenix roebelenii* O.Brien.

又名美丽针葵。灌木，高1～2m，径约10cm，叶基宿存；茎单生或丛生。叶长1～2m，绿色，柔软而常下垂，羽片排成2列。果实紫色，长约1.5cm。产印度及中印半岛，我国云南有分布，华南各省区广泛栽培。植株低矮，适于丛植。

此外，还有袖珍枣椰（*Phoenix acaulis*）、湿生枣椰（*P. paludosa*）、非洲枣椰（*P. reclinata*）、岩枣椰（*P. rupicola*）、银枣椰（*P. sylvestris*）等。

4）鱼尾葵属 *Caryota*

茎单干或丛生；叶二回羽状分裂，小羽片楔形

图4-13-7 软叶刺葵

至菱形，先端啮蚀状，叶基宿存，后脱落，茎具显著叶环痕；花单性，萼、瓣各3，雌雄同序；果实球形，红色、黄色或紫黑色。

约12种，产东南亚至澳大利亚北部。

（1）鱼尾葵 *Caryota ochlandra* Hance

常绿乔木，高达20m；树干单生，无吸枝，有环状叶痕。叶大型，聚生茎顶，二回羽状全裂，长2～3m，宽1～1.6m；羽片14～20对，下垂，中部

图4-13-8 二药槟榔

的较长；裂片厚革质，有不规则啮蚀状裂，酷似鱼鳍，近对生；叶轴及羽片轴上均密生棕褐色毛及鳞秕；叶柄短。肉穗花序呈圆锥花序式，多分枝，长达1.5～3m，下垂；雄花花蕾卵状长圆形，雌花花蕾三角状卵形。果实径约1.8～2cm，成熟时淡红色，有种子1～2颗。花期7月。

原产热带亚洲，我国分布于华南至西南，常生于低海拔石灰岩山地，常栽培。可耐长期4～5℃低温和短期0℃低温及轻霜，不耐旱，较耐水湿。

(2) 短穗鱼尾葵 *Caryota mitis* Lour.

丛生灌木或乔木，高5～9m，抑或高达13m，直径可达15cm。有吸枝，常聚生成丛，近地面有棕褐色肉质气根。叶与鱼尾葵相似；叶鞘较短，长50～70cm。肉穗花序长仅30～60cm。果实球形，径约1.2～1.8cm，蓝黑色。花期7月。产华南，热带亚洲也有分布，常见栽培。

此外，单穗鱼尾葵（*Caryota monostachya*）似短穗鱼尾葵，但树体较小，高2～4m，花序常不分枝，果实较大。董棕（*C.obtusa*）为一次开花结果植物，花序长达2～6m，约20年始花，开花结果后全株死亡。

5）棕竹属 *Rhapis*

小型，茎纤细、丛生；掌状叶深裂，裂片2至多数，先端具齿，叶面戟突小，背面无戟突，叶柄纤细，表面无沟槽；雌雄异株或杂性，花序生于叶间。

约12种，产中国南部至苏门答腊北部。常见栽培的为棕竹和矮棕竹。

(1) 棕竹 *Rhapis excelsa* (Thunb.) Henry ex Rehd.

常绿丛生灌木，高达2～3m，最高可达4.5m；茎圆柱形，有节，径约2～3cm，常包有黑褐色纤维网状的叶鞘，较松散。叶掌状5～10深裂，裂片条状披针形，长达30cm，宽3～5cm，顶端阔，有不规则齿缺，边缘和主脉上有褐色小锐齿，横脉多而明显；叶柄长8～20cm。雌雄异株，肉穗花序，多分枝，长达10～30cm。雄花序纤细，雄花小，淡黄色，无梗，花冠裂片卵形，质厚；雌花序较粗壮，

图4-13-9 散尾葵

图4-13-10 短穗鱼尾葵

花冠稍短。浆果近圆形，长7～8mm，黄褐色，种子球形。花期4～5月。

品种斑叶棕竹（'Variegata'），叶片绿色，具有金黄色条纹。其他品种尚有'达摩'、'小达摩'、'日出'、'凤凰'等。

(2) 矮棕竹 *Rhapis humlilis* Bl.

常绿灌木，高达4m，叶片掌状7～20裂，裂片较狭长，条形，长达25cm，宽1～2cm，先端渐尖，横脉疏而不明显。叶鞘编织成紧密的网状，褐色。肉穗花序较长而分枝多。

此外，细棕竹（*R. gracilis*），高约1.5m，

图4-13-11 董棕

图4-13-12 酒瓶椰子

纹。叶一回羽状，可达30枚，簇生主干顶端，长达5~7m；羽片长披针形，长80~100cm。肉穗花序，长达0.6~1m，由叶腋抽出，分枝，初为圆筒状佛焰苞所包被，花单性同序；雄花着生于花枝的中上部，每花序有雄花多达6000朵以上；雌花着生于中下部，每花序有雌花10~40朵。果实为坚果，椭圆形或近球形，顶端有三棱，长达30cm，直径达20cm，初为绿色，渐变为黄色，成熟时褐色。周年开花，花后经10~12个月果实成熟。

品种金黄椰子（'Aurea'），果实金黄色。香水椰子（'Perfume'），果实球形，径约15cm，果汁美味。

7）假槟榔属 *Archontophoenix*

茎单干型，具显著的叶环痕，基部常膨大；叶一回羽状分裂，羽片线状披针形，在叶轴两侧排成同一平面；花序生于叶下，分枝、下垂；果实卵形，红色。

约6种，原产澳大利亚东部。常见栽培的为假槟榔。

假槟榔 *Archontophoenix alexandrae* H.Wendl. et Drude

常绿乔木，高达20m，直径30cm；干单生，有环纹，基部显著膨大。叶簇生干顶，呈拱状下垂；羽状全裂，长达2.3m；裂片多达130~140枚，长约60cm，先端渐尖而略2浅裂，全缘；表面绿色，背面灰绿色，有白粉；叶柄短，叶鞘长达1m，膨大抱茎，革质。肉穗花序生于叶鞘下

径1cm，叶裂片2~4，长约15cm，宽约2.5cm；多裂棕竹（*R. multifida*），高达2~3m，叶裂片15~30，长约30cm，宽约2cm，边缘和肋脉具细齿；粗壮棕竹（*R. robusta*），叶裂片4，长达25cm，宽达4.5cm。

6）椰子属 *Cocos*

1种，即椰子，可能原产太平洋岛屿，现热带地区广植。

椰子 *Cocos nucifera* Linn.

乔木，单干型，高15~30m，胸径可达30cm以上，基部常明显膨大，老时常倾斜；树干有环

图4-13-13 棕竹

图4-13-14 椰子

方之干上，悬垂而多分枝，雌雄异序；雄花序长约75cm，雄花三角状长圆形，淡米黄色；雌花序长约80cm，雌花卵形，米黄色。果实卵球形，长1.2~1.4cm，红色。

变种宝塔假槟榔（var. *beatricae*）茎干基部显著膨大，叶环痕向内收缩而使茎干呈宝塔状。

此外，阔叶假槟榔（*Archontophoenix cunninghamiana*），茎基部不膨大或膨大不明显，叶片宽大而披垂，两面绿色，花色淡紫，有芳香，果实鲜红色。

8）桄榔属 *Arenga*

茎单干或丛生型；叶常为一回羽状分裂，有时二叉状，羽片楔形至线形，先端啮蚀状，叶基宿存，老时脱落；雌雄异序、同序或异株，常为一次开花结果，稀例外，花序一回分枝或穗状；果实球形至椭球形。

约17种，产热带亚洲至大洋洲。

（1）砂糖椰子 *Arenga pinnata* (Wurmb.) Merr.

单干型乔木，高达12~25m，宿存具黑色针刺的叶基。叶片一回羽状分裂，长达7~12m，常竖直生长；羽片条形，长达1.5m，顶端有啮蚀状齿，基部有2个不等长的耳垂，在叶轴上排成不同的平面，叶面深绿色，背面银白色。一次开花结果，雌雄同株，花序腋生，长约1.5m，分枝。果实球形，径3.5~5cm，棕黑色。原产印度至东南亚、澳大利亚。

（2）桄榔 *Arenga westerhoutii* Griffth

图4-13-15 油棕

高达10m，茎干宿存黑色叶基。叶一回羽状分裂，长达8m，羽片规则地排列于叶轴两侧成一平面，叶面深绿色，背面灰绿色。果实椭球形，长达7cm。原产中国和东南亚。

此外，澳大利亚桄椰（*Arenga australasica*），茎丛生型，高达10m；叶一回羽状，长约3m，羽片狭长而皱；一次开花结果，果球形，径2cm，红色。菱羽桄椰（*A. caudata*），茎丛生型，高约2m；叶一回羽状，长约50cm，羽片菱形，无耳垂，背面银白色；一次开花结果，花序为穗状；果球形，径1cm，红色。产我国海南、越南等。香桄椰（*A. engleri*），茎丛生型，高2~5m；叶一回羽状，长约3m，羽片线形，基部一侧具耳垂。鱼尾桄椰（*A. hastata*），丛生型，高约1.5m，羽片楔形，似鱼的尾鳍；多次开花结果。

9）王棕属 *Roystonea*

茎单干型，灰白色至灰褐色，叶环痕明显或否，茎干中部膨大或否；叶一回羽状分裂，单折，坚韧，先端尖；花序生于叶下，雌雄同序；果实椭圆形或球形，紫黑色、红色或褐色。

约10种，产南美洲北部、中美洲至美国佛罗里达南部。常见栽培的为大王椰子。

大王椰子 *Roystonea regia*（Kunth.）O.F.Cook

常绿乔木，高达30m，树干挺直，基部膨大成纺锤形，最粗处直径可达75cm，老时中部膨大。羽状叶可多达18枚，聚生干顶，长达3.5~5m；叶鞘延长，覆瓦状排列；羽片极多，长60~90cm，软而狭窄，排成多列。肉穗花序长达0.8~1.5m，花白色。果实椭球形，长达1.5cm，径约1cm，成熟时红褐色至紫色。花期4~5月。原产古巴。

其他种类尚有菜王椰（*Roystonea oleracea*）、牙买加王椰（*R. princeps*）、紫花王椰（*R. altissima*）、紫干王椰（*R. violacea*）等。

10）裙棕属 *Washingtonia*

茎单干型，基部膨大或否，枯叶常宿存而形成可下垂及地的叶裙；掌状叶，裂片单折，先端二叉状分裂，裂片间具大量白色而卷曲的丝状纤维，叶面戟突显著；花序生于叶间，可达四回分枝，花两性。果实椭球形至球形，黑色。

2种，产美国西南部和墨西哥西北部。我国南方常栽培。

（1）裙棕 *Washingtonia filifera*（Linden）H.Wendl.

高达15m以上，直径可达1m，茎干基部不膨大，横向叶痕不明显，但纵向裂纹明显，宿存的枯叶多少带淡黄绿色。掌状叶直径达2m，裂片80枚，裂片间的丝状纤维长期宿存，叶柄长2m。花序长约4m；果实长1cm。耐寒性较强。

（2）壮裙棕 *Washingtonia robusta* H. Wendl.

高达25m，胸径达40cm，茎干基部显著膨大，横向叶痕明显，宿存枯叶呈褐色；叶片直径约1.5m。

11）槟榔属 *Areca*

茎单干或丛生型，叶羽状；花单性，雌雄同序，花序生于叶鞘束下；雄蕊3或6。核果，常为卵形，多橘红色。

约60种，产中国南部、印度、斯里兰卡至新几内亚岛、所罗门群岛。

（1）槟榔 *Areca catechu* Linn.

常绿乔木，单干型，较纤细，高达10~20m，直径可达20cm；茎干有明显的叶环痕。叶一回羽状分裂，长达2m，叶鞘灰绿色。花序生于叶下，分枝，雌雄同序，雄蕊6枚。果实卵球形，长约5cm，鲜红色。果期9～12月。

原产热带亚洲，极不耐寒。我国海南以及广东、台湾、云南和广西的南部有栽培，但即使在海南，也只有在东部、中部和南部气候炎热的低山地区才能生长良好。

（2）三药槟榔 Areca triandra Roxb.

丛生灌木至小乔木，一般高2～3m，最高可达6m。茎绿色，间以灰白色环斑。羽状复叶，长1～2m，侧生羽叶有时与顶生叶合生。雌雄同株，单性花；肉穗花序，长30～40cm，多分枝，顶生为雄花，有香气，雄蕊3枚；基部为雌花。果实橄榄形，成熟时鲜胭脂红色。

原产印度、马来西亚等热带地区，20世纪60年代引入我国。耐-8℃低温，部分耐寒品种可露地栽培于华中和华东南部地区。

国内其他常见栽培的棕榈科植物还有：湿地棕（Acoelorraphe wrightii）、帝王椰子（Attalea cohune）、俾斯麦棕（霸王棕）（Bismarckia nobilis）、冻椰（Butia capitata）、紫苞冻椰（B. eriospatha）、袖珍椰子（Chamaedorea elegans）、瓶棕（Colpothrinax wrightii）、贝叶棕、叉刺棕（Cryosophila warscewiczii）、红椰（Cyrtostachys renda）、散尾葵（Dypsis lutescens）、三角椰（D. decaryi）、油棕（Elaeis guineensis）、酒瓶椰（Hyophorbe lagenicaulis）、棍棒椰（H. verschaffeltii）、叉干棕（Hyphaene thebaica）、菱叶棕（Johannesteijsmannia altifrons）、西谷椰（Metroxylon sagu）、水椰（Nypa fruticans）、国王椰（Ravenea rivularis）、圣诞椰（Veitchia merrillii）等。

【生态习性和繁殖栽培】

棕榈植物种类繁多，生态习性各异，但作为一类主产于热带的树种，大多数耐寒性不强，尤其是原产于热带雨林的种类，因此棕榈植物最适于热带和南亚热带地区栽培。只有少数分布于高山和分布区纬度较高的种类是较耐寒的，如欧洲棕产于北纬44°的地中海一带，耐寒性较强，长穗棕属和智利棕属的部分种类可耐-10℃的极端低温，刺葵属的一些种类可耐-8～-6℃的极端低温。棕榈在我国是露地栽培最靠北的一种，在北纬36°12′的山东崂山可以长成高达4m的大树，蒲葵在上海也可以露地越冬。以对水分的要求而言，大部分棕榈植物喜湿润，但部分种类生长于热带草原和荒漠，有较强的耐旱性，如糖棕属和刺葵属的一些种类。也有生长于湿地或水生的种类，其中最著名的就是红树

图4-13-16　三药槟榔丛植

图4-13-17　软叶刺葵丛植

图4-13-18 西双版纳植物园棕榈区——大王椰子片林

图4-13-19 西双版纳植物园棕榈区——槟榔片林

林植物水椰和原产马达加斯加的水生国王椰。棕榈植物最适宜的土壤为微酸性土，pH值6~6.5之间为宜，过高过低均不甚适宜，少数种类可生长于石灰质土壤中，如石山棕（*Guihaia argyrata*）和银叶棕属的种类。

棕榈植物的引种和繁殖，通常采用播种方法，尤其是对于单干型的种类而言，种子繁殖几乎是唯一的常规繁殖技术。棕榈植物的种子大小差别很大，巨籽棕（*Lodoicea maldivica*）的种子可重达9~12kg，而裙棕的种子每千克却有1万粒以上。种子寿命都不长，产于热带的湿热型种类，种子寿命一般只有2~3周，即使产于亚热带的干暖型种类，种子寿命也只有2~3个月。因此，应在采种后及时处理，可用温水浸种约2~3天（每天换水），即播。地播或容器播种均可，前者省时省工，但日后移植成活率不如后者；播种介质宜排水透气性好，常常选用椰糠和河沙作为主要介质。丛生型棕榈类如散尾葵、棕竹，或者茎干上具有吸芽的种类如枣椰，也可进行分株繁殖。分株后应使每丛至少具有2根茎干，尽量保留原来的正常根系，时间以春末夏初最为适宜。此外，某些有气根的种类如袖珍椰子属的部分种类，也可进行扦插繁殖。不过，由于棕榈植物的结构和生理特性与一般的木本植物不同，在操作中应事先查阅有关资料，谨慎进行。

【栽培历史与花文化】

在丰富多彩的园林植物中，棕榈植物以其独特的风格、鲜明的个性、突出的体征而备受人们关注，在世界范围内成为著名的园林造景材料。棕榈植物的观赏价值主要表现在株形、茎干和叶丛，而且花序常大型，不少种类的果实大而色彩鲜艳，有些种类茎干具有金黄色的刺，美丽迷人。如大王椰子、酒瓶椰子的茎干膨大而呈优美的流线型；贝叶棕的花序可长达7m，由数以百万计的小花组成，是世界上最大的花序之一；椰子的果实直径达20cm，而巨籽棕的果实更可长达45cm。

棕榈植物的栽培历史悠久，尤其是枣椰、棕榈、蒲葵、椰子、油棕等著名的经济树种。在世界范围内枣椰是栽培最早的棕榈植物，既作为经济树种，同时也与宗教有关。在美索不达米亚，枣椰的历史可追溯到公元前3500年。枣椰还是圣经中的"生命之树"，据说耶稣返归耶路撒冷时，人们以枣椰的叶夹道恭迎，十字架也常以枣椰来制作，而且复活节前一个周日被定为棕榈周日。我国唐朝时就从波斯引入枣椰，至今也已有1000多年的历史，国内现存的棕榈类古树就以枣椰最为常见。

在我国，以棕榈、蒲葵、椰子、槟榔、棕竹等的栽培历史最久，最初也主要是作为经济植物，如棕榈是著名的纤维植物，提供了与人们生活密切相关的棕绳、棕毛刷、棕床垫等纤维产品；蒲葵嫩叶可制作蒲扇，《南方草木状》就有"蒲葵似棕榈而柔薄，可为扇笠，出龙州"的记载。

棕榈古称"栟榈"、"椶榈"，树姿优美，"重苞吐实黄金穗，密叶围条碧玉轮"。古代赞美棕榈的诗句屡见不鲜，早在南北朝时期，江淹就有《栟榈颂》曰："异木之生，疑竹疑草，攒丛石径，森葰山道，烟岫相珍，云壑共宝；不锦不缛，何避工巧。"唐·徐仲雅《咏棕榈》云："叶似新蒲绿，身如乱锦缠。任君千度剥，意气自冲天。"宋·洪咨夔《椶榈》云："旧脱败蘘乱，新添华节高……黄孕子鱼腹，青披孔雀尻。"梅尧臣也有"青青椶榈树，散叶如车轮。拥箨交紫髯，岁剥岂非仁"的诗句。槟榔虽非我国原产，但至少有1500多年栽培历史。《南方草木状》有"树高十余丈，皮似青桐，节如桂竹，森秀无柯，端顶有叶，叶似甘蕉"的描述，并有岭南人喜食槟榔、并用槟榔款待宾客的记载；北宋诗人苏轼也有描写琼崖民间食用槟榔的习俗的诗句。

椰子在世界热带地区很早即被广为栽培，以至于现在已不能确定其确切的原产地。我国栽培椰子的历史也极为悠久，汉朝司马相如《上林赋》中曾提到"流落胥馀"，其中"胥馀"即指椰子。唐·沈佺期《题椰子树》有"日南椰子树，杳袅出风尘。丛生调木首，圆实槟榔身。玉房九霄露，碧叶四时春。不及涂林果，移根随汉臣。"明代文渊阁大学士丘浚赞美"椰林挺秀"诗云："千树椰椰

图4-13-20 广州珠江公园棕榈区

图4-13-21 华南植物园棕榈区

食素封,穿林遥望碧重重。腾空直上龙腰细,映日轻摇凤尾松。山雨来时青蔼合,火云张处翠荫浓。醉来笑吸琼浆味,不数仙家五粒松。"因此,我国海南岛栽培椰子已有2000多年历史,自古有"椰岛"之称。

【植物配植】

尽管少数棕榈植物具有一定的耐寒性,但若在进行专类园建设,必须具有热带或至少为南亚热带的气候条件,在我国即南岭一线以南,当然,北方可于温室内布置小型的棕榈专类园。

棕榈专类园的建设,首先必须明确的是棕榈植物应与其他植物结合使用,相辅相成、互相配合。如果只是追求时髦,孤立地使用棕榈植物,不但没有应有的效果,相反会弄巧成拙。当然在棕榈专类园中,棕榈植物是主体。由于棕榈科种类繁多,观赏特性和生态习性各不相同,其配植、应用方式也不同。

对于高大的棕榈植物而言,大多树姿优美,或"秀干扶疏彩槛新,琅玕一束净无尘",或"腾空直上龙腰细,映日轻摇凤尾松",如蒲葵、大王椰子、贝叶棕、鱼尾葵等,除片植外,最宜沿道路两旁、建筑周围、河流沿岸列植,不但可展现一派热带风光,而且能够突出展示其高度自然的韵律美,使人因其整齐划一而产生联想,树干如两排队列整齐的仪仗队,而树干顶端的蓬松散开的叶子披垂碧绿,又不失活泼,因此可以加强气势,引人注目,极富有特色。如厦门植物园水库边列植的壮裙棕、裙棕,已经构成了该园的标志性景观。而且,在山麓溪边、河流沿岸栽种棕榈植物,还能护坡固岸。以其他常绿阔叶树为背景,在前面散植假槟榔等高大的棕榈植物,地面铺以碧绿的草坪,则可衬托出棕榈植物的苗条秀丽。槟榔由于树冠不大,最宜群植或小片丛植,也可配植在建筑附近,主要表现其纤美通直的茎干。此外,许多个体美突出的高大或奇特棕榈也非常适合孤植,如金刺椰、橄榄椰、桄榔、砂糖椰子、壮裙棕、酒瓶椰、酒樱桃椰、长发银叶棕、红椰、巨籽棕等。如桄榔植株高达10m以上,叶片大型,羽叶柔韧飘拂,一树自成一景,适于水滨、草坪等处孤植,也可丛植或列植。

中小型的棕榈植物适宜窗前、凉亭、假山附近、草坪、池沼、溪涧丛植或散点式种植,如建筑旁多选用散尾葵、三药槟榔、棕竹等。也可在山坡、空旷地大量群植,最好以高大的阔叶树(或高大棕榈类)为背景或上层乔木,以棕榈植物为中层,下面再配以其他花灌木和地被植物,从而形成丰富的立体空间结构。中小型的丛生种类还是优良的树篱、矮篱材料,可以构筑闭合或半闭合的空间,既丰富了景观层次,又增添了景观内容。如短穗鱼尾葵为丛生性，树冠密，吸附灰尘、阻隔噪声的效果好，是一种优良的篱垣材料，而且其耐阴性较强，在半阴条件下叶色更显浓绿，与高大阔叶树配植也非常适宜。再如，棕竹为丛生灌木，分枝多而直立，叶形优美、秆细如竹，株形饱满而自然呈卵球形，秀丽青翠，适于小型庭院之前庭、中庭、窗前、花台等处孤植、丛植；也适于植为树丛之下木，或沿道路两旁列植。株形特别优美的种类，尤其是具有羽状叶的，质感细软，可以粉墙为背景孤植、丛植，并适当点缀山石，虚实结合、相映成趣，可形成富有诗情画意的优美景观。

【常见的棕榈专类园】

厦门植物园棕榈岛：厦门植物园万石湖东侧即风光独特的棕榈岛，实际是突入万石湖的半岛。已引种栽培的棕榈科植物318种，主要就集中在棕榈岛及附近，遍布于水隈、坡上，高低参差，枝叶各异，间有枝疏干白的柠檬桉（*Eucalyptus citriodora*），一片南国海岛风光。棕榈岛三面临湖，青山环抱，湖光、山色、翠影成趣，风景独秀，水面上设有曲桥。棕林深处有仿傣楼形式而筑的茶室，旁有荷叶状步桥而名莲池，游人至此憩足品茶的同时，可静静领略棕林风光。

深圳仙湖植物园棕榈园：始建于1986年，位于仙湖之东岸，以草坪为中心区，园区布置错落有致、疏密相间，椰风葵韵，热带风光浓郁。共收集原产热带亚洲、美洲、大洋洲、非洲、太平洋岛屿及中国的棕榈科植物约60属150种，是具有一定规模和特色的棕榈专类园。除较常见的大王椰子、假槟榔、散尾葵、棕榈、蒲葵、三药槟榔等外，还有许多树形奇特、观赏性极高的种类，如酒瓶椰、棍棒椰、三角椰子、红三角椰子、贝叶棕、红脉葵、霸王棕、狐尾椰子、马尼拉椰子、圆叶轴榈、象鼻棕等，以及一些重要的经济作物如椰子、油棕、砂糖椰子和省藤属种类，也包括不少原产我国、具有较高科学价值的珍稀濒危种类，如琼棕、矮琼棕、石山棕、毛花

图4-13-22 西双版纳药物园内的槟榔园（李俊俊提供）

轴榈、龙棕等。

此外，我国热带地区的植物园或大型城市公园中一般都建有棕榈植物园（区），如西双版纳热带植物园和华南植物园。

4.14 苏铁专类园

【苏铁科概况】

苏铁类植物是现存最古老的裸子植物，大约起源于3.2亿年前的古生代石炭纪，在中生代三叠纪之前便在地球上迅速传播，在侏罗纪达到鼎盛，分布极广（王发祥，1996）。白垩纪和第三纪分布同样广泛，但之后逐渐衰退，大部分种类相继灭绝，只有少数种类顽强地繁衍至今，成为名副其实的"活化石"，零星分布于热带和亚热带地区。关于苏铁科的范围，有狭义和广义两种，狭义的苏铁科仅包括苏铁属，约85种，而广义的苏铁科则有11属约264种（包括托叶铁科和泽米铁科），星散分布于亚洲、非洲、中南美洲、大洋洲及太平洋岛屿的热带亚热带地区。

狭义的苏铁科仅苏铁属（*Cycas*）1属，分布于东非、亚洲和大洋洲。常绿乔木或灌木，树干常圆柱形而直立，有时呈块茎状，常密被宿存的木质叶基。叶有鳞叶和营养叶两种，相互成环状着生。营养叶羽状深裂，裂片狭长，常为条形或条状披针形，有时分叉，中脉显著，无侧脉。雌雄异株，雄球花单生树干顶端，长卵圆形或圆柱形；小孢子叶扁平、楔形，下面着生多数1室花药。雌球花松散，由一束扁平的大孢子叶组成，着生于树干顶端的羽状叶与鳞叶之间；大孢子叶上部羽状分裂或近于不裂，中下部呈柄状，两侧着生2~10枚胚珠。种子呈核果状，外种皮肉质，中种皮木质，常具二三棱，内种皮膜质；子叶2枚，常于基部合生，发芽时不出土。

托叶铁科（蕨铁科，Stangeriaceae）包括托叶铁属（*Stangeria*）和波温铁属（*Bowenia*），前者产于南非东海岸，仅1种，后者产澳大利亚，含2种。

泽米铁科（Zamiaceae）包括8属，非洲铁属（*Encephalartos*）约61种，特产非洲中南部；鳞

图4-14-1 苏铁的雌球花

南美洲；哥伦比亚铁属（*Chiuga*）2种，特产哥伦比亚西北部。

我国产苏铁科植物约24种，主要分布于西南地区，其中云南产13～14种，广西产7种，两地合计约19种。此外，贵州产2种，广东产1～3种，海南、四川、福建、台湾各产1种。长期以来，由于苏铁原生环境的破坏和人们对野生苏铁的肆意盗挖，使得苏铁资源锐减，有些种类已在野外灭绝，大部分种类濒临灭绝。1999年8月，我国政府将国产苏铁属的所有种类列为保护植物。

图4-14-2 苏铁的雄球花

图4-14-3 海南苏铁

图4-14-4 台湾苏铁

图4-14-5 四川苏铁

图4-14-6 叉叶苏铁

叶铁属（*Lepidozamia*）2种，特产澳大利亚东北部和东部沿海；大苏铁属（*Macrozamia*）约39种，特产澳大利亚；双子铁属（*Dioon*）约10种，产于中美洲；角果铁属（*Ceratozamia*）约12种，产中南美洲；小苏铁属（*Microcycas*）仅1种，特产古巴；泽米铁属（*Zamia*）约49种，产北美洲和

图4-14-7 攀枝花苏铁

图4-14-9 刺叶双子铁

图4-14-8 刺叶非洲铁

【我国常见的苏铁种类】

目前,我国园林中应用最广泛的是苏铁,在华南、西南各省区均普遍露地栽培,长江流域和华北多盆栽。此外,四川苏铁、刺叶苏铁、攀枝花苏铁等也常见栽培。

1）苏铁 *Cycas revoluta* Thunb.

常绿乔木,树干常不分枝,在热带地区高达8~15m以上。羽状叶长达0.7~2.0m,革质而坚硬,螺旋状着生于树干上部;羽片110~140对,条形,长8~22cm,宽4~6mm,边缘显著反卷。雄球花长圆柱状,长30~70cm,径8~15cm;小孢子叶木质,密生黄褐色绒毛,背面着生多数花药。雌球花扁球形,松散;大孢子叶宽卵形,长14~22cm,密生淡黄色宿存绒毛,羽状分裂,下部两侧着生（2）4~6枚裸露的直生胚珠。种子卵形而微扁,长2.5~4.5cm,红褐色或橘红色。花期6~8月,种子10月成熟。

原产我国东南沿海和日本。

2）攀枝花苏铁 *Cycas panzhihuaensis* L. Zhou et S. Y. Yang

灌木,株高（1）2.5~4m,干径达45cm。叶柄有短刺,叶长70~150cm,羽状全裂,羽片70~105对,条形,长8~22cm,宽4~7mm。雄球花纺锤状圆柱形，长25～50cm。雌球花球形或半球形，直径40～50cm，大孢子叶上部宽菱状卵形，密被黄褐色绒毛，篦齿状分裂。

分布于四川南部与云南北部，生于稀树灌丛中，适应干旱河谷的特殊生境。

3）刺叶苏铁 *Cycas rumphii* Miq.

树干上叶痕宿存，叶长（1.5）2.1～2.5m，羽片52～75对，条形，微弯或镰刀状，中部者长25～37cm，宽1.4～1.8cm。大孢子叶狭窄，成熟后下垂。产巴布亚新几内亚、印度尼西亚和斐济，我国华南植物园、深圳仙湖植物园等地有栽培。

我国苏铁属植物的种类与分布见表4-14-1。此外，我国引种栽培的还有越南篦齿苏铁（*Cycas elonga*）、爪哇苏铁（*C. javana*）等。

我国苏铁属（*Cycas*）种类一览表　　　　表4-14-1

中名	学名	产地与生境
巴兰萨苏铁	*C. balansae*	产广西防城和越南东北部，生于低海拔山谷阔叶林下
叉叶苏铁	*C. bifida*	产广西西南部，生于低海拔石灰岩山地，为喜钙植物
德保苏铁	*C. debaoensis*	产广西德保县扶平乡，生于海拔800～1100m的石灰岩山地
滇南苏铁	*C. diannanensis*	产云南元江流域的个旧、河口等地。生于石灰岩山地草丛和林下
仙湖苏铁	*C. fairylakea*	产广西东北部，广东西北部有栽培或分布
贵州苏铁	*C. guizhouensis*	分布于贵州西南部、广西西北部和云南东北部，生低海拔林中
灰干苏铁	*C. hongheensis*	产云南元江流域的个旧县，生于低海拔干热石灰岩山坡、河谷
长柄叉叶苏铁	*C. longipetiolula*	产云南元江流域的屏边、河口、金平等地，生于低海拔季雨林
石山苏铁	*C. miquelii*	产广西西南部和越南北部，生于低海拔石灰岩山地
多羽叉叶苏铁	*C. multifrondis*	可能产云南南部文山州，深圳仙湖植物园、厦门植物园等单位有栽培
多胚苏铁	*C. multiovula*	产云南，越南可能有分布。深圳仙湖植物园有引种
多歧苏铁	*C. multipinnata*	产云南元江流域的屏边、河口，在低海拔季雨林下散生
攀枝花苏铁	*C. panzhihuaensis*	分布于四川西南部与云南北部，适应干热河谷的特殊生境气候
元江苏铁	*C. parvula*	产云南元江流域的元江、红河、建水、石屏等地
篦齿苏铁	*C. pectinata*	热带亚洲广布，我国产于云南西南部，生中低海拔疏林或灌丛中
苏铁	*C. revoluta*	产福建等地，我国野外已绝灭，日本琉球群岛尚有野生
刺叶苏铁	*C. rumphii*	产巴布亚新几内亚、印度尼西亚和斐济，我国华南有栽培
叉孢苏铁	*C. segmentifida*	产贵州西南部、广西西北部、云南东南部，生于低海拔阔叶林下
深圳苏铁	*C. shenzhenensis*	产广东深圳
单羽苏铁	*C. simplicipinna*	产云南西南部澜沧江流域和泰国北部，散生于低海拔雨林下
四川苏铁	*C. szechuanensis*	原产地不详，可能为广东。四川、广西、广东、福建等地常栽培
台东苏铁	*C. taitungensis*	产台湾台东县红叶溪上游及海岸山地。过去误定为台湾苏铁
台湾苏铁	*C. taiwaniana*	产海南，分布较广，生于低海拔山坡灌丛、松林或雨林下
谭清苏铁	*C. tanqingii*	产云南南部绿春小黑江流域和越南北部的黑水河流域
河内苏铁	*C. tonkinensis*	产云南南部和越南北部，生山谷雨林下

【生态习性和繁殖栽培】

苏铁类植物分布于热带和南亚热带地区，喜温暖的气候条件，不耐严寒，在长江以北地区需要温室栽培，江南流域以南各地可露地越冬；多喜湿润的沙质壤土，不耐积水。生长速度较缓慢，寿命长。对光照、水分和空气湿度的要求因种类而异，如苏铁、攀枝花苏铁、台东苏铁等均喜光，而且攀枝花苏铁耐旱性和耐瘠薄能力很强，而单羽苏铁、巴兰萨苏铁等分布于林下的种类大多喜半阴的环境，不耐强光。此外，不少苏铁种类如石山苏铁、叉叶苏铁等为喜钙植物，生于石灰岩山地，土壤呈中性至微碱性反应，较肥沃湿润。

图4-14-10 休得布朗大头苏铁

图4-14-11 鳞秕泽米铁

图4-14-12 苏铁盆景

图4-14-13 苏铁丛植

苏铁类植物可采用分蘖繁殖、切干繁殖或种子繁殖。生长健壮的苏铁多年生植株，茎干基部常产生蘖芽，可行分蘖繁殖，当蘖芽具有4～5枚叶片，可于春季新叶未发时切取萌蘖，若已经生根，可直接种植在肥沃湿润的腐殖土中，放于半阴处即可，若为无根芽，可于插床上催根后再栽植。也可将苏铁树干切成片段，埋于湿润的沙土中，待干部四周萌发新芽后，再行分栽。苏铁经人工辅助授粉容易得到种子，也可播种繁殖。由于种子寿命较短，采后应及早播种，种子发芽较慢而且不整齐，常常陆续出苗，幼苗期也生长缓慢，应加强管理。

【栽培历史与花文化】

苏铁也称铁树、辟火蕉、凤尾松、凤尾蕉，是我国传统的观赏树种，《花镜》云："凤尾蕉一名番蕉……叶长二三尺，每叶细尖，瓣如凤毛之状，色深青，冬亦不凋……人多盆种庭前，以为奇玩。"苏铁树干圆柱状，北方盆栽，一般高度在2m以下，但在热带地区可高达10～15m，干皮斑驳如苍龙鳞甲，上

第4章 常见植物专类园的建设

图4-14-14 桂林雁山植物园苏铁园

图4-14-15 华南植物园苏铁园入口

部偶有分枝，而篦齿苏铁则常分枝。苏铁类的大型羽叶簇生干顶，叶色浓绿，楚楚可观，全株呈伞形或棕榈状，而叉叶苏铁、多歧苏铁等羽片分叉的种类叶形更加潇洒秀丽，因此，苏铁类是贵重的庭园观赏树木。用于装点园林，不但具有南国热带风光，而且显得典雅、庄严和华贵。虽然苏铁在北方很少开花，但在南方，生长10年以上的苏铁几乎年年开花、岁岁吐艳。苏铁的种子橘红色而光亮美观，古籍中称为"凤凰蛋"或"千年子"。

苏铁栽培历史悠久，大约在唐代已经开始栽培观赏。苏铁的栽培与我国民俗文化和佛教文化有着密切的关系，佛家言："只有千年的铁树，没有百日的鲜花"，而苏铁起源古老，寿命又长，暗示着佛教文化源远流长。因此，古代常在庙宇内种植苏铁。至今，福建福州市鼓山涌泉寺内还保留着据传为五代时期栽植的苏铁古树，已历千年；广西贺州铺门镇的梵安寺则有植于北宋宣和年间，距今已历近900年的古老四川苏铁，茎干卧地而生，蜿蜒

图4-14-16 华南植物园苏铁园景观

起伏、势若苍龙,由于叶片似传说中凤凰的尾羽,在当地被称为"千年凤尾草"。四川新都的宝光寺、峨眉山伏虎寺、福建沙县淘金山华山殿(原为寺庙)、南平寺内也有古苏铁。在日本、越南的庙宇中也常见苏铁生长,如日本大分县松屋寺有高约7m、树围达5.3m的苏铁古树。

随着苏铁研究的不断深入,苏铁属的新种和新分布地点被不断发现,各地植物园栽培的种类也不断增加。如广西桂林雁山植物园引种的叉叶苏铁生长良好,连年不断开花,2000年曾一株开出16枚雄球花,极为壮观。由于苏铁在我国传统文化中的特殊价值和目前的濒危现状,原邮电部于1996年5月2日发行了一套4枚苏铁邮票,分别为苏铁(面值20分)、攀枝花苏铁(面值20分)、篦齿苏铁(面值50分)、多歧苏铁(面值230分)。

【植物配植】

苏铁树形美丽,四季常青,球花硕大,在热带和亚热带地区建设专类园颇为壮观。苏铁专类园的植物配植,一般以丛植和散植为主,但必须满足各种苏铁生态习性的要求,对不同的种类区别对待。喜光的种类宜于草坪、林缘孤植或三五株丛植,或散植于山石间,每当微风吹来,则轻舒羽叶,凤冠霞帔;喜阴的种类则最适于散植于稀疏的阔叶林下。作规则式配植时,植株高大的种类可植为花坛中心树,或于建筑附近、道路两旁、小型广场周围列植,均给人以庄严肃穆和热带风光的美好感受。由于苏铁主要以形体和叶为观赏要素,专类园中应适当配植其他应时花木,以便于色彩调和。

由于苏铁类和棕榈类在树形上相近,配植在一起宜调和,苏铁园中可以适当配植棕榈类植物,或者将二者结合起来,建立苏铁棕榈园或棕榈苏铁园。

【常见的苏铁专类园】

深圳仙湖植物园苏铁专类园:深圳仙湖植物园于1989年开始建立苏铁专类园,先后与亚洲、美洲和大洋洲等有关国家的植物园、农场或苗圃交换种子,进行引种栽培试验。如今专类园已发展到3hm^2,园区建有喷泉、万年亭等景点,开设了苏铁类植物科普展览室、古苏铁林、苏铁盆景园及苏铁苗圃等。经过多年的建设和发展,已经成为一个集科研科普、迁地保存、旅游及生产于一体的多功能的国际苏铁迁地保育中心。目前,已收集了世界范围内的苏铁类植物3科10属200多种。

四川攀枝花苏铁国家级自然保护区:位于四川攀枝花市郊区,面积1400hm^2,1983年建立,1996年晋升为国家级,主要保护对象为攀枝花苏铁林。本区地处川滇两省交界处,气候属南亚热带气候类型,区内有分布集中的野生攀枝花苏铁林,共有约23万株,是世界迄今为止发现的纬度最高、面积最大、植株最多、分布最集中的原始苏铁林。每年

图4-14-17 深圳仙湖植物园苏铁园（季春峰提供）

3~6月，苏铁林成千上万个黄色的花蕾争奇斗艳，单株如佛手捧珠，成林似彩毯铺地。万绿丛中黄花点点，形成一种奇异景观。1990年以来，攀枝花市以苏铁命名，举办一年一度的苏铁观赏暨物资交易会，攀枝花苏铁的名字已不胫而走，名扬中外。攀枝花苏铁与自贡恐龙、平武大熊猫被人们誉为"巴蜀三绝"。

厦门植物园苏铁园：现保存苏铁植物3科9属64种，其中苏铁属植物32种，2000余株。考虑到苏铁植物大多植株低矮，该园保存有一些高大乔木，如榕属、朴树、大王椰子、桃花心木等，起到部分遮阴效果。同时配植一些开白花的银薇、黄花的相思树、红花的龙船花、紫花的黄蝉，增加了四季色彩效果。充分考虑了苏铁植物的原生环境，将专类园划分为石山生境区、热带亚热带雨林生境区和苏铁盆景区，将盆栽观赏与露地栽培的形式结合起来，同时也将苏铁盆景艺术作为重要的景观来展示，更能充分展示苏铁植物丰富的种类、生境的多样性、优美的植物景观和高超的盆景艺术，将景观艺术与植物科普有机地结合起来。

此外，华南植物园苏铁园占地1.5hm^2，引种国内外苏铁类植物3科7属近40种，茎高2m以上苏铁千余株，年年开花结籽，是植物园中最吸引游人的专类植物园之一。

4.15 鸢尾专类园

鸢尾是鸢尾科鸢尾属（Iris）植物的统称。

【鸢尾属概况】

鸢尾属为多年生宿根草本，冬枯或常绿，具匍匐的根状茎或块茎。叶剑形，嵌叠状。花一至多数着生于花葶上。花被片呈花瓣状，6枚，外面3枚较大，一般向外弯曲下垂，称为"垂瓣"，基部常有各种醒目的附属物，呈髯毛状、鸡冠状等，颜色常鲜艳；里面3枚稍小，直立并略呈拱状，称为"旗瓣"；雄蕊3；花柱分枝3，扁平而扩大，如同花瓣一样美丽，外展而覆盖着雄蕊；子房下位，3室。蒴果，有3~6棱。

共约300种，主要分布于北半球温带。我国约产60种13变种5变型，主要分布于西南、西北和东北地区。

【常见的鸢尾属种类】

按照垂瓣上附属物的有无和类型，鸢尾属可分为无附属物鸢尾类、鸡冠状附属物鸢尾类和有髯毛附属物鸢尾类。

我国常见的种类中，无附属物鸢尾类包括花菖蒲、西伯利亚鸢尾（I. sibirica）、燕子花（I. laevigata）、马蔺（I. lactea var. chinensis）、云南鸢尾（I. forrestii）、黄花鸢尾（I. wilsonii）、北陵鸢尾（I. typhifolia）、西藏鸢尾（I. clarkei）、青海鸢尾（I. qinghainica）等约30种，其中前几种园林中常见栽培。鸡冠状附属

习见鸢尾属 Iris 种类一览表　　　　　　　　　　　表4-15-1

中名、学名	观赏特性	产地、习性
鸢尾 I. tectorum	高30~40 cm。花葶与叶几等长，1~3花；花蓝紫色，有白花变种，径约10 cm。花期5月	产长江流域以南至西南，常见栽培。喜半阴
蝴蝶花 I. japonica	高30~40 cm。花葶高出叶，总状花序；花淡蓝紫色，有白色类型，径5~6 cm。花期4~5月	全国广布。喜阴湿，可用作林下地被。常栽培
花菖蒲 I. kaempferi	高50~70 cm。花径达15 cm；花白、黄、堇紫、粉等色；根茎处灰白色，花轴半中空。花期6~7月	常见栽培，喜沼泽至浅水环境，要求酸性土
燕子花 I. laevigata	高50~60 cm。花径约12 cm，白色或蓝紫色，根茎处黄白色，花轴中空，果实椭圆形。花期5~6月	产东北。湿润、沼泽至浅水环境均可，喜微酸性土。常栽培
黄菖蒲 I. pseudocorus	高60~100 cm。花葶与叶几等长，花径约8 cm，黄色至乳白色。花期5~6月	产欧洲至西亚、北非。适应性强，旱生至水生环境均可。常栽培
溪荪 I. sanguinea	高40~60 cm。花葶充实，与叶几等长。花径约7 cm，深紫色。花期5~6月	分布广，我国产东北、华北。在水边、干燥至湿润环境均生长良好
德国鸢尾 I. germanica	高60~90 cm。花大，径10~17 cm，花色丰富，紫、蓝、黄等色；花期5~6月。根茎可提取芳香油	原产欧洲中部，喜湿润环境。国内常见栽培，也适于促成栽培
野鸢尾 I. dichotoma	高30~40 cm。花葶二歧分枝；花白色，有紫褐色斑点，径2~2.5 cm。花期5~6月	东北、华北、西北广布。耐干旱瘠薄，对土壤要求不严
细叶鸢尾 I. tenuifolia	高15~20 cm。花葶长10~20 cm，有鞘状退化叶；花1~2朵；蓝紫色，花被管细长。花期5月	耐干旱瘠薄和沙砾土。适于镶边、岩石园应用
马蔺 I. lactea var. chinensis	高40~60 cm，丛生性强，茎基部有红褐色纤维状叶鞘残留物。花淡蓝紫色，径5~6 cm。花期5月	广布于东北、西北至长江流域。抗性强，耐盐碱、耐践踏
西伯利亚鸢尾 I. sibirica	高约30 cm，丛生性强。花葶中空，高出叶；花董紫色，径6~7 cm。花期6月	产欧亚温带。喜湿润和微酸性环境，可生于浅水中
扁竹兰 I. confusa	多年生常绿宿根性草本，叶条状，墨绿，植株具明显的根状茎，肉质，如竹节	产云南，生阴湿林下，耐阴，优良地被植物，根状茎入药
香根鸢尾 I. florentina	高约40 cm。花大，径14 cm，白色。花期5月。根茎可提取芳香油	原产中南欧，常栽培。喜湿润而含石灰质的土壤
银苞鸢尾 I. pallida	高40~50 cm。花下具银白色苞片；花淡紫色；花期5月。根茎可提取芳香油	原产南欧
矮鸢尾 I. chamaeiris	高15~25 cm。花白、黄、紫、蓝色等，花朵小，径约4 cm；花期5月。适于花坛镶边、岩石园应用	原产意大利。常栽培，喜湿润而含石灰质的土壤

图4-15-1 黄菖蒲

物鸢尾类包括鸢尾（*I. tectorum*）、蝴蝶花（*I. japonica*）、扁竹兰（*I. confusa*）、小花鸢尾（*I. speculatrix*）、台湾鸢尾（*I. formosana*）、宽柱鸢尾（*I. latistyla*）、扇形鸢尾（*I. wattii*）等约9种，其中前三种园林中常见栽培。有髯毛附属物鸢尾类垂瓣上有髯毛附属物，包括弯叶鸢尾（*I. curvifolia*）、长白鸢尾（*I. mandshurica*）、黄金鸢尾（*I. flavissima*）、膜苞鸢尾（*I. scariosa*）、库门鸢尾（*I. kemaonensis*）、四川鸢尾（*I. sichuanensis*）等，园林中栽培的大多为杂交种，我国原产的此类少见栽培。此外，原产国外的一些种类在国内也有引种栽培。

我国国内园林中习见鸢尾属种类见表4-15-1。

【鸢尾观赏品种概况】

在世界园艺界，除了不少鸢尾属原种栽培观赏以外，近百年来，鸢尾类的品种也以惊人的速度发展。现在，全球约有2万个以上的品种，而且每年以近千个的速度增加。鸢尾的观赏品种以有髯毛附属物类鸢尾最为丰富，是近代发展最迅速、花朵变化最惊人的一类，从园林观赏和应用的角度，一般将其分为高生、中生、中矮生和矮生四类。

高生有髯鸢尾一般株高70～120cm，冠幅30～40cm，花冠直径可达10～18cm，花期初夏。由于花大而花葶高，多用棍支撑以防倒伏。花色丰富，著名品种如纯黄色的'亮黄'（'Glazed Gold'）、纯粉色的'粉彩'（'Ovation'）、洁白的'红点白'（'Startler'）、深墨色的'流浪者之夜'（'Ravens Roost'）、复色的'法国回声'（'Echo de France'）、花瓣边缘极皱的'褶边蓝'（'Ruffled Surprise'），其他如'魂断蓝桥'（'Blue Staccato'）、'华龙'（'China Dragon'）、'不朽白'（'Immortality'）、'婚礼之烛'（'Wedding Candle'）等。

中生有髯鸢尾一般株高40～70cm，冠幅25～30cm，花径10～12cm，品种如'生命'（'Vitality'）、'阿兹阿普'（'AzAp'）。

中矮生有髯鸢尾一般株高20～40cm，花径

图4-15-2 德国鸢尾

图4-15-3 鸢尾

图4-15-4 长葶鸢尾

图4-15-5 大扁竹兰

7.5～10cm，花葶多有分枝，与叶丛几等高，花期比矮生类略晚。品种如'紫托白'（'Making Eyes'）、'小黄'（'Zowie'）、'金孔'（'Golden Eyelet'）。

矮生有髯鸢尾株高不超过20cm，花葶不分枝（有花1～2朵），大多高出叶丛，有时花也开在叶丛中；花径5～7.5cm，花期最早，如'洋娃娃'（'Navy Doll'）。

无附属物鸢尾类中最著名的是花菖蒲，在日本栽培最盛，至少已培育出2000多个品种，我国

图4-15-6 黄菖蒲的配植

各地常用引种栽培，用于水边造景。西伯利亚鸢尾类也有不少杂交品种，如'黑圈'（'Dark Circle'）、'黄油与糖'（'Butter and Sugar'）等。此外，鸢尾类也有花叶品种如香根鸢尾品种'银饰'（'Variegata'）、斑花品种如有髯鸢尾中的'蜡染'（'Batik'）、'守护者'（'Finder's keepers'）等。

【生态习性和繁殖栽培】

鸢尾属种类和品种较多，对生态环境的要求相差甚大。主要根据对水分和土壤的要求可分为以下四类：

第一类喜排水良好而适度湿润、含石灰质的偏碱性土壤，其根状茎一般比较粗壮、肥大。如鸢尾、矮鸢尾、香根鸢尾、银苞鸢尾（*Iris pallida*）、德国鸢尾等。

图4-15-7 鸢尾与菖蒲、芦竹搭配

第二类较喜欢水湿和酸性土壤，不少种类可生长于沼泽和浅水环境中。如蝴蝶花、花菖蒲、燕子花、黄菖蒲、西伯利亚鸢尾、溪荪等。

第三类极耐干旱，对土壤要求不严，在沙土和黏重土壤中均能生长，有些种类耐盐碱。如野鸢尾、马蔺、拟鸢尾（*Iris spuria*）等。

第四类喜沙质壤土和充足光照，喜凉爽，忌炎热，秋冬生长，早春开花，夏季休眠。包括西班牙鸢尾（*I. xiphium*）、网脉鸢尾（*I. reticulata*）等球根鸢尾类，主要作切花、盆花，可促成栽培，大多数原产地中海地区。

图4-15-8 鸢尾自然式布置于驳岸石间

鸢尾类多用分株繁殖，通常2~3年进行一次，秋季或春季分株均可，寒冷地区以春季为宜。分割根状茎时，每块应至少带有2~3个芽，并将老的残根茎剪去，以利于新株发根。分株后剩余的老根茎，也可扦插于素沙中，待有不定芽和根长出后掰下，另行栽植即可。球根鸢尾类采用分球繁殖，也于春秋两季进行，将母株掘起，按大小对球茎分级，大者用于栽培，小者作为繁殖用球。此外，不少鸢尾可播种繁殖，种子成熟后即播，第二年春季发芽，或采种后进行低温处理，则可当年秋季发芽，实生苗2~3年开花。

鸢尾定植时应施以骨粉、硫酸铵等作基肥，一般株行距25~30cm（球根鸢尾类密度宜大，以8cm×8cm为宜）。种植切忌过深，以根茎顶部与地面齐平为好，生长期每月施一次追肥或至少于开花前和花凋后各施一次。

【栽培历史与花文化】

鸢尾为多年生宿根性花卉，也有常绿的种类。叶剑形，嵌叠状排成一个平面；花形奇特，花色丰富，极为美丽。鸢尾的属名"Iris"来自古希腊美丽端庄的女神——艾丽斯的名字，艾丽斯是众神的使者，同时也是彩虹女神。

鸢尾是园艺化最早的花卉之一，久负盛名，早在公元前2000~前1400年，古希腊的克里特岛处于

图4-15-9 南京莫愁湖公园的鸢尾园

辉煌的米诺阿（Minoan）文明时代，鸢尾花就出现在浮雕中；公元前1500的古埃及墓石上也刻有鸢尾花的纹样。因此人们认识和栽培鸢尾的历史极为悠久。9世纪时，鸢尾成为欧洲皇家花园中重要的花卉，鸢尾徽章则是古代法国国王的象征。在法国，鸢尾是光明和自由的象征，现在法国也以鸢尾为国花，因为相传法兰西王国第一个王朝的国王克洛维在受洗礼时，上帝送给他的一件礼物就是鸢尾。

我国栽培鸢尾类植物的历史也甚久远，鸢尾花的中文名来自于它的花瓣像鸢（鸢，鹰科的一种鸟，《诗·大雅》有"鸢飞戾天，鱼跃于渊"）的尾巴。

《神农本草经》中已有对鸢尾和蠡实（即马蔺）的记载；唐朝的《唐本草》有"鸢尾，叶似射干而阔短，不抽长茎，花紫碧色。"宋朝嘉祐年间，北宋政府下令全国各地进献药物标本，苏颂主编的《本草图经》中有关于鸢尾的详细记载："鸢尾布地而生，叶扁，阔于射干，今在处有，大类蛮姜也。"明朝，李时珍的《本草纲目》则对马蔺有详细的记载。古人咏颂鸢尾的诗词不多，但清朝周治鳌有《西江月·蝴蝶花》："红药队前雨细，碧蕉阑外春迟。寻香低傍玉钗时，恰是晓妆初起。花里丰姿浑谊，楚中身世不非。东风吹得柳依依，犹自酣眠不起。"陈维崧则有《河传·紫蝴蝶花》："低脾墙阴，微晕帘罅，露濯烟梳。满园姹紫趁清铺。紫纤，傍裙裾。"

【植物配植】

鸢尾的种类和品种资源丰富，适于建设专类园，国外常见这种布置方式，著名的如英国皇家植物园——邱园中的鸢尾园、加拿大蒙特利尔植物园的鸢尾园、美国明尼苏达州鸢尾园等，日本佐原市水生植物园也是以种植花菖蒲为主的专类园，收集花菖蒲品种约400个。

鸢尾专类园的主景一般采用阶梯式种植，即根据不同鸢尾种类株高的差异、花期的早晚并兼顾其观赏特性，按品种分别种植。植台可分4~5层，最下层临水池而筑；一般高差约30cm，边缘可用大块卵石护坡。这种阶梯式布置，可充分利用园内的地形起伏，并结合鸢尾的生态习性，景观效果较好。将喜水湿的种类如花菖蒲、燕子花、溪荪等种植在最下层的水池边，植株较低矮的种类如细叶鸢尾、矮鸢尾布置在最高层，中间则分别布置中型和高型的种类。著名的美国明尼苏达州鸢尾园就是采用的这种设计形式。

在鸢尾专类园中，除了阶梯式布置以外，还可应用多种造景手法。花境式布置也是常见的，根据植株高度、花期早晚、花色的差异将不同品种或种的鸢尾进行分片、分块种植，形成花境，花期观赏效果甚好。在园内的水体周围、驳岸石间，则宜自然式布置各种湿生和水生种类；林下，可选择耐阴的种类如蝴蝶花、扁竹兰形成优美的地被。园内水池、驳岸可用树木锯成参差不齐的木段，排列于水边，既围护，又增添观赏情趣；小道则可选用碎石、卵石铺成鸢尾花的图案。

【常见的鸢尾专类园】

无锡花菖蒲专类园：突出以花菖蒲为主调的湿地景观。巧用地形地貌，再现自然界森林、草甸、沼泽、水池等景观，园路用碎砾石铺设，园桥、栏杆用原木构筑，线条粗犷，简洁质朴，清静自然。1994年从日本引进花菖蒲品种150多个，选择鼋头渚风景区充山隐秀景区西侧，原是鹿顶山等山峦的泄洪地带，地势低缓，坑洼不齐，有沼泽、有水塘，经地形改造，形成沼生、水生、旱生的不同生境，种植花菖蒲和各类鸢尾，辅以小路栈桥、围栏小品、嘉木名花，建设以花菖蒲为主题的水、湿生植物园区，目前有花菖蒲品种150余个，鸢尾品种20个，面积约1.5hm^2。植物配植上，林下种植旱生耐阴的蝴蝶花、射干，向阳处遍植观音兰（*Crocosmia crocosmaeflora*）、美国鸢尾；湿地以多品种的花菖蒲为主，浅水及沼泽地带种植燕子花、黄花鸢尾，深水处种植黄睡莲（*Nymphaea mexicana*）、睡莲（*N. tetragona*）、荷花，坡地上种植花期与花菖蒲相近的马银花（*Rhododendron ovatum*）、朱砂杜鹃（*R. obtusum*）、石榴。每年5月底6月初是花菖蒲盛开的季节，朵朵清秀可人，亭亭玉立。

南京莫愁湖鸢尾园：南京自1990年起，开展鸢尾品种引进，先后从日本引进花菖蒲品种200多个、溪荪品种50多个、燕子花品种4个，并在花卉园建立了专类园，1996年，搬迁到莫愁湖公园，紧靠湖边。鸢尾专类园称为"中日友好鸢尾园"，具有日本园林风格。从植物生态习性出发，结合当地的地形、地貌条件，因地制宜地满足了观赏各种鸢尾和其他植物的生态要求，鸢尾类品种主要引自日本（约110个品种），其他植物如垂柳（*Salix babylonica*）、樱花、火棘（*Pyracantha fortuneana*）、罗汉松（*Podocarpus macrophyllus*）、杜鹃等也是日本庭园的常见植物。用高度洗练技巧将各鸢尾品种、树木、池塘、片石路以及具有简洁质朴自然风格的日式木亭、木平桥、木拱桥等建筑小品融合在一起，表现了日本庭园的特色。

安徽芜湖市赭山公园鸢尾园：根据地形和环境的变化，采用阶梯式、花境式等多种方式相结合的布置手法建设鸢尾专类园，效果颇佳。入口处，根据鸢尾株高、花期和花色的不同进行斑状混交种植，组成花境，开花季节展现出一组组优美的图案；小水面西南，依高矮行阶梯式配植，高低错落，韵味十足；溪边、溪中则种植水生种类；山坡、坡角或按花色或按花期布置。整个专类园的花期自春至夏末。

4.16 仙人掌科与多肉植物专类园

多肉植物或称多浆植物，是一类为了适应干旱气候，由植物体的某一部分，主要是叶和茎枝，膨大为贮水组织的植物类群。包括仙人掌科、番杏科的全部种类以及其他50多科的部分种类，总数逾万种。由于习性和栽培管理方式的不同，一般将仙人掌科单独列出，而将其他的统称为多肉植物。

【仙人掌科概况】

仙人掌科为多年生肉质植物，营养体肥厚多汁，体形奇形怪状，有的两面压扁成片状，有的如棱柱，有的如圆球。有些种类高达十几米，如树木林立，而有些体形微小，高度不足1cm，犹如纽扣或珍珠。大多数仙人掌植物没有叶片，茎上却长有形态各异的刺或毛，具有仙人掌科特有的器官"刺座"，刺集中在刺座上长出，叶芽、花芽和不定芽也着生于刺座上。刺座在外形上呈圆形、椭圆形、心形或条形。花大而艳丽，通常两性，整齐或因花被、雄蕊、雌蕊弯曲而使整朵花呈两侧对称。花被片数目不定，分化或否；有或无花被管；雄蕊多数；子房1室，下位，胚珠多数，生于侧膜胎座上。浆果，常多汁而可食。

在被子植物中，仙人掌科是一个十分奇妙的家族。由于分类标准的不统一，不同人记载的属种的数目差别很大，如德国巴克伯的《仙人掌科》专著中记载220属2700种；稍后出版的《仙人掌词典》中记载为236属3600种；1967年英国的亨特提出了84属的分类方案；日本的伊藤芳夫在1981年出版的《仙人掌科大图鉴》中认为有243属。不过，大部分植物学家倾向于仙人掌科有80余属2000多种。主要产于美洲

图4-16-1 仙人掌

图4-16-2 令箭荷花

图4-16-3 绯牡丹

图4-16-4 大花犀角

子包被于白色骨质的假种皮中，少数种类的种子具翅或被毛。仙人柱亚科有80多属，叶退化，通常不存在，种子不在骨质假种皮内，黑色或褐色。由于种类繁多，无法面面俱到地介绍，仅简单将国内常见栽培的种类列出。

仙人掌属（Opuntia）：灌木至小乔木状，茎节大多呈扁平掌状。果实似梨。最大的特点是茎上的小窠内有倒刺毛。大约300种，占仙人掌科植物的1/7左右，主产于墨西哥。仙人掌（O. dillenii），原产美洲加勒比海地区海滨，常丛生成大灌木状，高达3m以上，茎近木质，圆柱形；茎节扁平，倒卵形至椭圆形，绿色，肥厚多汁，具硬刺。花单生，黄色，花托上有小窠，多刺。果实梨形，紫红色，可食用。我国常见栽培，在广东、广西和海南沿海地区已野化。仙桃（O. ficus-indica），又称梨果仙人掌，株高3～5m，干木质；茎节长圆形至匙形，绿色或灰绿色，长20～25cm，宽10～20cm，常无刺，偶有少数白色或淡黄色刺；花朵橙红色或黄色，直径达10cm。果实长形似梨，成熟后紫色。原产墨西哥，我国常栽培，在西南地区干热河谷地区逸生。果实香甜可口，可食用。本种还是嫁接其他仙人掌类常用的砧木。其他常见的有：棉花掌（O. leucotricha），刺座密被白色细长软刺。绿仙人掌（O. vulgaris），又称月月掌，茎节薄，鲜绿色，钩毛黄褐色，花淡黄色。黄毛掌（O. microdasys），茎节扁平，椭圆形或长圆形，长约15cm，刺座排列紧密，具有金黄色钩毛，无刺。褐毛掌（O. basilaris），刺毛褐色，花紫色或洋红、白色。仙人镜（O. robusta），茎节圆形或长圆形，形状如镜。

金琥属（Echinocactus）：最为著名的是金琥（E. grusonii），原产北美，茎球形，深绿色，直径可达80cm；棱约20条，沟宽而深，刺座大，硬刺金黄色呈放射状排列，顶端新生的刺座上密生黄色绵毛；花着生于茎顶，内层花瓣亮黄色。一般分为白刺金琥（var. albispinus）、怒琥（var. horridus）、狂刺金琥（var. intertextus）、

（墨西哥就有1300种左右），非洲有少数种类（徐民生，1994）。由于仙人掌科植物观赏价值较高，世界各地广泛引种栽培。在热带和亚热带地区，有些种类已经逸为野生，甚至一度蔓延成灾。

仙人掌科可分为三个亚科，即叶仙人掌亚科、仙人掌亚科和仙人柱亚科。叶仙人掌亚科只有2属，叶片宽而扁平（少数种类叶锥形），种子不具假种皮，黑色。仙人掌亚科有5属，有叶和钩毛（芒刺），叶有时很小，早落，钩毛通常宿存，种

短刺金琥（var. *subinermis*）、金琥锦（f. *aureovariegata*）、金琥冠（f. *cristata*）等几个变种、变型（实际上是园艺品种），球体颜色、刺的大小、颜色和排列不同。此外，本属还有弁庆球（*E. grandis*）等，直径可达1m。

其他常见的仙人掌科植物有：

鼠尾掌属（*Aporocactus*）的鼠尾掌（*A. flagelliformis*）和黄金钮（*A. leptophis*）。

星球属（*Astrophytum*）的鸾凤玉（*A. myriostigma*）、般若（*A. ornatum*）及其变种绿般若（var. *glabrescens*）、品种金刺般若（'Mirbelii'）。

群蛇柱属（*Browningia*）的青铜龙（*B. candelaris*）、佛塔柱（*B. hertlingiana*）、金玉兔（*B. icosagonus*）和钟花柱（*B. caineana*）等。

翁柱属（*Cephalocereus*）的翁柱（*C. senilis*）、白丽翁（*C. dybowskii*）和舞翁柱（*C. scoparius*）。

天轮柱属（*Cereus*）大多粗壮挺拔、气势雄伟，常见的如秘鲁天轮柱（*C. peruvianus*）、牙买加天轮柱、神代柱等，其中，有些种类具有石化畸形品种，通称山影拳。

葫芦拳属（*Chamaecereus*）的葫芦拳（*C. silvestrii*）及其品种山吹（'Yamabuki'）。

银毛柱属（*Cleistocactus*）的银毛柱（*C. strausii*）和阿根廷银毛柱（*C. smaragdiflorus*）。

菠萝拳（或顶花球）属（*Coryphantha*）的菠萝拳（*C. pycnacatha*）。

鹿角柱属（*Echinocereus*）的鹿角柱（*E. pentalophus*）、九刺鹿角柱（*E. enneacanthus*）、匍匐鹿角柱（*E. procumbens*）和三光丸（*E. pectinatus*）。

多棱球属（*Echinofossulocactus*）的缩玉（*E. zacatecasensis*）、雪溪丸（*E. albatus*）和龙剑球等。

仙人球属（*Echinopsis*）的仙人球（*E. tubiflora*）、狮子仙人球（*E. calochlora*）和短刺仙人球（*E. eyriesii*）。

昙花属（*Epiphyllum*）的昙花（*E. oxypetalum*）。

老乐柱属（*Espostoa*）的老乐柱（*E. lanata*）、白裳（var. *sericata*）、幻乐（*E. melanostele*）和白宫殿（*E. nana*）。

裸萼球（蛇龙球）属（*Gymnocalycium*）的蛇龙球（*G. denudatum*）、翠晃冠（*G. anisitsii*）、新天地（*G. saglione*）、红蛇球（*G. mostii*），以及常见的品种'绯牡丹'、嫁接嵌合体'龙凤牡丹'。

卧龙柱属（*Harrisia*）的卧龙柱（*H. fortuosa*）、六棱卧龙柱（*H. jusbertii*）、美形柱（*H. gracilis*）和绵毛卧龙柱（*H. eriophora*）。

绫波属（*Homalocephala*）的绫波（*H. texensis*）。

量天尺属（*Hylocereus*）的量天尺（*H. undatus*）。

丽花球属（*Lobivia*）的白丽丸（*L. famatimensis* var. *densispina*）、丽花球（*L. aurea*）、湘阳球（南美金琥）（*L. bruchii*）和黄华球（*L. cylindrica*）。

乌羽玉属（*Lophophora*）的乌羽玉（僧冠拳）（*L. williamsii*）、白花乌羽玉（*L. echinata*）和翠冠玉（*L. lutea*），也有带化畸形

图4-16-5 龙舌兰

品种，如'乌羽冠'。

银毛球（乳突球）属（*Mammillaria*）的银毛球（*M. gracilis*）、月宫殿（*M. senilis*）、黄神丸（*M. celsiana*）、白玉兔（*M. geminispina*）、翁玉（*M. kilissingiana*）、紫金球（*M. compressa*）、绒毛球（*M. multiceps*）和黄毛球（*M. prolifera*）。

花座球属（*Melocactus*）的彩云（*M. intoruts*）、赏云（*M. violaceus*）和层云（*M. amoenus*）。

南国玉属（*Notocactus*）的红小町（*N. scopa* var. *ruberrimus*）、黄翁（*N. leninghausii*）、红彩玉（*N. herteri*）、桃鬼球（*N. rutilans*）和眩美玉（*N. uebelmannianus*）。

令箭荷花属（*Nopalxochia*）的令箭荷花（*N. ackermannii*）。

帝冠属（*Obregonia*）的帝冠（*O. denegrii*）。

刺翁柱属（*Oreocereus*）的武烈柱（*O. celsianus* var. *bruennowii*）、白云锦（*O. trollii*）和圣云锦（*O. hendriksenianus*）。

锦绣玉属（*Parodia*）的绯绣玉（*P. saeguiniflora*）、银妆玉（*P. nivosa*）、武神球（*P. maxima*）、毛笔玉（*P. penicillata*）和黄妆玉（*P. faustiana*）。

叶仙人掌（虎刺）属（*Pereskia*）的叶仙人掌（*P. aculeata*）、月之桂（*P. humboldtii*）、樱麒麟（*P. bleo*）和蔷薇麒麟（*P. sacharosa*）。

子孙球属（*Rebutia*）的阳宝球（*R. heliosa*）、皱珠球（*R. crispata*）和子孙球（*R. minuscula*）。

丝苇（苇枝）属（*Rhipsalis*）的丽人柳（*R. regnellii*）、丝苇（*R. cassutha*）、玉柳（*R. paradoxa*）和松风（*R. capilliformis*）。

仙人指属（*Schlumbergera*）的仙人指（*S. russelliana*）。

蛇鞭柱属（*Selenicereus*）的大花蛇鞭柱（*S. grandiflorus*）。

瘤玉属（*Thelocactus*）的大统领（*T. bicolor*）、黄刺大统领（*T. flavidispinus*）和天晃（*T. hexaedrophorus*）。

毛花柱属（*Trichocereus*）的毛花柱（*T. pachanoi*）、金城柱（*T. candicans*）和钝角毛花柱（*T. macrogonus*）。

蟹爪兰属（*Zygocactus*）的蟹爪兰（*Z. truncatus*）。

【多肉植物概况】

除了仙人掌科以外，还有50多科具有多肉植物，南非是最重要分布中心。根据贮水组织的部位

图4-16-6 圆叶虎尾兰

图4-16-7 光棍树

图4-16-8 沙漠玫瑰

图4-16-9 棒棰树（张寿州提供）

不同，可以分为三类：叶多肉植物、茎多肉植物和茎基多肉植物。

叶多肉植物的叶片高度肉质化，而茎的肉质化程度很低，部分种类的茎具有一定程度的木质化，如番杏科、景天科、百合科、龙舌兰科的种类。茎多肉植物的贮水组织主要分布在茎部，茎常常为直立柱状，也有球形或细长下垂的，部分种类茎分节、有棱和疣状突起，少数种类具稍带肉质的叶，但一般早落，如大戟科、萝藦科的种类。茎基多肉植物的肉质部分集中在茎基部，外形上特别膨大，一般近球形，有时半埋于土中，无节、无棱、无疣突，有叶或叶早落，叶直接从膨大的茎基顶端或从

突然变细的、几乎不带肉质的细长枝条上长出，有时这种细长的枝条也早落，如薯蓣科、葫芦科、西番莲科的种类。

番杏科是多肉植物中最重要的科，共有120属2000多种，大部分产于南非，许多种类株形很小。常见栽培的有：

生石花属（*Lithops*），约75种，高度肉质化，对生叶连在一起，顶部有较长的裂缝，表皮颜色多为米色、棕色、灰色或红褐色，常具有斑点或枝状花纹，有些种类叶顶端有透明的"窗"，花单生，有黄、红、白等色，如生石花（*L. pseudotruncatella*）。肉黄菊属（*Faucaria*），约30种，肉质叶十字形交互对生，腹面常有齿或颚状突起，叶缘常具粗毛，花黄色而大，如肉黄菊（*F. tigrina*）。其他常见栽培的尚有露草属（*Aptenia*）、银叶花属（*Argyroderma*）、鹿角海棠属（*Astridia*）、虾蚶花属（*Cheiridopsis*）、肉锥花属（*Conophytum*）、露子花属（*Delosperma*）、棒叶花属（*Fenestraria*）、光玉属（*Frithia*）、驼峰花属（*Gibbaeum*）、舌叶花属（*Glottiphyllum*）、龙骨角属（*Hereroa*）、日中花属（*Lampranthus*）、快刀乱麻属（*Rhombophyllum*）、天女属（*Titanopsis*）、仙宝属（*Trichodiadema*）等。

景天科约35属1600种，大多数为多肉植物。常见的有：青锁龙属（*Crassula*），约200种，主产南非，灌木或亚灌木，叶对生或排成莲座状，稀互生，无叶柄，如燕子掌（*C. portulacea*）、青锁龙（*C. lycopodioides*）。莲花掌属（*Aeonium*）约40种，产北非和加那利群岛，亚灌木，匙形叶排成莲座状，常有毛，如莲花掌（*A. haworthii*）、毛叶莲花掌（*A. arboreum*）。石莲花属（*Echeveria*），约100种，产中南美洲，草本，匙形叶排成莲座状，被白粉，如石莲花（*E. glauca*）、绒毛掌（*E. pulvinata*）。伽蓝菜属（*Kalanchoe*），约200种，产热带，草本至亚灌木，叶缘常有不定芽，如落地生根（*K.*

图4-16-10 多肉植物的配置

pinnata)、伽蓝菜（K. laciniata）。其他尚有景天属（Sedum）、天锦章属（Adromischus）、银波锦属（Cotyledon）、仙女杯属（Dudleya）、厚叶草属（Pachyphytum）、风车草属（Graptopetalum）、瓦松属（Orostachys）等。

百合科约14属为多肉植物，常见的有：芦荟属（Aloe），约270种，东半球广布，主产非洲，草本，但有的种类高达10m，叶肥厚，莲座状排列，叶肉具黏液，花序高大，如芦荟（A. vera var. chinensis）、木锉芦荟（A. aristata）。十二卷属（Haworthia），约150种，产南非，矮小丛生型，茎极短，叶多莲座状排列，柔软或坚硬，叶面有白色小疣，有的连成横条，如水晶掌（H. cymbiformis）、条纹十二卷（H. fasciata）、点纹十二卷（H. margaritifera）。沙鱼掌属（Gasteria），约100种，产西南非，叶舌形，叠生成两列或呈不整齐的莲座状，深绿色，常有白色小疣，如沙鱼掌（G. verrucosa）。其他尚有松塔掌属（Astroloba）、苍角殿属（Bowiea）、元宝掌属（×Gastrolea）等，其中元宝掌属是鲨鱼掌属和芦荟属的杂交属，约有20个杂交种。

萝藦科共有180属2200种，约35属有多肉植物。常见的有水牛角属（Caralluma），130种，分布于北非至印度，高约20cm，多分枝，4棱，棱缘有细齿，花很小，如水牛角（C. nebrownii）、龙角（C. burchardii）。吊金钱属（Ceropegia），约50种多肉植物，具膨大的块根状茎基，枝细长，多悬垂，对生叶稍具肉质，如吊金钱（C. woodii）、薄云（C. stapeliaeformis）。玉牛角属（Duvalia），约19种，产南非和纳米比亚，茎匍匐，4~6棱，棱缘有齿，花冠裂片腹面红褐色，背面绿色，副花冠烟斗状。犀角（国章）属（*Stapelia*），茎直立，具4棱，花开于茎基，具长梗，有恶臭，裂片边缘密生长毛，如大花犀角（*S. grandiflora*）。其他有苦瓜掌属（*Echidnopsis*）、丽杯角属（*Hoodia*）、剑龙角属（*Huernia*）、丽钟角属（*Tavaresia*）、佛头玉属（*Trichocaulon*）等。

大戟科约300属8000种以上，多肉植物主要存在于大戟属（*Euphorbia*）等属中。大戟属约有350种多肉植物，产非洲、阿拉伯至印度等地，灌木或草本，多数种类的茎有棱，有的为球形或扁平，酷似仙人掌类，但无刺座，如蛇皮掌（*E. lactea*）、霸王鞭（*E. neriifolia*）及其带化变型玉麒麟（f. *cristata*）、孔雀球（*E. caput-medusae*）、布纹球（*E. obesa*）、光棍树。麻疯树属（*Jastropha*），约10种多肉植物，茎膨大，常中空，叶大型，全缘或掌状裂，花苞颜色美丽，如佛肚花（*J. podagrica*）。其他尚有翡翠柱属（*Monadenium*）、红雀珊瑚属（*Pedilanthus*）等。

龙舌兰科约26属670种，多肉植物10属，常见栽培的有：龙舌兰属（*Agave*），约300种，全部产于墨西哥和美国南部，叶肉质，旋叠于茎基，叶尖和叶缘通常有刺，植株大小不一，但花序很高，如龙舌兰（*A. americana*）、鬼脚掌（*A. victoriae-reginae*）、雷神（*A. potatorum* var. *verschaffeltii*）。酒瓶兰属（*Nolina*），仅数种，产于墨西哥和美国南部，茎干直立，基部膨大，酷似酒瓶，叶革质线形，姿态婆娑，如酒瓶兰（*N. recurvata*）、细叶酒瓶兰（*N. gracilis*）。虎尾兰属（*Sansevieria*），约60种，产非洲和亚洲，叶直立或横斜，扁平或圆柱状。

马齿苋科约19属580种，其中6属100种为多肉植物，大多产于非洲。回欢草属（*Anacampseros*），约60种，低矮多年生肉质草本，有的具块根，叶形多样，叶腋常有丝状毛，花期特别短，果实长球形，如回欢草（*A. arachnoides*）、绒叶回欢草（*A. filamentosa*）。长寿城属（*Ceraria*），6种，灌木，小枝对生或近对生，肉质，布满形状不规则的节疤，株形显得苍老，叶小而厚，绿色，花2~6朵聚生，红色。树马齿苋属（*Portulacaria*），1~2种，肉质小乔木，高达4m，外形似马齿苋，如树马齿苋（*P. afra*）。其他还有马齿苋属（*Portulaca*）等。

此外，菊科约有多肉植物7属，如千里光属（*Senecio*）、黄花新月属（*Othonna*）、肉菊属（*Kleinia*）的仙人笔（*Kleinia articulata*）等。夹竹桃科约有3属，如棒棰树属（*Pachypodium*）的棒棰树（*P. namaquanum*）和鬼金棒（*P. rutenbergianum*）、沙红姬属（*Adenium*）的多花沙红姬（*A. multiflora*）。凤梨科有雀舌兰属（*Dyckia*）、华烛典属（*Hechtia*）等几属。薯蓣科有龟甲龙属（*Testudinaria*）等；牻牛儿苗科的天竺葵属（*Pelargonium*）和龙骨葵属（*Sarcocaulon*）；西番莲科的葫莲属（*Adenia*）；葫芦科的布睡袋属（*Gerardanthus*）等；葡萄科的葡萄瓮属（*Cyphostemma*）等；福桂花科的福桂花属（*Fouquieria*）和观峰玉属（*Idria*）。此外，酢浆草科、漆树科、辣木科、橄榄科、豆科等科也都有少量多肉植物。

【生态习性和繁殖栽培】

主要以仙人掌类植物为例说明。仙人掌科大多数种类原产于热带和亚热带干旱荒漠或草原地带，约200种左右原产于热带森林中。由于长期的

图4-16-11 邱园的仙人掌和多肉植物温室

图4-16-12 华南植物园的多肉植物区

适应，它们的生态习性和形态有很大差异。

产于荒漠和草原的种类一般称为陆生类型仙人掌，如仙人掌属、仙人球属。变态茎相对较肥厚，表皮角质层较厚，棱多并具疣状突起，根系分布广而浅，少数具膨大的肉质根，很多种类密生长刺、长毛，花具鲜艳的色彩，以白天开放的居多。每年必须度过漫长的旱季（原产地大多为10月至次年4月），因此具有休眠的习性，休眠期以冬季为主，少数种类夏季休眠（如狼爪玉属）。某些多肉植物也同样如此。耐干旱能力特别强，仙人掌科、景天科、番杏科、大戟科、凤梨科的不少植物在生理上被称为景天酸代谢途径植物，即CAM植物。

产于热带森林的种类一般称为附生类型仙人掌，如蟹爪、量天尺、昙花。根一般不直接生于土壤中，而是扎在树干洞穴或树丫处堆积的腐殖质中，水分供应受到一定限制，但不像陆生种类那样每年要经受一次长达数月的旱季。因而，茎多少已经肉质化，但肥厚程度较差，而表面积较大，表皮不具角质层或角质层较薄，棱少而不具疣状突起，刺毛稀少且短，甚至没有，常有气生根，主要起攀缘作用，当接触到富含养分、水分的地方，可以长出须根进行吸收；大多数晚上开花，花期相对较短。没有休眠期或只是在花后有短时期的半休眠期或生长迟缓。

以对于温度的要求而言，虽然大多数仙人掌

图4-16-13 厦门植物园的仙人掌科和多肉植物区（黄志宏提供）

类原产热带和亚热带，但有些种类极为耐寒，尤其是分布于高纬度和高山的种类。如脆弱仙人掌和多刺仙人掌可分别生长在加拿大北纬56°和53°的地区，菠萝球属的北极球也分布在北纬50°附近；而有些仙人掌甚至已经在瑞士山区归化；在南纬49°附近的阿根廷南部，也有仙人掌类的分布。耐寒的种类主要有矮生仙人掌、多花仙人掌、断节仙人掌、棉花掌、武藏野、北极球、毛柱类的白恐龙柱、吹雪柱、阿根廷毛花柱等，球形的星球、般若、裸萼球属、仙人球属等。

仙人掌类植物的繁殖，主要有扦插、嫁接和播种等方法。利用茎节或茎节的一部分、带刺座的乳状突起以及仔球等营养器官具有再生能力的特性，可以进行扦插繁殖。切下的插穗应当首先阴干半天至4~5天，扦插时间以春季为好，雨季容易腐烂。对于不少珍贵稀少的畸变种类以及自身球体不含叶绿素的种类而言，常用嫁接繁殖，嫁接时间以春季和秋季为宜，方法有平接（适于柱状和球形种类）、劈接（适于茎节扁平的种类）等，在温度保持20~25℃条件下均易于愈合。接后3天再浇水，一般约10天后即可去掉绑扎线。常用的砧木有仙人掌、叶仙人掌以及量天尺属和天轮柱属的种类。其他多肉植物的繁殖也多采用扦插方法，有些种类还可以用叶片作插穗，如景天科的一些种类。

【观赏特点与栽培历史】

在花卉园艺界，仙人掌科和多肉植物是一类趣味性强的植物，种类极其繁多，形态、体量也差别很大，观赏价值很高。

以形体而言，在仙人掌类中，柱状仙人掌类如巨人柱可高达12m，直径60cm，红头摩天柱可高达15m，原产阿根廷的冲天柱更是可高达25m；球形的仙人掌类中，金琥属的金琥、弁庆、鬼头球直径可达0.8~1m。多肉植物中也不乏巨人，如猴面包树和纺锤树均高达20m，福桂花科的观峰玉可高达18m，即使是常见的芦荟属中，也有高达15m的种类，如产于索马里的兀立芦荟。还有不少种类具

图4-16-14 南京中山植物园仙人掌和多肉植物区

第4章 常见植物专类园的建设

图4-16-15 苏州虎丘布置于路边的多肉植物组合

有石化畸形、带化或斑锦品种，观赏价值更高，著名的有天轮柱属被统称为"山影拳"的一类植物，如神代柱的品种'狮子'、'姬墨狮子'（前者的斑锦变异）、'金狮子'，秘鲁天轮柱的品种'岩石柱'、'岩石狮子'、'黄狮子'（前者的斑锦变异），冲天柱的品种'群狮子'等，以及乌羽玉属的带化畸形品种如'乌羽冠'。多数仙人掌类具有各式各样的刺座、刺毛，形态、排列方式和色彩各异，著名的如强刺球属的琥头和烈刺玉，刺长可达12cm以上，金琥的刺呈金黄色。仙人掌类的花为虫媒花，花朵大、花型多样而且色彩丰富，除了真正的蓝色外，其他各种颜色都有，不少种类的花瓣具有金属光泽，特别艳丽；花的形态有钟状、辐射状、漏斗状、管状等，蛇鞭柱属的花可长达40cm，径达25cm，即使常见的令箭荷花和毛花柱属的某些种类，花径亦可达20cm。

在原产地，仙人掌类植物自古以来就是当地土著居民的重要食物来源，并广泛被栽培。15~16世纪以前，居住在墨西哥的印第安人已经将仙人柱的果实作为主要食物，并进行商业化栽培。仙人掌属的仙桃等经济价值高的种类栽培历史也很长，15世纪哥伦布从美洲新大陆返航时，将仙桃引入西班牙，17世纪初，离开西班牙的摩尔人又将它引入北非，至18世纪末，地中海沿岸国家普遍种植仙桃。如今，阿根廷、巴西、智利、墨西哥、阿尔及利亚、南非、意大利等20多个国家已经进行了商业栽培，作为果品、蔬菜或饲料的来源。量天尺又名火龙果，在中美洲也是传统的经济作物，其他热带地区也常见栽培。我国栽培的仙人掌类种类繁多，不少种类已经野化，如仙人掌、仙桃、胭脂掌、量天尺等，昙花在云南南部也已经归化。

【植物配植】

我国多数植物园的温室均有仙人掌科和多肉植物专类园，是温室中最吸引游人的景点之一。国外也甚为常见，如被誉为多肉植物宝库的南非、仙人掌的故乡墨西哥都拥有著名的专类园，每年吸引着世界众多的旅游者。

仙人掌科和多肉植物专类园适于自然式布局，我国一般布置于室内。可按照植物分类系统或生态特点进行陈列布置，科学性较强。按照分类系统的布置方式就是根据各种多肉植物所属的科、属以及其分类地位（系统排列顺序）分别陈列。这样，游人在游览过程中就可以看到不同科属的形态演变过程和规律，加深对这类植物的了解。具体摆放时可以将高大的种类放在后排，矮小的种类放在前排。正确地标明中名、学名、科属、产地和用途。

按照生态特点的布置方式就是根据生态习性的不同，将原产地相同或相近的种类布置在一起，模仿原产地的生态群落。可按热带亚热带干旱沙漠类、热带亚热带高山类、热带森林类分别进行布置。一般需要对地形、地貌进行小范围的适当处理和改造，如形成沙丘、碎石滩，必要时还可配置一些岩石、树干，以便于攀缘种类的生长（如热带森林类）。由于习性相近，这种布置方式便于管理。

此外，为了增加趣味性，吸引游人，还可在局部范围内进行艺术型布置，例如，选用一些观赏价值高、色彩斑斓的种类形成组字或各种形状的图案等。

【常见的仙人掌科和多肉植物专类园】

厦门植物园的仙人掌科和多肉植物区：位于太平山主峰南侧，是植物园近年向东拓展的一个别具风情的新展区，但仙人掌和多肉植物的引种自1960年建园时就开始了。展区已建主展室、微沙漠及配套管理房。目前拥有大约1230种，是国内该类植物最多的专类展区之一。除了仙人掌科植物，还有大戟科、景天科、番杏科、龙舌兰科等约22科多肉植物，拥有我国人工栽培最大的"金琥"个体，直径达80cm以上。室外利用原有谷地辟建了具一定规模的拟沙漠人工生态环境，结合雨水排放设置旱河；保留原有巨石蓄水为池；沿池、沿河植适合厦门室外生长的种类，形成沙漠绿洲景观。沙丘起伏，旱河纵横，绿洲随见，加上别致的展室、奇姿奇趣的多肉植物，构筑成万石丛中的多肉植物王国。

深圳植物园的沙漠植物区：占地1hm^2，以收集仙人掌科和多肉植物为主，已建成3个大型展览温室和3个生产温室，引种成功的种类有500多种，有高达10m、直径达20cm的天轮柱。

国外著名的有南非的加洛（Karoo）多肉植物园，位于开普敦市北约160km的伍斯特附近，属于南非国家公园管辖。按照多肉植物的生态习性，采用自然式布置，将多肉植物与岩石、沙漠、山坡等自然环境融为一体。在起伏的丘陵上，成片、成丛种植了百合科的芦荟类、大戟科的冲天阁等柱状种类；山坡下较荫蔽的环境，配植有犀角、水牛掌、赤鬼角等萝藦科的种类；露天花坛中，则种植了很多生石花、美丽日中花等番杏科植物，春季开花时姹紫嫣红。美国加利福尼亚州圣马力诺市汉廷顿植物园的仙人掌类和多肉植物专类园，以高大的仙人柱、大戟科的柱状种类、丝兰属等作背景，数百个巨大的金琥球密集丛生，金碧辉煌，还有成片的芦荟、乳突球属、景天属等，气势雄伟，蔚为壮观。西班牙的布兰尼斯植物园也辟有占地4hm^{2}的多肉植物园，分成仙人掌区、龙舌兰区、芦荟区和番杏区四个区。

4.17 水生植物专类园

【水生植物概况】

水生植物种类繁多,既有高等植物,又有低等植物。在高等植物中,既有苔藓植物和蕨类植物,又有单子叶植物和双子叶植物;习性上有宿根类、球根类、根茎类和一二年生植物,也有少量木本植物。尽管水生植物在形态上差别很大,但由于习性相近——都生活在水中,不少种类观赏价值高,因而常常配植在一起,形成水生植物专类园,这种造景形式在各地的植物园中最为常见;在一般的城市公园和庭园中,则往往选择其中一种或几种进行配植,如常见的荷花专类园、睡莲专类园、花菖蒲专类园等,杭州西湖的"曲院风荷"即是。

根据水生植物的生活习性以及植物与水体的关系,可将其分为挺水植物、浮叶植物、漂浮植物和沉水植物四类。

挺水植物:仅植株基部或下部生于水中,而上面绝大部分尤其是繁殖体挺出水面,在自然群落中,它们一般生于水域近岸或浅水处,有些种类也生于季节性积水区。如荷花(*Nelumbo nucifera*)、菖蒲(*Acorus calamus*)、水生鸢尾类、泽泻(*Alisma plantago-aqutica* var. *orientale*)、香蒲(*Typha angustata*)、雨久花(*Pontederia cordata*)、水葱(*Scirpus tabernaemontani*)、千屈菜(*Lythrum salicaria*)、慈姑(*Sagittaria sagittifolia*)等。

浮叶植物:根系和地下茎生于淤泥中,但叶片或植株大部分浮于水面而不挺出,如睡莲(*Nymphaea tetragona*)、王莲(*Victoria amazonica*)、萍蓬草(*Nuphar pumilum*)、菱(*Trapa bispinosa*)、芡实(*Euryale ferox*)、莼菜(*Brasenia schreberi*)、荇菜(*Nymphoides peltata*)、金银莲花(*N. indica*)等。

图4-17-1 挺水植物荷花

图4-17-2 浮叶植物睡莲

图4-17-3 浮叶植物萍蓬草

图4-17-4 浮叶植物王莲

图4-17-5 浮叶植物芡实

漂浮植物：植株完全漂浮于水面，根系舒展于水中，随水流而漂浮，个别种类幼时有根生于泥中，后折断即行漂浮，如凤眼莲（*Echhornia crassipes*）、浮萍（*Lemna minor*）、满江红（*Azolla imbricata*）等。

沉水植物：在整个生活史中，植株沉没于水中生活，如黑藻、金鱼藻（*Ceratophyllum demersum*）、苦草（*Vallisneria natans*）、海菜花（*Ottelia esquirolii*）、马来眼子菜（*Potamogeton malainus*）等。园林造景中应用较多的主要是挺水植物和浮叶植物，另有少量漂浮植物。

【重要的水生观赏植物】

1）睡莲 *Nymphaea* spp.

睡莲科睡莲属多年生浮叶植物。地下茎直立或横生，叶丛生并浮于水面，圆形至卵圆形，基部深裂呈心形或戟形。花单生，浮于水面或挺出；萼片4，外面绿色，里面白色；花瓣多数，白、粉红、黄、紫红、蓝等各色，因种类和品种而异；雄蕊多数；心皮多数，合生，埋藏于肉质花托中。聚合果海绵质，开裂，内含球形小坚果。花期夏秋，单花花期3～4天，昼开夜合或夜开昼合。约40种，并有许多杂交种和品种。根据园林应用的需要，一般将睡莲分为热带性睡莲和耐寒性睡莲。

热带性睡莲原产热带，在我国大部分地区需要温室栽培，但在华南可露地栽培。常见的有埃及蓝睡莲（*Nymphaea caerulea*），花浅蓝色，径15～20cm，傍晚开放，午前闭合；埃及白睡莲（*N. lotus*），花白色，径20～25cm，傍晚开放，午前闭合；印度红睡莲（*N. rubra*），花桃红色，径15～20cm，夜间开放；墨西哥黄睡莲（*N. mexicana*），花黄色，径10～14cm，白天午后开放。此外还有印度蓝睡莲（*N. stellata*），我国云南有分布。

耐寒性睡莲原产温带和寒带，耐寒性强，除了极端的气候条件外，在我国各地可露地栽培。常见的有睡莲（*Nymphaea tetragona*），叶卵形，花白色，径7～12cm，花期6～9月，午后开放；香睡莲（*N. odorata*），叶圆形、长圆形，花白色，也有红花品种，径8～13cm，浓香，午前开放；白睡莲（*N. alba*），叶圆形，花白色，有浅黄和粉红色的品种，径12～15cm，近全日开花；块茎睡莲（*N. tuberosa*），地下部分为块茎，叶圆形，幼时紫色，花白色，径10～18cm，午后开放。

2）荷花 *Nelumbo nucifera* Gaertn.

睡莲科莲属多年生挺水植物。根状茎肥大、多节，横生于水底泥中，统称"莲藕"；节间有多数孔眼；节部缢缩，着生侧芽、不定根、叶和花梗。叶片盾状圆形，全缘或稍波状，幼时自两侧内卷，表面蓝绿色，有蜡质白粉；叶柄粗壮，

图4-17-6 漂浮植物凤眼莲

图4-17-7 挺水植物水葱

有短刺。花单生花梗顶端,一般挺出叶上,大型,径约10~25cm,清香;萼片4~5,绿色,花后脱落;花瓣多数,因品种而异;红色、粉红色、白色等;雄蕊多数;离生雌蕊多数,埋藏于海绵质、膨大的倒圆锥形花托内,俗称"莲蓬"。小坚果椭圆形。群体花期6~9月,单花花期因品种而异,通常单瓣品种3~4天,半重瓣品种5~6天,重瓣品种可达10天以上。果期9~10月。产亚洲和大洋洲。

荷花品种众多,依据用途可分为藕莲、子莲和花莲三大类。观赏用的花莲一般分为大、中花群和小花群(即通称的碗莲类)两类,其下再分单瓣、复瓣、重瓣、重台、千瓣等类。大中花群中代表品种如'青菱红'莲、'东湖红'莲、'红灯高照'、'红台'莲、'大洒锦'、'千瓣'莲、'一丈青'等,小花群中代表品种如'火花'、'厦门碗'莲、'白云碗'莲、'锦边'莲、'小玉楼'等。

同属的另外一种黄莲花(*Nelumbo lutea*)产中北美洲,我国有栽培,并与荷花杂交培育出了一些品种,如'佛手'莲、'出水黄鹏'、'小金凤'等。

3)王莲*Victoria amazonica* Sowerby

睡莲科王莲属多年生大型浮叶植物,可作一年生栽培。地下茎短而直立。成熟叶大而圆形,径达1~2.5m,表面绿色,背面紫红色并具凸起的网状叶脉;叶缘直立高起约7~10cm,全叶宛如大型圆盘浮于水面,有很大的浮力。花单生,常伸出水面开放,径约25~35cm,芳香;花瓣多数,第一天白色,次日逐渐呈现淡红色至深红色,第三天闭合并沉入水中。花期夏秋,下午至傍晚开放,次晨闭合。果实球形。原产南美洲,常栽培。

4)凤眼莲*Echhornia crassipes*(Mart.)Solms-Laub.

雨久花科凤眼莲属多年生漂浮植物。须根发达,悬垂水中。茎极短。叶丛生而直伸;叶柄长10~20cm,中下部膨大形成海绵质的葫芦状气囊;叶片倒卵状圆形或卵圆形,全缘,鲜绿色而有光泽。花茎单生,高20~30cm,穗状花序;花

图4-17-8 浮叶植物荇菜

图4-17-9 挺水植物古老芋

图4-17-10 挺水植物千屈菜

堇紫色,径约3cm,花被片6,上面一片较大而且中央有深蓝色斑块,斑中又具黄色眼点,颇似孔雀羽毛,故称"凤眼莲"。花期7~9月。原产南美洲,我国引种后广为栽培,在江南、华南、西南逸生,有时堵塞河道、占据湖面,形成生态灾难。

5)菖蒲 *Acorus calamus* Linn.

天南星科菖蒲属多年生挺水植物。根状茎稍扁肥,横卧泥中,芳香。叶有香味,二列状着生,剑状线形,先端尖,基部鞘状,对折抱茎,中脉明显并在两面隆起,边缘稍波状。花茎长20~50cm,短于叶丛,佛焰苞叶状,长达30~40cm;肉穗花序圆柱状长锥形;花小型,黄绿色。浆果长圆形。花期6~9月。变种金线菖蒲(var. *variegatus*),叶具黄色条纹。同属的还有石菖蒲(*A. gramineus*)等。

6)香蒲 *Typha angustata* Bory et Chaub.

香蒲科香蒲属多年生挺水植物。根状茎匍匐、粗壮;地上茎直立,不分枝,高达1.5~3m。叶由茎基部抽出,二列状着生,长带形,长达0.8~1.8m,宽7~15mm,灰绿色。花单性同株;穗状花序呈蜡烛状,长约50cm,浅褐色,雄花序位于花轴上部,雌花序位于下部,两者之间相隔长3~7cm的裸露花轴。花期5~7月。北半球广布。同属植物尚有水烛(*T. angustifolia*)、小香蒲(*T. minina*)、东方香蒲(*T. orientalia*)等。

7)其他重要的水生植物

水葱(*Scirpus tabernaemontani*),莎草

科挺水植物。根状茎粗壮、横走；地上茎直立，圆柱形、中空，高0.6~1.2m，粉绿色，也有具黄白斑的（花叶水葱）；叶鞘状，褐色。聚伞花序顶生，稍下垂，淡黄褐色。花期6~8月。此外，还常见藨草（*S. triqueter*）、荆三棱（*S. yagara*）等。

风车草（*Cyperus alternifolius*），高60~120cm，茎直立丛生，无分枝，花序大型，总苞叶状。此外，还常见纸莎草（*C. papyrus*）等。

芡实（*Euryale ferox*），睡莲科浮叶植物。全株具刺。叶丛生，初生叶沉水，成熟叶浮水，圆盾形，边缘略上折，径达1.2（3）m，背面紫色。花单生，萼片外绿内紫，4枚；花瓣紫色。浆果球形，径达10cm。花期7~8月。

萍蓬草（*Nuphar pumilum*），叶卵形至椭圆形，基部开裂约1/3，表面亮绿色，背面紫红色。花单生，伸出水面，金黄色，径约2~3cm。花期5~7月。

莼菜（*Brasenia schreberi*），嫩茎叶及花梗有黏液。叶椭圆状矩圆形，上面绿色，下面紫色。花腋生，紫色。花期6~9月。

千屈菜（*Lythrum salicaria*），千屈菜科挺水植物。高约1m；茎四棱形；叶对生。顶生穗状花序，花多数密集，紫红色，花瓣6枚。花期7~9月。

慈姑（*Sagittaria sagittifolia*），泽泻科挺水植物。叶片箭形，大小及宽窄变化大。圆锥花序，花白色。夏秋开花。

雨久花（*Monochria Korsakowii*），雨久花科挺水植物。叶片箭头形或三角状披针形，基部戟状。总状花序，花多数，蓝紫色。

野芋（*Colocasia antiquorum*），天南星科挺水植物。地下茎球形；叶片盾状着生，卵状长椭圆形，基部戟状深心形，叶柄显紫色。

红菱（*Trapa bicornis*），菱科浮叶植物。浮叶阔卵形或卵状菱形，叶面深绿色，背面紫红色。花白色。果实倒三角状元宝形。

荇菜（*Nymphoides peltata*），龙胆科浮叶

图4-17-11 水边植物配置

图4-17-12 沉水植物的应用

图4-17-13 西湖曲院风荷为控制水生植物生长范围设置的种植池

植物。叶互生，心状椭圆形或圆形。伞形花序腋生。花期6～10月。

此外，其他可供选择的还有：苹科的田字苹（*Marsilea quadrifolia*）；木贼科的木贼（*Equisetum hyemale*）；水蕨科的水蕨（*Ceratopteris thalictroides*）、粗梗水蕨（*Ceratopteris pteroides*）；毛茛科的驴蹄草（*Caltha palustris*）、水毛茛（*Batrachium bungei*）；三白草科的三白草（*Saururus chinensis*）；蓼科的两栖蓼（*Polygonum amphibium*）、水蓼（*P. hydropiper*）；伞形科的水芹（*Oenanthe japonica*）、泽芹（*Sium suave*）；杉叶藻科的杉叶藻（*Hippuris vulgaris*）；胡麻科的茶菱（*Trapella sinensis*）；露兜树科的小露兜（*Pandanus gressitii*）；泽泻科的泽泻；花蔺科的花蔺（*Butomus umbellatus*）；水鳖科的水鳖（*Hydrocharis dubia*）、海菜花；水蕹科的水蕹（*Aponogeton natans*）、田干草（*A. distachyos*）；禾本科的菰（*Zizania latifolia*）、芦苇（*Phragmites communis*）等；水生鸢尾类如燕子花（*Iris laevigata*）、溪荪（*I. sanguinea*）等。一些适于岸边造景的湿生和耐水湿木本植物主要有水松（*Glyptostrobus pensilis*）、池杉（*Taxodium ascendens*）、垂柳（*Salix babylonica*）、白柳（*S. alba*）、水椰（*Nypa fruticans*）、沼生海枣（*Phoenix paludoa*）等。

常用于建设水生植物专类园的植物种类见表4-17-1。

常见水生植物一览表（按学名顺序排列）　　　表4-17-1

中名	科别	类别				观赏特性
		挺水	浮叶	漂浮	沉水	
菖蒲 Acorus calamus	天南星科	✓				高50～90 cm，全株具香气。花黄绿色
石菖蒲 Acorus gramineus	天南星科	✓				高20～40 cm，全株具香气。有花叶品种
泽泻 Alisma plantago-aqutica	泽泻科	✓				高60～100 cm。花白色，花期6～8月
满江红 Azolla imbricata	满江红科			✓		叶在早春和秋季紫色，成片生长，非常壮观
水毛茛 Batrachium bungei	毛茛科				✓	沉水叶丝状，深绿色。花白色
水筛 Blyxa japonica	水鳖科				✓	高10～20 cm，叶披针形。株形、叶色美丽。花白色
莼菜 Brasenia schreberi	莼菜科		✓			花暗紫色，花期6～9月。叶亮绿色，背面带紫色
花蔺 Butomus umbellatus	花蔺科	✓				高50～80 cm。花粉红色，后变红色。花期7～9月
粗梗水蕨 Ceratopteris pteroides	水蕨科			✓		高40～60 cm，叶鲜绿色，叶形奇特
水蕨 Ceratopteris thalictroides	水蕨科	✓				高20～40 cm，叶细裂，鹿角状，非常别致
金鱼藻 Ceratophyllum demersum	金鱼藻科				✓	绿叶轮生，丝状。适于静水区
野芋 Colocasia antiquorum	天南星科	✓				高60～100 cm。叶带紫色
风车草 Cyperus alternifolius	莎草科	✓				高50～150 cm，株丛优美。花淡紫色
纸莎草 Cyperus papyrus	莎草科	✓				高100～200 cm，株形优美，茎三棱状
凤眼莲 Echhornia crassipes	雨久花科			✓		高20～30 cm。花葶紫、粉紫、黄色，花期7～9月
芡实 Euryale ferox	睡莲科		✓			花紫色，花期7～8月。叶大型，径120～250 cm
杉叶藻 Hippuris vulgaris	杉叶藻科				✓	株丛优美。叶轮生，圆柱形

续表

中名	科别	类别				观赏特性
		挺水	浮叶	漂浮	沉水	
黑藻 Hydrilla verticillata	水鳖科				✓	叶轮五、两面有红褐色斑点。株丛美丽
水鳖 Hydrocharis dubia	水鳖科		✓			叶圆心形，上面绿色，下面有隆起气囊。花白色
燕子花 Iris laevigata	鸢尾科	✓				高50～60 cm。花白或蓝紫色，径12 cm，花期5～6月。品种丰富
黄菖蒲 Iris pseudocorus	鸢尾科	✓				高60～100 cm。花黄色至乳白色，径8 cm，花期4～6月
溪荪 Iris sanguinea	鸢尾科	✓				高40～60 cm。花深紫色，径7 cm，花期5～6月
浮萍 Lemna minor	浮萍科			✓		小型草本，植物体为一叶状体，常成片分布，喜静水
黄花蔺 Limnocharis flava	花蔺科	✓				高60～80 cm。叶黄绿色。花淡黄色，花期夏秋
石龙尾 Limnophila sessilliflora	玄参科	✓			✓	丛生，沉水叶细裂，排列成优美的株丛。花紫红色
千屈菜 Lythrum salicaria	千屈菜科	✓				高100～150 cm。花紫红、桃红色，花期7～9月
雨久花 Monochoria korsgkowii	雨久花科	✓				高50～90 cm。花蓝紫色或稍白色，花期7～9月
鸭舌草 Monochoria vaginalis	雨久花科	✓				高30～40 cm。花蓝色或带紫色，花期7～9月
狐尾藻 Myriophyllum verticillatum	狐尾藻科	✓			✓	叶丝状细裂，深绿色，株丛优美，部分叶挺出水面
穗花狐尾藻 Myriophyllum spicatum	狐尾藻科				✓	叶丝状细裂，株丛优美。穗状花序伸出水面
小茨藻 Najas minor	茨藻科				✓	二叉状分枝，叶纤细、线形，边缘有刺齿
荷花 Nelumbo nucifera	睡莲科	✓				花白、粉、红等色。花期6～9月。品种丰富
睡莲 Nymphaea tetragona	睡莲科		✓			花白色，径3～7.5cm，午后开放。花期6～9月。品种丰富
香睡莲 Nymphaea odorata	睡莲科		✓			花白、红等色，径8～13cm，午前开放，浓香
白睡莲 Nymphaea alba	睡莲科		✓			花白、粉、黄等色，径12～15cm，白天开放
块茎睡莲 Nymphaea tuberosa	睡莲科		✓			花白色，径10～22cm，午后开放。幼叶紫色
埃及蓝睡莲 Nymphaea caerulea	睡莲科		✓			花浅蓝色，径7～15cm，白天开放
埃及白睡莲 Nymphaea lotus	睡莲科		✓			花白色，径12～25cm，傍晚开放，午前闭合
印度红睡莲 Nymphaea rubra	睡莲科		✓			花深紫红色，径15～25cm，夜间开放
墨西哥黄睡莲 Nymphaea mexicana	睡莲科		✓			花浅黄色，径10～15cm，白天开放。叶有褐斑
荇菜 Nymphoides peltata	龙胆科		✓			花鲜黄色，径3～3.5cm。花期5～10月
萍蓬草 Nuphar pumilum	睡莲科		✓			花金黄色，径2～3cm。花期4～7月
水芹 Oenanthe javanica	伞形科	✓				1～2回羽状复叶。花白色，复伞形花序
海菜花 Ottelia acuminata	水鳖科				✓	叶披针形。花白色，花形特别。喜微酸性静水
芦苇 Phragmites communis	禾本科	✓				高200～300cm，可形成大片芦苇荡，也可生于旱地
大藻 Pistia stratiotes	天南星科			✓		植物体为莲座状，灰绿色，外形颇似一朵花
梭鱼草 Pontederia cordata	雨久花科	✓				高80cm。花淡蓝紫色，花序长20cm。花期5～10月

续表

中名	科别	挺水	浮叶	漂浮	沉水	观赏特性
菹草 Potamogeton crispus	眼子菜科	✓				长达100cm，叶色、株丛优美
马来眼子菜 Potamogeton malainus	眼子菜科				✓	植株长达数米，可形成优势群落。观叶
慈姑 Sagittaria sagittifolia	泽泻科	✓				高70~120 cm。花白色，花期7~9月。叶戟形
小白菜 Samolus parviflorus	报春花科	✓				高20~30cm。可短期淹入水中，叶淡黄绿色。花白色
槐叶萍 Salvinia molesta	槐叶萍科			✓		叶形奇特，浮于水面如槐叶状
水葱 Scirpus tabernaemontani	莎草科	✓				高100~200 cm。秆粉绿色，有花叶品种，绿白相间
菱 Trapa bispinosa	菱科		✓			叶阔卵形，背面紫红色。花白色。果实元宝形
茶菱 Trapella sinensis	胡麻科		✓			株丛浮水，优美。花白、粉红色。叶卵状三角形，对生
香蒲 Typha angustata	香蒲科	✓				高150~350 cm。叶带形，长达180cm。花序奇特
水烛 Typha angustifolia	香蒲科	✓				高100~200cm。叶长达100cm。花序奇特
再力花 Thalia dealbata	竹芋科	✓				高100~200 cm，植株被白粉。花紫色，夏秋开花
黄花狸藻 Utricularia aurea	狸藻科				✓	食虫植物，能捕食水中细小动物。水中丝状叶密布，有捕虫囊，花黄色，伸出水面，形成特殊景观。花期7月
细叶狸藻 Utricularia minor	狸藻科				✓	
王莲 Victoria amazonica	睡莲科		✓			叶大而圆，叶缘直立。花白色并变红色，花期6~10月
苦草 Vallisneria natans	水鳖科				✓	叶条形，长达20~200cm，带状、绿色
菰 Zizania latifolia	禾本科	✓				高100~200cm，基部寄生真菌而变肥厚。能清洁水质

【生态习性和繁殖栽培】

由于水中的环境比较稳定，陆上的温度变化对其影响较小，因此相对于陆生植物而言，水生植物对温度的适应幅度更为宽广，不少种类为世界分布。在专类园造景中，除了少数热带种类（如热带性睡莲、王莲）以外，大多数种类对温度不太敏感，适于全国各地应用。即使是不耐寒的种类，也可采用盆栽的方式应用于水生植物专类园的造景中，冬季移入室内即可。

以荷花为例。荷花在我国的分布北达北纬47.3°的黑龙江富锦，南达北纬19°的海南岛，除了西藏和青海以外，各地均甚为常见。荷花为阳性植物，喜温暖，因而夏季是其生长旺季，但其耐寒性也很强。一般8~10℃开始萌芽，14℃藕鞭（藕带）开始伸长，23~30℃为生长发育的最适温度，25℃下生长新藕，大多数品种在立秋前后气温下降时转入长藕阶段。荷花喜肥，要求富含腐殖质的微酸性至中性黏质土壤，酸性过大和土质过于疏松均不利于生长。在长江流域，一般4月上旬萌芽，4月中旬浮叶展开，5月中下旬立叶挺水，6月下旬至8月上旬盛花，9月下旬藕成熟，10月中下旬枯黄、进入休眠。

荷花的繁殖方法有分株（分藕）和播种两种。分株繁殖最为常用，清明节前后，当气温上升到15℃时是分株的最佳时期。挑选健壮的根茎，每2~3节切成一段作为种藕，每段必须带有顶芽和保留尾节，也可采用整枝主藕作种藕，施足基肥后用手指保护顶芽以20°~30°角斜插入泥中，深10~15cm即可，2~3日后待泥土稍干再开始灌水，并随着生长而逐渐加深水位，但最深不宜超过1.5m。荷花种子无休眠期，播种繁殖时可随采随播，或于春季（长江流域以4月中下旬至5月）进行，由于莲子外壳坚硬质密，水分不宜渗透入内，播前需事先用钳子刻破种壳，注意不要伤及胚芽，然后浸入水中3~7天，使其吸胀催芽（发芽适温20℃~24℃），然后栽植。

【栽培历史与花文化】

水生植物与人类生活密切相关，如荷花是中国十大名花之一，并是著名的蔬菜（藕）和中药（莲心、莲须），芦苇用于造纸、编织和建筑，其花及根状茎等并可入药，不少水生植物还是淡水鱼、家禽及家畜的优质饲料，因此很多水生植物在世界各地早有栽培。仅以我国水生植物专类园中应用最普遍的荷花为例说明。

图4-17-14 接天莲叶无穷碧，映日荷花别样红

荷花古称荷华，又名芙蕖、菡萏、芙蓉等，花、叶俱美，"亭亭翠盖朝听雨，款款红衣晚送香"，是我国栽培历史最悠久的植物之一，也是中国十大传统名花之一。《诗经·郑风》有"山有扶苏，隰有荷华"之句，而《尔雅》已经给予荷花的各部器官以专名，曰："荷，芙蕖，其茎茄，其叶蕸，其本蔤，其华菡萏，其实莲，其根藕，其种莲，莲中薏。"这说明荷花早已栽培并被细致地观察过。春秋时，吴王夫差为西施建"玩花池"，栽培荷花用于玩赏，是关于荷花观赏栽培的最早记载；汉朝王逸的《鲁灵殿赋》中，也有"园渊方井，反植芙蓉，发秀吐荣，菡萏纷披，绿房紫菂，窊吒垂珠"的记载。

图4-17-15 武汉植物园水生植物区

汉朝以前，荷花具有红色、单瓣的原始性状。到西晋时，花色已经很丰富，并出现了重瓣类型，崔豹《古今注》有"芙蓉，又名荷华，生池泽中，实曰莲，花之最秀异者，一名水芝，一名水花，色有赤、白、红、紫、青、黄数色，红白二色著多，花大者至百叶。"南朝时则已经有了并蒂莲，这可见于《梁书·武帝本纪》中："天监十年五月乙酉，嘉莲一茎三花，生乐游苑。"隋朝诗人杜公瞻也有描写并蒂莲的诗《咏同心芙蓉》："灼灼荷花瑞，亭亭出水中。一茎孤引绿，双影共分红。色夺歌人脸，香乱舞衣风。名莲自可念，况复两心同。"隋唐及宋以至于明清，历代皇家园林和私人庭园中均普遍栽培荷花用于观赏，赞美荷花的诗词也举不胜举。如南朝·梁·萧纲《咏芙蕖》云："圆花一带卷，交叶半心开。影前光照曜，香里蝶徘徊。"唐·李商隐有《赠荷花》诗曰："世间花叶不相伦，花入金盆叶作尘。唯有绿荷红菡萏，卷舒开合任天真。此花此叶长相映，翠减红衰愁杀人。"唐·白居易《东林寺白莲花》则赞白荷曰："东林北塘水，湛湛见底清。中生白芙蓉，菡萏三百茎。白日发光彩，清飚散芳馨。泄香银囊破，泻露玉盘倾。我惭尘垢眼，见此琼瑶英。乃知红莲花，虚得清净名。夏萼敷未歇，秋房结才成。夜深众僧寝，独起绕池行。欲收一颗子，寄用长安城。

图4-17-16 杭州植物园水生植物区

图4-17-17 华南植物园水生植物区

但恐出山去，人间种不生。"他从苏州回到洛阳时还带回了白莲，并有诗曰："吴中白藕洛中栽，莫恋江南花懒开。万里携归尔知否，红蕉朱槿不将来。"而宋·周濂溪的《爱莲说》对荷花的歌咏最为著名，几乎人人能咏诵，"水陆草木之花，可爱者甚蕃，晋陶渊明爱菊，自李唐以来，世人甚爱牡丹，予独爱莲之出淤泥而不染，濯清涟而不妖，中通外直，不蔓不枝，香远益清，亭亭净植……"把莲花比作君子，而张景修以莲花为"净客"，曾瑞伯以荷花为"净友"。

荷花是印度的国花，而佛教发源于印度，因此荷花（莲花）与佛教有着千丝万缕的联系。这当然也由于荷花的品格"出淤泥而不染"，与佛教主张的人格相吻合，而且"莲花池畔暑风凉"，不论花、叶、香、色总给人一种清凉的感觉，因此，"看取莲花净，方知不染心"。正由于荷花独具的神圣和贞洁，佛教把荷花（莲花）作为圣洁的象征，许多佛教经典，如《妙法莲华经》、《杂宝藏经》、《无量清净尘经》等多有莲花的记载；在我国佛教寺庙中，三世佛和观音菩萨大都是足踏莲花座，或端坐于莲花台上，安徽九华山供奉的地藏王菩萨则头戴莲冠。约公元5世纪，荷花经朝鲜传入日本。

很多其他水生植物的栽培历史也极为悠久，并被人们赋予了特殊的含义，如睡莲、菖蒲、荇菜等。如荇菜早在诗经《关雎》就有记载，"参差荇菜，左右流之……参差荇菜，左右采之……参差荇菜，左右芼之……"等句，几乎人人都能咏颂，参差的荇菜随着水流左右摆动，显现出一种自然之美。福建永安岩又名荇菜岩，位于德化县赤水镇，据《德化县志古迹志》载："唐僧邹无比艺圃处，多种荇菜，旧名荇菜岩。"菖蒲在我国西汉时期已栽培观赏，《三辅黄图》载，"汉武帝元鼎六年破南越，起扶荔宫以植所得奇草异树，有菖蒲百本。"睡莲在园林中应用更早，2000多年前汉代的私家园林中就曾出现过睡莲的身影，而16世纪的意大利则把它作为水景园的主体材料。王莲自20世纪70年代从南美洲亚马逊河引入我国后，在全国各地都有栽培。

【水体设计与植物配植】

1）水体设计

水生植物专类园一般建设在室外，寒冷地区也可布置在室内。室外的水生植物专类园，最好充分利用自然水体，或与附近的自然水体（江、河、湖、泊）相沟通，因为流动的水体不仅能够及时更新和改善水质，防止富营养化，减少藻类的繁衍，而且还可以结合叠水、小溪、步石等造景形式形成丰富的景观，并方便按照植物的生态习性设置不同深度的栽植区。

水体形状必须与全园的布局和水体周围的环境相协调，做到有收有放。水岸线宜曲折、变化，但也不能分割过多，岸边可用山石、原木或仿原木式的水泥构件作驳岸保护和装饰，力求简洁和自然。从植物生长的角度考虑，水体的最深处在1～1.5m之间即可（但沉水植物和部分浮叶植物一般生于较深的水域，有时可深达3～5m），通常深水区位于水体的最中间，往岸边则分别作浅水区、沼生区和湿生区，以便于植物的配植，同时反映水生群落丰富多彩的自然演化序列。

同时，为了控制地下茎的生长范围，避免种类和品种混杂，可在水体改造时划分为若干小区，每小区种植一个种或品种，如西湖曲院风荷的"风荷景区"就在池底设有若干种植台。

小型的水生植物专类园通常采用人造水池，古典园林中多采用自然式，而现代园林中则多为规则式，如圆形、长方形等，水生植物也常用盆栽沉水的方式。在造池施工时，应用水泥作池底、池壁，以防止漏水，必须设置进水和出水管道等排、灌系统，以便于水质更新和水位调整。

2）水生植物景观类型

在自然界中，水生植被不像陆生植被那样具有较严格的地带性，但不同气候带之间在群落类型和组成上仍然存在着差异。就同一气候带而言，一般在水体流动的河流中以挺水和沉水型为主，浮叶和漂浮型很少；而在水体相对静止的湖泊和池塘中，各种群落类型均可出现，而且呈有规律的分布，自外围向中央依次为挺水型、浮叶型、漂浮型和沉水型。水生植物专类园的营造中应加以借鉴。

挺水植物景观适于水体近岸处和水域的浅水区，因植物高度的差异可以形成高低错落的景观效果，水深要求因种而异，如菖蒲适于浅水区，而芦苇、香蒲则适应范围广，常用的植物有荷花、菖蒲、香蒲、水葱、慈姑、风车草、再力花、泽泻等。可以采用单一种类配植，如在广阔的湖面上大面积种植荷花，碧波荡漾，浮光掠影，轻风吹过泛起阵阵涟漪，景色十分壮观；也可以采用几种水生植物混合配植，但要讲究搭配，考虑主次关系，以及形体、高矮、姿态、叶形、叶色、花期、花色的对比和调和。

浮叶植物景观在竖向空间上基本没有变化，但因不同种类的叶片大小、花色、株丛形状、质感等而景观效果不同，如睡莲清秀、王莲粗犷。对水深的要求也因种类而异，如睡莲要求较浅，而荇菜则可在水深达3m以上的水体使用。应用形式上，浮叶植物既可以在主要观赏区内盆栽或植于预先设计的种植池内，平面上呈散点式布置，如在小水池中点缀几丛睡莲，清新秀丽，生机盎然；也可以在宽阔的水域形成大面积单优植物群落景观，如萍蓬草、荇菜、金银莲花。

漂浮植物可在水面形成群丛的群体景观，但由于植株完全自由地漂浮、不易控制，繁殖力强的种类极易形成生物灾难，如凤眼莲，因此在使用中应当注意。

沉水植物景观适于在水体特别清澈的水域营造，常用的有金鱼藻、苦草、海菜花、眼子菜、狐尾藻、小茨藻等。

在水生植物专类园的营造中，实际上也经常使用一些湿生植物，主要布置在岸边湿地，即介于陆地和水体之间，水位接近或处于地表，或有浅层积水的过渡性地带。湿生植物需要生长在潮湿环境中，如阳性湿生植物池杉、落羽杉、鸢尾类、千屈菜，阴性湿生植物海芋（*Alocasia macrorrhiza*）、多种蕨类、秋海棠类以及多种天南星科植物。

此外，水边绿化树种选择除了具备一定的耐水湿能力外，还要符合设计意图中美化的要求，一般选择树冠圆浑、枝条柔软、分枝自然的树种。我国各地常见应用的树种有：椰子、蒲葵、蒲桃、小叶榕（*Ficus concinna*）、高山榕（*F. altissima*）、水翁（*Cleistocalyx operculatus*）、紫花羊蹄甲（*Bauhinia purpurea*）、木麻黄（*Casuarina equisetifolia*）、水松、水杉、垂柳、旱柳、大叶柳、乌桕、枫杨、三角枫、珊瑚朴、榔榆、白榆（*Ulmus pumila*）、桑（*Morus*

植物专类园

图4-17-18 杭州西溪湿地的水生植物园

alba)、柽柳、蔷薇、云南黄馨（Jasminum mesnyi）、连翘（Forsythia suspensa）、迎春（Jasminum nudiflorum）、丝棉木（Euonymus maackii）等。水边植物配植还需要有疏有密，切忌等距种植及整形式修剪，以免失去画意。

3）植物配植

总体上，水体宜留出1/3~1/2空旷水面，以提高整体的景观艺术效果。小型的规则式专类园水深变化很小，种植的植物也很少，多采用盆栽。一般可选用观赏价值高的或稀有珍贵的种类和品种，如王莲、睡莲、风车草、荷花、水葱等。

大型的专类园面积大，水体的深度也呈现一定的梯度，适宜的水生植物种类繁多。在配植密度上，宜稀不宜密，必须给植物留出足够的生长空间。例如，栽培一株王莲，一般需要30~40m²的水面才能生长良好。对于挺水植物和浮叶植物而言，水深一般以30~100（150）cm为宜。适宜水深60~100（150）cm的有荷花、王莲、块茎睡莲、白睡莲等；水深30~60cm的有睡莲、香睡莲、王莲、萍蓬草、莼菜等浮叶植物，香蒲、水葱、中型的荷花品种等挺水植物；水深20~30cm以下的浅水区可配植菖蒲、碗莲、水生鸢尾类、花叶芦竹、千屈菜、慈姑等。有些浮叶植物对水深的要求也不太严格，自身可通过茎叶的生长调节对水深的适应，如芡实、菱、荇菜等。漂浮植物对水深没有特殊的要求，只从景观需要的角度考虑即可，原则上可布置在水体的任何部位，但为了防止其随意扩散和蔓延，应设置用于隔离的金属网等。有些种类如凤眼莲，在应用时应特别注意，虽然在长江以北地区冬季常被冻死，但在江南、华南和西南地区繁殖速度快而且能够正常越冬，应细心地控制其生长范围，防止进入主河道、水面，以免形成生态灾难，难以清除。

作为水生植物专类园最常用的植物，荷花宜大面积栽培，形成整体的规模效应，"接天荷叶无穷碧，映日荷花别样红"。如武汉东湖磨山的大型水生花卉区、广东三水的荷花世界、湖南岳阳的团湖风景区等。事实上，有不少水生植物专类园本质上就是荷花专类园。配植中应注意花色搭配，如红白搭配，则"红白莲花开共塘，两般颜色一般香；恰如汉殿三千女，半是浓妆半淡妆。"每当夏季雨后天晴，绿色荷叶上雨水欲滴欲止，或白或粉或红的荷花相继怒放时，整片池塘犹如一幅天然图画，给人一种自然可爱的色彩美。荷花等主要种类的品种展示，还可以结合景观的需要，选用考究的缸盆，摆放于建筑物周围、雕塑、假山附近等，微型品种甚至可以布置于室内，并可配以精致典雅的盆架。

【常见的水生植物专类园】

杭州"曲院风荷"：是西湖十景之一，位于西湖景区苏堤跨虹桥西侧，包括岳湖水面在内约28hm^2。曲院风荷环境优美，景色宜人，东借六桥烟柳，西借群山岚影，北以栖霞岭为屏，南以西里湖为镜，与花港观鱼公园遥遥相对，以观荷为主题，因此荷花是园内的主景。园区划分为五部分，即岳湖景区、竹素园景区、风荷景区、曲院景区和滨湖密林区。其中风荷景区和曲院景区是荷花精品的荟萃之处，风荷景区种植了'红'莲、'白'莲、'重台'莲、'洒金'莲、'并蒂'莲等千姿百态的品种，为了控制生长范围，池底设有若干种植台，也使得水面有虚有实、形影相衬，曲院景区内有大面积的荷塘。每当夏日，荷花盛开，色彩清丽、浓香四溢，游人陶醉于"古来曲院枕莲塘，风过犹疑酝酿香；尊得凌波仙子醉，锦裳零落怯新凉"的意境中。

武汉植物园水生植物区：占地约4hm^2，由人工河、荷花与睡莲展示区、水生植物种质资源圃和水生生态实验区所组成，共栽培40多种睡莲、160多个荷花品种，以及其他300多种水生植物，是国内收集水生植物种最多的专类园。

此外，国内大多数植物园设有专门的水生植物园（区）或水景区，如济南植物园、北京植物园、西安植物园、南京中山植物园、重庆植物园、黑龙江森林植物园等。西安植物园的水生植物区占地约0.8hm^2，收集水生植物100多种，分为挺水、浮叶和沉水等类别展出。济南大明湖、深圳洪湖公园、广东三水的荷花世界也都是著名水生植物专类园或荷花专类园。

参考文献

[1]Brickell C. Encyclopedia of Garden Plants [M]. London, New York, Stuttgart, Moscow: Dorling Kindersley, 1996.

[2]蔡邦平. 植物园的发展及其社会意义[J]. 北京林业大学学报, 2005 (3).

[3]陈 植. 园冶注释 [M]. 北京：中国建筑工业出版社, 1979.

[4]陈 植. 中国历代名园记选注 [M]. 合肥：安徽科学技术出版社, 1983.

[5]（清）陈溟子.花镜 [M]. 北京：中国农业出版社,1962.

[6]陈俊愉. 中国花经 [M]. 上海：上海文化出版社, 1990.

[7]陈俊愉.中国梅花 [M]. 海口：海南出版社, 1996.

[8]陈俊愉. 中国花卉品种分类学 [M]. 北京：中国林业出版社, 2001.

[9]陈绍云. 浙江山茶花 [M]. 杭州：浙江科学技术出版社, 1985.

[10]刁慧琴. 花卉布置艺术 [M]. 南京：东南大学出版社, 2001.

[11]贺善安. 植物园学 [M]. 北京：中国农业出版社, 2005.

[12]胡永红. 新世纪植物园的新发展 [J]. 中国园林, 2005, 21(10).

[13]贾祖璋. 花与文学 [M]. 福州：福建科学技术出版社, 1989.

[14]李尚志. 水生植物造景艺术 [M]. 北京：中国林业出版社, 2000.

[15]刘 金. 观赏竹 [M]. 北京：中国农业出版社, 1999.

[16]刘海桑. 观赏棕榈 [M]. 北京：中国林业出版社, 2002.

[17]路安民. 中国种子植物科属地理 [M]. 北京：科学出版社, 1999.

[18]施宗明. 云南名花鉴赏 [M]. 昆明：云南科学技术出版社, 1999.

[19]舒迎澜. 古代花卉 [M]. 北京：中国农业出版社, 1999.

[20]苏雪痕.植物造景 [M]. 北京：中国林业出版社,1994.

[21]汤 珏.植物专类园的类别和应用 [J]. 风景园林, 2005, 1(4).

[22]（清）汪 灏. 广群芳谱 [M]. 上海：上海书店出版社, 1986.

[23]王 毅. 园林与中国文化 [M]. 上海：上海人民出版社, 1990.

[24]王发祥.中国苏铁 [M]. 广州：广东科技出版社, 1996.

[25]吴涤新. 花卉应用与设计 [M]. 北京：中国农业出版社, 1994.

[26]向其柏. 中国桂花品种图志 [M]. 杭州：浙江科学技术出版社, 2008.

[27]徐民生. 仙人掌及多肉花卉栽培问答 [M]. 北京：金盾出版社, 1994.

[28]颜素珠. 中国水生高等植物图说 [M]. 北京：科学出版社, 1983.

[29]杨康民. 中国名花丛书——桂花 [M]. 上海：上海科学技术出版社, 2000.

[30]杨志成.中国名花丛书——玉兰 [M]. 上海：上海科学技术出版社, 2000.

[31]伊钦恒.群芳谱诠释 [M]. 北京：中国农业出版社, 1985.

[32]余树勋. 杜鹃花 [M]. 北京：金盾出版社, 1992.

[33]余树勋.月季 [M]. 北京：金盾出版社, 1992.

[34]余树勋.植物园规划与设计 [M]. 天津：天

津大学出版社，2000.

[35]臧德奎. 我国植物专类园的起源与发展[J]. 中国园林，2007，23(6).

[36]臧德奎.园林树木学[M]. 北京：中国建筑工业出版社，2007.

[37]臧德奎.园林植物造景[M]. 北京：中国林业出版社，2008.

[38]臧淑英.中国名花丛书——丁香花[M]. 上海：上海科学技术出版社，2000.

[39]周维权.中国古典园林史（第2版）[M]. 北京：清华大学出版社，1999.

[40]周武忠. 中国花文化[M]. 广州：花城出版社，1992.

图片索引

第1章 概说

图1-1-1 北京植物园的月季园 7
图1-1-2 H-2无锡杜鹃园一角（王文姬提供） 7
图1-1-3 禾草园（南京） 7
图1-1-4 东营盐生植物园 8
图1-1-5 郁金香展 8
图1-1-6 华南植物园的木兰园 8
图1-2-1 北京植物园牡丹园景石 10
图1-2-2 第二届中国桂花博览会——桂花科普展和书画展 11

第2章 我国植物专类园的发展历史

图2-3-1 圆明园"镂月开云"和"濂溪乐处" 15
图2-3-2 昆明植物园松柏园 16
图2-3-3 武汉植物园猕猴桃专类园的棚架 16
图2-3-4 英国皇家植物园邱园的杜鹃园 16

第3章 植物专类园建设

图3-1-1 济南植物园牡丹山 19
图3-1-2 苏州桂花公园 20
图3-2-1 南京玄武湖公园月季园的木香棚架 21
图3-2-2 杜鹃花的自然式配 21
图3-2-3 郁金香品种区按花色分块种植 21
图3-2-4 扬州个园的竹径 22
图3-2-5 规则式牡丹园 22
图3-2-6 自然式牡丹园 23
图3-2-7 洛阳王城公园牡丹园入口 23
图3-2-8 昆明世博园的蔬菜瓜果园的造景形式 24
图3-2-9 月季园的品种展示区（季春峰提供） 25
图3-2-10 华南植物园竹园的植物标牌 26
图3-2-11 浙江安吉竹种园（季春峰提供） 26
图3-2-12 利用牡丹种植池介绍品种 27
图3-3-1 扬州瘦西湖公园的琼花坞及扬州市市花琼花 28
图3-3-2 南宁市金花茶专类公园 28
图3-3-3 华南物园的姜园 29

图3-3-4 黄牡丹 30
图3-3-5 珍贵的树蕨——桫椤 31
图3-4-1 近色相调和 33
图3-4-2 对比色相调和 34
图3-4-3 杜鹃花在绿色背景前更加娇艳 34
图3-4-4 岩石园中植物外形和线条的统一 35
图3-4-5 空间、色彩、疏密的对比和调和 36
图3-4-6 丛生竹沿弯曲小路形成优美韵律 37
图3-5-1 北京植物园碧桃列植（沈鹏提供） 39
图3-5-2 桂花孤植 40
图3-5-3 槭树丛植 41
图3-5-4 棕榈园内大王椰子群植 41
图3-5-5 南京中山植物园"红枫岗" 42
图3-5-6 月季花境 43
图3-5-7 武汉东湖磨山樱花园 44
图3-5-8 杭州植物园的槭树杜鹃园 45
图3-5-9 杭州花港观鱼公园的牡丹园 47

第4章 常见植物专类园的建设

4.1 山茶专类园

图4-1-1 山茶花 49
图4-1-2 浙江红山茶 49
图4-1-3 茶梅 49
图4-1-4 油茶 49
图4-1-5 长毛红山茶（喻勋林提供） 50
图4-1-6 多变西南山茶（喻勋林提供） 50
图4-1-7 宛田红花油茶 50
图4-1-8 金花茶 52
图4-1-9 岳麓连蕊茶 53
图4-1-10 山茶品种'桂叶金心' 53
图4-1-11 山茶品种'松子' 54
图4-1-12 山茶品种'金盘荔枝' 54
图4-1-13 山茶品种'十八学士' 54
图4-1-14 山茶品种'美人茶' 55
图4-1-15 山茶品种'粉十样景' 55
图4-1-16 山茶孤植 56
图4-1-17 山茶玲珑映粉墙 56
图4-1-18 茶梅花篱 57

图4-1-19 油茶配置于疏林下 57
图4-1-20 金华国际山茶物种园 57
图4-1-21 金华中国茶文化园 57
图4-1-22 金华中国茶文化园小景 57
图4-1-23 广西金花茶公园一角 57
图4-1-24 南京花卉园的山茶园 58
图4-1-25 中南林业科技大学山茶专类园（喻勋林提供） 58

4.2 杜鹃花专类园

图4-2-1 映山红 60
图4-2-2 马银花 60
图4-2-3 锦绣杜鹃 61
图4-2-4 满山红 61
图4-2-5 黄杜鹃 62
图4-2-6 密枝杜鹃 63
图4-2-7 毛柱杜鹃 63
图4-2-8 团叶杜鹃 64
图4-2-9 杜鹃花片植于林下 65
图4-2-10 杜鹃花地被 65
图4-2-11 不同花色的杜鹃花丛植 66
图4-2-12 杜鹃花小径（胡绍庆提供） 66
图4-2-13 英国威士利植物园的杜鹃园一角 67
图4-2-14 杭州植物园的杜鹃园 67
图4-2-15 湖南省森林植物园的杜鹃专类园（喻勋林提供） 68
图4-2-16 无锡杜鹃园醉红坡（王文姬提供） 68

4.3 桂花专类园

图4-3-1 金桂 69
图4-3-2 银桂 69
图4-3-3 丹桂 70
图4-3-4 四季桂 70
图4-3-5 宝兴桂花 70
图4-3-6 柊树 70
图4-3-7 四季桂植为绿篱 70
图4-3-8 山桂花 71
图4-3-9 桂子（桂花果实） 71
图4-3-10 桂花自然式配置 73
图4-3-11 桂花列植 74
图4-3-12 苏州桂花公园一角 74
图4-3-13 杭州"满陇桂雨" 74
图4-3-14 杭州植物园桂花林 75

图4-3-15 桂林七星公园桂花林 75
图4-3-16 无锡梅园的桂花区 76
图4-3-17 绍兴"香林花雨"桂花林 76
图4-3-18 南京花卉园的桂花区 77
图4-3-19 南京中山陵桂花园 77
图4-3-20 合肥植物园的桂园 77
图4-3-21 浙江千岛湖桂花岛入口处 77

4.4 梅花专类园

图4-4-1 宫粉梅 78
图4-4-2 玉蝶梅 78
图4-4-3 绿萼梅 78
图4-4-4 朱砂梅 79
图4-4-5 杏梅 79
图4-4-6 美人梅 79
图4-4-7 美人梅丛植 80
图4-4-8 梅花盆景园 80
图4-4-9 水边配植的垂枝梅 80
图4-4-10 南京梅花山1 81
图4-4-11 南京梅花山2 81
图4-4-12 南京梅花研究中心品种区 82
图4-4-13 无锡梅园（王文姬提供） 82
图4-4-14 杭州灵峰探梅（应求是提供） 83

4.5 牡丹专类园

图4-5-1 牡丹 85
图4-5-2 滇牡丹 85
图4-5-3 芍药 85
图4-5-4 细叶芍药 86
图4-5-5 药用芍药 86
图4-5-6 牡丹园中常栽培的紫堇科植物荷包牡丹 . . . 86
图4-5-7 牡丹品种'凤丹白' 88
图4-5-8 牡丹品种'粉娥娇' 88
图4-5-9 牡丹品种'胜丹炉' 88
图4-5-10 牡丹品种'银红焕彩' 88
图4-5-11 牡丹品种'软枝兰'（赵兰勇提供） 88
图4-5-12 牡丹品种'明星'（赵兰勇提供） 88
图4-5-13 牡丹与松、石配 89
图4-5-14 菏泽曹州牡丹园 89
图4-5-15 菏泽百花园 90
图4-5-16 北京植物园牡丹园入口 90
图4-5-17 北京植物园牡丹园壁画（于东明提供） . . 91
图4-5-18 苏州留园的牡丹园 91

图4-5-19 洛阳王城公园牡丹园的牡丹仙子雕塑.....92
图4-5-20 洛阳西苑公园的牡丹园（刘龙昌提供）..93
图4-5-21 甘肃中川牡丹园一角（郭先锋提供）....93
图4-5-22 南京花卉园牡丹岛.....94
图4-5-23 山东农业大学牡丹芍药园：芍药盛花期景观...94

4.6 碧桃专类园

图4-6-1 碧桃品种：'单粉'.....95
图4-6-2 碧桃品种：'白碧'.....95
图4-6-3 碧桃品种：'绯桃'.....96
图4-6-4 碧桃品种：'菊花桃'.....96
图4-6-5 碧桃品种：'绛桃'.....96
图4-6-6 碧桃品种：'瑞仙桃'.....96
图4-6-7 碧桃品种：'瑕玉寿星'.....96
图4-6-8 碧桃品种：'玛瑙'.....96
图4-6-9 碧桃品种：'三色'.....97
图4-6-10 碧桃品种：'红碧桃'.....98
图4-6-11 碧桃品种：'紫叶桃'.....99
图4-6-12 碧桃品种：'垂枝桃'.....99
图4-6-13 桃的同属植物榆叶梅.....100
图4-6-14 桥头水边孤植的粉桃.....100
图4-6-15 山坡丛植的碧桃.....100
图4-6-16 南京白马公园的碧桃园.....101
图4-6-17 济南植物园碧桃园.....101
图4-6-18 北京植物园碧桃园（沈鹏提供）.....102
图4-6-19 贵阳市花溪公园的碧桃园（欧静提供）..102

4.7 月季和蔷薇专类园

图4-7-1 月季（品种：'自由'）.....104
图4-7-2 野蔷薇（荷花蔷薇）.....104
图4-7-3 木香（重瓣黄木香）.....104
图4-7-4 玫瑰.....105
图4-7-5 黄刺玫.....105
图4-7-6 金樱子.....105
图4-7-7 丰花月季和蔷薇花架.....106
图4-7-8 藤本月季与蔷薇的水边配植.....106
图4-7-9 月季与宿根花卉搭配.....107
图4-7-10 蔷薇造景1（棚架）.....108
图4-7-11 蔷薇造景2（花篱）.....108
图4-7-12 木香造景（棚架）.....108
图4-7-13 玫瑰单丛配置.....109
图4-7-14 月季按品种划分小区.....109
图4-7-15 北京植物园月季园.....110

图4-7-16 济南植物园月季园.....111

4.8 海棠专类园

图4-8-1 垂丝海棠.....113
图4-8-2 西府海棠.....114
图4-8-3 紫叶海棠.....114
图4-8-4 湖北海棠.....114
图4-8-5 海棠观果品种.....114
图4-8-6 贴梗海棠.....114
图4-8-7 贴梗海棠品种'多彩'.....114
图4-8-8 木瓜海棠（花期、果期）.....115
图4-8-9 木瓜.....115
图4-8-10 贴梗海棠长廊造型.....116
图4-8-11 紫叶海棠丛植草地.....117
图4-8-12 南京莫愁湖公园海棠园.....117
图4-8-13 南京花卉园的木瓜海棠园.....118
图4-8-14 北京植物园海棠园.....118
图4-8-15 中国林业科学院的海棠园.....118
图4-8-16 济南植物园海棠园.....119

4.9 樱花专类园

图4-9-1 日本樱花.....120
图4-9-2 山樱花.....120
图4-9-3 钟花樱.....120
图4-9-4 樱花品种'御衣黄'.....121
图4-9-5 樱花品种'普贤象'.....121
图4-9-6 樱花品种'红枝垂'（王贤荣提供）.....121
图4-9-7 樱花品种'松月'.....122
图4-9-8 樱桃.....122
图4-9-9 日本晚樱丛植.....123
图4-9-10 无锡鼋头渚樱花园一角.....124
图4-9-11 无锡鼋头渚樱花（王贤荣提供）.....124
图4-9-12 南京玄武湖樱洲.....124
图4-9-13 武汉磨山樱花园1.....124
图4-9-14 武汉磨山樱花园2（张伟提供）（左上）.125
图4-9-15 洛阳西苑公园的樱花（刘龙昌提供）（右上）.....125
图4-9-16 杭州太子湾樱花林（胡绍庆提供）（左下）..125

4.10 丁香专类园

图4-10-1 紫丁香.....129
图4-10-2 白丁香.....129
图4-10-3 蓝丁香.....129

图4-10-4 红丁香.................................130
图4-10-5 欧洲丁香'Candeur'.......................130
图4-10-6 欧洲丁香'Nigricans'......................130
图4-10-7 巧铃花...................................130
图4-10-8 暴马丁香.................................130
图4-10-9 丁香孤植.................................130
图4-10-10 英国邱园的丁香区.......................131
图4-10-11 北京法源寺丁香园.......................132

4.11 木兰专类园

图4-11-1 白玉兰...................................133
图4-11-2 白玉兰品种紫花玉兰......................134
图4-11-3 二乔玉兰.................................134
图4-11-4 天目木兰.................................134
图4-11-5 天女花...................................134
图4-11-6 紫玉兰...................................135
图4-11-7 星花木兰（王富献提供）..................135
图4-11-8 广玉兰...................................136
图4-11-9 山玉兰...................................136
图4-11-10 含笑....................................136
图4-11-11 云南含笑................................136
图4-11-12 深山含笑................................136
图4-11-13 乳源木莲................................136
图4-11-14 紫玉兰丛植..............................139
图4-11-15 玉兰孤植................................140
图4-11-16 南京花卉园的木兰园.....................140
图4-11-17 杭州植物园的木兰园.....................141
图4-11-18 贵阳市花溪公园的木兰园.................141
图4-11-19 华南植物园的木兰园.....................141
图4-11-20 济南植物园的木兰园.....................142
图4-11-21 杭州植物园的木兰山茶园（胡绍庆提供）.143

4.12 竹子专类园

图4-12-1 毛竹.....................................145
图4-12-2 龟甲竹...................................145
图4-12-3 湘妃竹...................................145
图4-12-4 黄皮刚竹.................................145
图4-12-5 方竹.....................................146
图4-12-6 花吊丝竹.................................146
图4-12-7 巨龙竹...................................146
图4-12-8 慈竹.....................................146
图4-12-9 粉箪竹...................................147
图4-12-10 琼竹....................................148
图4-12-11 金镶玉竹................................148

图4-12-12 竹子的配置：竹径......................149
图4-12-13 竹子的配置：竹林......................149
图4-12-14 竹子与景门的搭配......................149
图4-12-15 鹅毛竹作地被应用......................150
图4-12-16 凤尾竹竹篱.............................150
图4-12-17 掩映于竹林中的竹材建筑................150
图4-12-18 昆明世博园——竹园入口................151
图4-12-19 昆明世博园——竹园远眺................152
图4-12-20 杭州云栖竹径...........................152
图4-12-21 华南植物园竹园一角....................155
图4-12-22 浙江安吉竹种园（季春峰提供）.........156
图4-12-23 北京紫竹院公园"江南竹韵"入口..........159
图4-12-24 北京紫竹院公园"竹"雕..................160
图4-12-25 北京紫竹院公园坐凳、指示牌采用仿竹结构.161
图4-12-26 扬州个园...............................162
图4-12-27 苏州沧浪亭竹园一角....................162

4.13 棕榈专类园

图4-13-1 鱼尾葵列植...............................164
图4-13-2 大王椰子丛植.............................164
图4-13-3 砂糖椰子.................................164
图4-13-4 桄榔.....................................164
图4-13-5 蒲葵.....................................165
图4-13-6 刺葵.....................................165
图4-13-7 软叶刺葵.................................166
图4-13-8 三药槟榔.................................166
图4-13-9 散尾葵...................................167
图4-13-10 短穗鱼尾葵..............................167
图4-13-11 董棕....................................168
图4-13-12 酒瓶椰子................................168
图4-13-13 棕竹....................................168
图4-13-14 椰子....................................169
图4-13-15 油棕....................................170
图4-13-16 三药槟榔丛植............................171
图4-13-17 软叶刺葵丛植............................171
图4-13-18 西双版纳植物园棕榈区——大王椰子片林 172
图4-13-19 西双版纳植物园棕榈区——槟榔片林...172
图4-13-20 广州珠江公园棕榈区.....................174
图4-13-21 华南植物园棕榈区.......................174
图4-13-22 西双版纳药物园内的槟榔园（李俊俊提供）.175

4.14 苏铁专类园

图4-14-1 苏铁的雌球花.............................176
图4-14-2 苏铁的雄球花.............................177

图4-14-3 海南苏铁 177
图4-14-4 台湾苏铁 177
图4-14-5 四川苏铁 177
图4-14-6 叉叶苏铁 177
图4-14-7 攀枝花苏铁 178
图4-14-8 刺叶非洲铁 178
图4-14-9 刺叶双子铁 178
图4-14-10 休得布朗大头苏铁 180
图4-14-11 鳞秕泽米铁 180
图4-14-12 苏铁盆景 180
图4-14-13 苏铁丛植 180
图4-14-14 桂林雁山植物园苏铁园 181
图4-14-15 华南植物园苏铁园入口 181
图4-14-16 华南植物园苏铁园景观 182
图4-14-17 深圳仙湖植物园苏铁园（季春峰提供）... 183

4.15 鸢尾专类园

图4-15-1 黄菖蒲 185
图4-15-2 德国鸢尾 185
图4-15-3 鸢尾 185
图4-15-4 长葶鸢尾 186
图4-15-5 大扁竹兰 186
图4-15-6 黄菖蒲的配植 186
图4-15-7 鸢尾与菖蒲、芦竹搭配 187
图4-15-8 鸢尾自然式布置于驳岸石间 187
图4-15-9 南京莫愁湖公园的鸢尾园 188

4.16 仙人掌科与多肉植物专类园

图4-16-1 仙人掌 190
图4-16-2 令箭荷花 191
图4-16-3 绯牡丹 191
图4-16-4 大花犀角 191
图4-16-5 龙舌兰 192

图4-16-6 圆叶虎尾兰 193
图4-16-7 光棍树 193
图4-16-8 沙漠玫瑰 194
图4-16-9 棒棰树（张寿州提供） 194
图4-16-10 多肉植物的配置 195
图4-16-11 邱园的仙人掌和多肉植物温室 196
图4-16-12 华南植物园的多肉植物区 197
图4-16-13 厦门植物园的仙人掌科和多肉植物区（黄志宏提供） 197
图4-16-14 南京中山植物园仙人掌和多肉植物区 ... 198
图4-16-15 苏州虎丘布置于路边的多肉植物组合 ... 199

4.17 水生植物专类园

图4-17-1 挺水植物荷花 201
图4-17-2 浮叶植物睡莲 201
图4-17-3 浮叶植物萍蓬草 201
图4-17-4 浮叶植物王莲 201
图4-17-5 浮叶植物芡实 202
图4-17-6 漂浮植物凤眼莲 202
图4-17-7 挺水植物水葱 203
图4-17-8 浮叶植物荇菜 203
图4-17-9 挺水植物古老芋 203
图4-17-10 挺水植物千屈菜 204
图4-17-11 水边植物配置 205
图4-17-12 沉水植物的应用 205
图4-17-13 西湖曲院风荷为控制水生植物生长范围设置的种植池 205
图4-17-14 接天莲叶无穷碧，映日荷花别样红 209
图4-17-15 武汉植物园水生植物区 209
图4-17-16 杭州植物园水生植物区 210
图4-17-17 华南植物园水生植物区 210
图4-17-18 杭州西溪湿地的水生植物园 .. 212